国家自然科学基金(31600571)
江苏高校品牌专业建设工程项目(PPZY2015A063)

城市形态扩张模拟预测与生态服务功能协调优化研究

黄焕春　运迎霞　郑　鑫　著

东南大学出版社
·南京·

图书在版编目(CIP)数据

城市形态扩张模拟预测与生态服务功能协调优化研究/黄焕春，运迎霞，郑鑫著. —南京：东南大学出版社，2018.12

ISBN 978-7-5641-8104-8

Ⅰ.①城… Ⅱ.①黄… ②运… ③郑… Ⅲ.①城市规划—研究 Ⅳ.①TU984

中国版本图书馆 CIP 数据核字(2018)第 266753 号

城市形态扩张模拟预测与生态服务功能协调优化研究

出版发行：东南大学出版社
社　　址：南京市四牌楼 2 号　　邮编：210096
出 版 人：江建中
责任编辑：朱震霞
网　　址：http://www.seupress.com
电子邮箱：press@seupress.com
经　　销：全国各地新华书店
印　　刷：虎彩印艺股份有限公司
开　　本：700 mm×1000 mm　1/16
印　　张：14.25
字　　数：310 千字
版　　次：2018 年 12 月第 1 版
印　　次：2018 年 12 月第 1 次印刷
书　　号：ISBN 978-7-5641-8104-8
定　　价：89.00 元

本社图书若有印装质量问题，请直接与营销部联系。电话：025-83791830

前　言

自20世纪70年代末，中国城市化进入快速发展阶段，改革开放和经济建设的推动，使中国很多城市迅速成长为特大城市，城市人口集聚、土地扩张、建设开发迅速，随之而来的是诸多城市生态问题。随着中国城镇化的快速发展期接近尾声，中国城市空间形态发展在短时间内形成了一个相对完整的生长周期，适时总结中国典型城市的形态发展规律具有较好的理论与实践意义。

本书主要基于遥感、城市规划图、城市地图与实地调研等数据，通过Matlab、SPSS、ArcGIS软件，分析城市空间形态变化的驱动力，构建模拟城市形态演化的CA模型，模拟预测城市空间形态变化，分析不同情境下城市扩张导致的生态服务功能改变，以及城市空间扩张的协调优化途径。全书重点研究城市形态提取技术和CA转换规则、城市形态演变驱动力、不同情境下城市扩张过程及其特征、生态服务功能影响等四个重要方面。

在研究方法上，本书引入灰色系统方法，改进logistic-CA模型，实现了模型在数量上较为准确地预测既定年份的城市形态面积；采用定量方法测度城市形态的发展动态，分析影响城市形态演化的因素；通过实践与理论分析，检验不等时距的灰色预测方法对预测城市空间扩展的适用性与准确性；通过基于地理设计的方法论，对城市扩张的不同情境进行模拟，预判生态安全格局的压力过程，客观把握生态服务功能的空间支持，提出城市空间扩展的优化路径。

通过对天津市中心城区和国家级新区滨海新区，以及延吉市城市形态的研究实证检验，本书得出结论如下。①海港城市形态演化经历四个典型时期：单核生长、组团扩展、轴带扩张、区域填充；②城市扩展对生态系统服务功能的空间演化过程影响明显，城市形态扩张导致了热舒适度影响等级的持续增加；③特大城市的最高热岛升温，主要受国家城市化空间格局影响，与国家城镇化进程密切相关；④城市公园游憩服务受城市空间扩展的影响。

自 2007 年，笔者开始研究城市形态扩张已有十余年。本书是对过去研究的理论、成果、方法的总结与反思，也是对过去案例研究的理论提升，以期为后续的研究和城市规划实践提供科学支撑；真正做到运用城市形态变化的规律，从现实出发，科学地预测其变化，协调城市扩展与生态服务功能，根据城市形态演化阶段性特征提出规划方案措施，以便对城市形态发展上的合理性、城市功能与经济合理性做出比较正确的估计。

限于笔者水平，且研究尚在不断进行与修正之中，因而书中疏漏之处在所难免，恳请读者惠予指正。

黄焕春

2018. 11

目　录

1 概 论

1.1 研究内容及其意义

1.1.1 研究内容

形态一词最早来源于希腊语 morph(构成)和 logos(逻辑),意思是形式的构成逻辑。形态学研究最早开始于生物学,主要研究在自然进化过程中生物体所表现出的形式状态。后来形态学被引入城市研究,用分析的方法研究城市的形成、发展和变迁等问题,将城市放在相对的时空结构中分析,以研究城市演变和发展的规律。城市形态在英文的表述有 urban form、urban morphology、urban shape、urban pattern。

城市形态的概念,学术界目前有不同的看法。齐康认为,城市形态是城市发展变化所表现出来的空间形态特征,不同的经济结构、社会结构、自然环境、人民生活、科技、民族、心理和交通条件等,构成了城市在某一特定历史时期的形状特征。王新生认为,城市形态是指城市各构成要素的空间分布模式,是城市实体物质形状和文化内涵双方面特征与演变过程的综合表现,以其独特的方式记录着城市自身发展的历史脉络。中国城市规划术语中规定:城市形态是整体和内部各组成部分在空间地域的分布状态。

总括起来,城市形态的定义可分为广义和狭义两种。狭义的城市形态是城市实体所表现出来的具体空间物质形态;而广义的城市形态,是指一种复杂的经济、文化现象和社会过程,它是在特定的地理环境、社会经济发展阶段下,人类的各种活动与自然因素相互作用的综合结果。城市形态也是城市规划、建筑学、地理学及景观学等相关学科共同关注的热门领域,各学科研究者从宏观、中观、微观的多个空间层次,建筑、空间、环境、生态等多个学科视角对城市形态进行解读。本书采用狭义的城市形态概念,将城市形态暂定义为:不同的自然环境、经济、社会、交通条件下,城市实体物质所表现出来的空间形态特征。

从历史变化中研究城市形态,可以得出城市形态的变化规律、探讨城市空间形态变化的制约条件、对合理性和不合理性做出比较正确的估计。本书主要从以下几个方面进行研究:

第一，通过查阅相关文献，从理论上研究城市空间形态变化的驱动力；采用数理统计方法，定量分析天津市滨海新区城市空间形态变化的影响因子。

第二，以 Matlab、ArcGIS 软件为平台，构建模拟城市形态演化的 CA 模型，模拟预测城市空间形态变化。重点研究模拟预测技术的三个组成部分：城市形态提取技术和 CA 转换规则、城市形态演变驱动力、不同情境下城市扩张过程及其特征。

第三，结合 TM 遥感影像、1∶10 000 DEM、城市规划图，提取天津市滨海新区的城市空间形态数据，运用构建的城市 CA 模型，模拟预测天津市中心城区和滨海新区、吉林省延吉市的城市形态，进行实证分析和理论研究。通过研究分析不同情境下城市扩张导致的生态服务功能改变，及城市空间扩张的协调优化途径。

第四，通过对城市空间模拟与生态服务功能的影响分析，对城市空间扩张过程的模拟理论进行讨论，在对 CA 模型、灰色系统、可达性等方法进行反思的基础上，对城市扩展模拟与生态服务功能的协调优化方法论与措施进行阐述和实践。

1.1.2 研究意义

(1) 理论意义

城市是经济、社会发展的载体，不同的经济结构、社会结构对应不同的城市形态，经济社会背景的变化带来城市形态新的变化。在当今中国城市发展迅速，城市形态演变剧烈，既有外部轮廓的扩展，又有内涵的结构调整优化，复杂多样，因而需要对各种城市进行研究，了解城市形态演变特征，揭示其发展的动力和机制，分析其对生态服务功能的影响，并应有相应的理论总结以指导实践。

城市形态演变模拟作为城市空间总体层面的研究，在整个城市理论和实践中有着重要地位。本书以天津市中心城区、滨海新区和吉林省延吉市为例，对城市发展中城市形态演化模拟预测技术进行了深入研究，对城市形态演化规律的理论总结和丰富城市形态演化研究的理论具有重要意义。

(2) 实践意义

城市形态演变研究，直接关系城市的发展规模、发展方向、功能组织、交通组织、绿地系统等方方面面。目前我国城市扩展迅速、规划实践空前发展，开展城市形态演变研究对规划编制和管理实践均有重要的实践价值。编制和实施新规划是各级政府的重要职能，对于规划管理的决策者来说，需要掌握城市形态变化如何发生，将要在何处发生，以及城市形态变化的结果。这就迫切需要开展城市形态模拟预测技术的研究，以利于我们对城市发展进行预测，提高规划管理者控制城市发展的主动性及能力。

在城市总体规划的编制实践中，确定城市布局结构时，往往凭借甲方要求或某些发展资料分析得出结论,甚至完全凭直觉和经验,普遍缺乏有力的理论指导,影响城市规划的科学性和权威性。城市的快速扩展,新空间的不断出现,带来城市空间结构的重组。迫切需要系统研究城市形态演变的规律,预测城市空间形态的变化,并应用于城市总体规划,有效指导规划编制。

1.2 研究方法

本书运用定量和定性相结合的分析方法,采用纵横比较的研究方法,对城市形态进行科学研究。元胞自动机模型用于模拟预测城市形态的发展规律和基本空间演变过程特征,灰色系统等数学模型用于预测城市形态扩展的数量,模拟结果用于分析生态服务功能的空间影响,三者各自负责不同的方面,预测结果相互补充,支持城市规划实践与研究。

第一,定量与定性相结合的方法。以定量分析为主,定性与定量紧密结合。本研究主要利用土地利用图、卫星遥感影像,结合其他专题地图及野外详查,提取空间数据,利用非线性方法模拟城市形态演化,利用多种数学模型分析预测相关数据。

第二,综合分析的方法。城市是由社会、经济、政治等组成的庞杂自组织系统,城市形态演变是一个复杂的过程,影响城市形态演变的因素众多,其形成过程是各部分相互作用的结果,认识影响城市形态演变的各要素及其相互作用的关系,才能把握其演变趋势。在分析城市形态变化时,运用综合分析的方法,以整体性、综合性、协调性为原则,从多方面考虑政治、经济、自然等主要影响因素,综合分析城市扩展的驱动力。

第三,比较分析法。采用横向与纵向比较分析法,分析城市形态的演化,并比较分析研究各种自然、社会因素相互影响、相互制约的关系及变化规律,揭示各种因素和力量在城市发展中的作用,从而科学合理地预测城市发展的未来态势。只有通过比较研究,发现不同类型、大小、性质的城市形态差别,才能对于城市形态演化有更深刻的理解,找出在同一时期不同事物的相同和相异性,以及不同时期事物的变化,以深刻揭示事物发展的过程及其特殊性,并由此预测未来的发展趋势。

元胞自动机方法:元胞自动机方法是本书的核心研究方法之一,用以构建耦合CA、GIS、ANN、灰色系统的模型,模拟局部空间格局演化。由于CA模型的构造规则特别适合于空间演变过程的模拟,所以它主要用于帮助理解城市发展的基本规律和特征,而不是提供一个精确的城市发展预测模型。

灰色系统方法:本书基于该方法的不等时距建立预测模型,对未来的城市形态面积进行模拟预测,从另一个方面预测城市形态结构的扩展。可将灰色系统方法嵌入 CA 模型。灰色相关与灰色建模，对研究城市热岛强度变化的驱动力和预测变化趋势有重要作用。

1.3 研究进展和趋势

1.3.1 国外研究进展

城市形态的研究，虽可远溯到古希腊时期的米列都城模式，但真正具有近现代意义的城市形态研究自 19 世纪开始，后来成为城市地理、城市规划、建筑学等学科的重要研究对象。总体看来国外对城市形态的研究可分为三个阶段：

第一阶段，城市形态的早期和发展阶段，主要局限于单个城市形态的研究。

城市形态学作为一门有组织的知识领域初创于 19 世纪末，其中一些最重要的成果源自一些说德语的地理学家。当时，在李希霍芬的影响下，奥托·施吕特尔将文化景观的形态作为文化地理的研究对象。施吕特尔认为，凡是对地表之上，目之所见、手之所触的人工地物的详细描述，对其演变机制的研究和对其功能的解释，都应与人的行为的历史过程和自然背景相结合。他界定了文化景观的构成要素，其中城镇物质形态与风貌为文化景观的一个类别(有别于乡村景观)，是城市景观的构成要素。这个观点主导了城市形态的研究，事实上也是城市地理的中心课题。由城市景观与乡村景观共同构成的文化景观，在 20 世纪初迅速成为人文地理研究的中心。

早期城市形态研究重点是分析地表上各种聚落形态与地形、地理环境和交通路线等的关系。20 世纪初期，城市形态的研究成为一项普遍关注的专题，但这时期仍以地理学界的研究为主。继此之后，城市形态的研究开始达到了一个新的阶段，不再以聚落形态及其历史变化的静态描述为主，而是深入到城市内部，探讨城市内部结构与社会、经济方式和功能的关系。同时，具体提出了城市形态的三个主要分析要素：即街道平面布局、建筑风格及其设计和土地利用模式。在研究方法上，强调从历史发展的角度，研究三个要素之间的关系，以及因这种联系和影响所导致的城市形态的演变。

早期对城市形态的研究出现了一系列的经典理论。1923 年美国芝加哥大学伯吉斯提出了同心圆模式。1939 年，美国经济学家霍伊特提出了扇形模式。1945 年，美国学者哈里斯和乌尔曼提出了城市空间多核心模式。从伯吉斯的同心圆理论到霍伊特的扇形理论，直至哈里斯-乌尔曼的多核心理论，显示了认识过程的深入。伯吉斯与霍伊特的理论可以认为是城市内部结构的理想模型，而哈里斯-乌尔曼的多核心理论，则比较准确地反映了按功能区组织城市结构和城市向郊区发展的趋势。20 世纪 60 年代以来，西方流动性的中产阶级主导并形成了一种相对分散的城市形态，城市新开发不再局限于一个地方，而是广泛地蔓延到广阔分散的农村地区，形成城市地区。中心城市与周围郊区在功能上紧密联系，城市越来越不被认为是一个个孤立的地点，城市职能在一定程度上变得无所不在。Hall 等学者认为，城市形态开始由紧凑中心区与郊区的二元结构模式，向蔓延的大都市转变，由单一中心城市向多中心城市地区转变，人们通常将这种变化称为“第二次城市转变”。这种以住宅郊区化为先导，引发市区各类职能部门纷纷郊区化的连锁反应，使得城市形态出现前所未有的变化。

第二阶段，对城市群形态的研究，主要出现在 1960 年代以后。对城市群形态的系统探讨，最开始主要是一些个体的理想现代城市研究。有些规划师和建筑师从生态学、仿生学角度出发，利用丰富的想象力和一些尚在开发中的科技手段，提出了一些带有技术理想的高科技城市的外部形态，如库克的插入式城市、丹下健三的开敞式都市轴、富勒和竹菊清训的海上漂浮城市、赫隆的行走式城市、弗里德曼可动建筑研究组的装配式城市、波利索夫斯基的吊城方案、索莱利的仿生城市等。

1960 年代以来，随着大城市向外急剧扩展和城市密度的提高，城市进一步向区域化方向发展，形态呈现轴向带状扩展的趋势，城市带开始和正在形成。世界夜间灯光分布影像反映了世界大都市连绵区的分布情况，这些城市带往往以一条主要的交通走廊为核心，同时可能包含其他多条等级较低的发展轴线。针对日益显著的大都市带现象，学者们提出了世界连绵城市结构理论。戈德曼 1957 年发表了论文“Megaloplis”(大都市带)，作为一种崭新的城市空间发展理念。杜克西亚迪斯认为，城市带并非仅仅是一个大城市的过度膨胀形态，除了规模的突变外，同大城市相比，它是一种全新的城市形态的组织方式。帕佩约阿鲁认为，城市带就是由多个城市通过高度复杂的交通通信网络连接形成的多核系统，在一两个世纪以后可能会形成全球一体的世界大城市带。1960—1970 年代，以 Hall P 为首的一批学者对英格兰大都市带作了研究。法国学者 Kormoss I B F 组织了对西北欧密集区的研究。

欧盟国家为了促进可持续发展，增强全球竞争力，共同实现区域、城市空间的集约发展，1993 年开始了“欧洲空间展望”这个跨国空间规划工作。日本学者研究了都市圈的结构和特征。津川康雄(1982)通过研究京阪神都市圈内部三大城市的人口和零售商业分布，发现在城市核心地区中心性降低的同时，都市圈逐渐走向均衡发展。富田和晓(1988)从批发、服务业的区位入手，对东京、阪神、名古屋三大都市圈结构变化作了对比研究。藤井正(1990)分析了通勤定义的都市圈在解释郊区化现象时的局限性，提出了从更大地域范围内解释大都市圈空间结构新特点的思路。山鹿诚次(1984)对日本大都市圈的内部结构作了系统研究。

1980年代末,针对东南亚国家出现的,与西方大都市带类似而发展背景又完全不同的新型形态,加拿大地理学家麦吉提出了独特的"城乡融合区"(Desakota)结构模式,其实质反映了一种以区域为基础、相对分散的城市化过程,区别于西方传统的以城市为基础高度集中的城市化过程。他借用印尼语 Desakota (desa 即乡村,kota 即城市)来表示这种出现于人口密集地区、处于大城市之间的交通走廊地带,借助于城乡间强烈的相互作用,以劳动密集的工业、服务业和其他产业的迅速增长为特征的地区。他认为亚洲国家并未重复西方国家通过人口和经济社会活动向城市集中,城市和乡村之间存在显著差别,并以城市为基础的城市化过程,而是通过原先的乡村地区逐步向"Desakota"转化,非农人口和非农经济活动在"Desakota"集中,从而实现以区域为基础、相对分散的城市化过程,比较典型的有中国的沪宁杭地区、台北—高雄地区,泰国中部平原,印度加尔各答地区。

第三阶段,多学科对城市形态的交叉研究,出现了城市形态研究的繁荣局面。这一时期国外对城市形态的研究,不同的国家侧重点有所不同。美国较多注意城市社会、商业、服务业和住宅等分布的区位特征,及政治文化异质所产生的社会分层现象在城市空间结构形态中的具体表现,欧洲国家比较注重城市景观和几何形态特征,日本则注重城市地域结构的分析。

从类型学的角度进行研究,主要有阿尔多·罗西(Aldo Rossi)的建筑类型学、类似性城市和克里尔兄弟的城市形态理论。从20世纪60年代初到20世纪80年代,阿尔多·罗西一直致力于城市建筑理论的研究和实践,并形成了理性主义的类型学和类似性城市等独特的理论体系。克里尔兄弟关于城市形态的理论是研究城市形态怎样构成的问题,主要包括两方面内容:城市形态是由哪些基本要素构成;城市的各构成要素之间相互作用和相互影响,存在一定的组合关系。他们一方面运用类型学来研究城市形态基本构成要素的分类;另一方面则运用拓扑学来钻研各元素之间的相互关系。

从城市历史的角度进行研究,以刘易斯·芒福德的城市发展史和贝纳沃罗的世界城市史等为代表。从政治、经济、文化、宗教、社会、城市规划等多方面综合研究了从古至今的城市文明,详尽地描述了西方城市历史形态演变的全过程,并对引起城市发展变化的原因进行了深入剖析。作为对未来城市形态发展的有益探索,新城市主义是近年来最有影响的一种思潮,代表人物主要有杜安伊与普拉特夫妇,以及卡尔索尔普,其思想模式主要有传统邻里发展模式(TND)和公交主导发展模式(TOD)两种。

从场所、文脉的角度进行研究,主要有雅各布斯以对城市中人的行为观察来研究城市活力,林奇和拉波波特对人的认知的研究,以克里斯托弗·亚历山大为代表的从人的活动与场所情感对应的图式进行研究。

城市形态分析研究借助定量的数学方法,有助于解释地理空间复杂性的发生和演化机制;分形是研究城市形态的有效工具之一。Batty 等人率先开创了城市形态的分形研究。此后研究领域不断扩展,内容涉及城市的生长和形态、形态和结构、结构和功能等。元胞自动机(CA)被越来越多地用于地理现象的分析过程中。通过适当定义 CA 模型的转换规则,可很好地模拟出城市发展的时空复杂性。CA 为理解城市形态结构特征的形成与演变提供了重要信息。

1.3.2 国内研究进展

中国城市形态的研究,受近现代城市发展历程较晚的影响,起步较晚且长期处于停滞状态。早在 1930 年代,在对成都、重庆、北京、南京、无锡等城市进行具体的地理研究时,曾涉及一些有关城市形态的问题,但未发现对城市形态有过专门的研究。20 世纪 50 年代后,中国的城市形态研究基本进入停滞阶段。20 世纪 80 年代,中国城市化逐步进入快速发展的时期,城市规划、地理学、建筑学的学者纷纷关注城市形态的研究。20 世纪 90 年代以来,对城市形态的研究出现大量可喜成果,涉及城市形态的演变模式、动力机制分析、演变规律探讨等多方面的内容。城市形态研究与国家和城市建设实践密切结合,强调解决现状建设问题,指导城市发展。在理论研究上,开始由表及里,深入挖掘城市形态演变的内部机制,强调多学科、综合性、系统性研究。研究手段和方法不断革新,运用计算机、数学方法、遥感影像等手段进行定量分析,取得了初步成果。中国对城市形态的研究主要集中在以下几个方面。

第一,对中国城市形态演变的过程、特征、动因问题的研究。武进和胡俊分别较为系统地研究了中国城市形态的演变过程、特征、机制、演化动因等问题。齐康在阐述城市形态的层次、轴向发展、城市形态与文化特色等基础上,系统地介绍了城市形态研究的理论与方法。段进对城市空间发展的深层结构和形态特征进行了深入探讨。

第二,个案城市形态研究。既有对个案性城市形态历史演变的全过程研究,也有对个案性城市形态的城市用地、空间扩展、演变动力等展开探讨,较为代表性的研究有宁森的连云港城市形态的历史发展研究、王建国的常熟城市形态演变研究、杨山等人的无锡形态扩展的空间差异研究、洪亮平等人的武汉市城市空间结构形态及规划演变研究。

第三,从社会、自然等多角度对城市形态的研究。顾朝林认为,城市形态的空间扩张,有从圈层式向分散组团形态、轴向发展形态,最后形成带形增长的发展规律。李翔宇等人在分析水域和城市形态形成关系的基础上，提出了跨水域城市形态的模式，并对跨水域城市肌理、开放空间形态和建成环境要素进行了探讨。陈玮提出了山地城市形态渐进式和跳跃式的拓展方式与演变阶段。陈力认为，城市形态及其所含的文化内涵应在旧城更新中得到延续，并有所发展和创新。王农认为，城市的形态是被存在于该地域社会特有文化中的集团意志所左右的构图。杜春兰认为，城市形态是城市文化特色的反映。

第四，不同尺度的城市形态研究。韩晶以南京市鼓楼地段形态为例，揭示了地段空间生长中存在的普遍规律。王冬以昆明市为例，分析了街区的沿革与特色，探讨了通过空间形态的拓扑改变来延续传统城市肌理的问题。相秉军等人提出在古城更新改造过程中，应注意保留和发扬传统的空间构成手法，从根本上保护古城风貌。

第五，城市形态研究的分析和计量方法。随着对城市空间结构的日益关注，城市形态的分析方法不断完善，多变量统计方法、主成分分析法等相继被用来研究城市形态。但到目前为止，大多学者运用的仍是传统城市空间分析方法。对于分析方法，相秉军等人采用城市空间分析方法，从道路、边沿、区域、节点等城市形象要素入手，对苏州古城的整体空间形态加以分析。叶俊等人认为，分形理论有助于揭示城市形态演化的特征。对于计量方法，武进运用网络概念和拓扑分析法，对城市内部空间结构进行了研究。段进概要评析了拓扑分析、分形分析和特征值法三种城市空间形态的量化方法。林炳耀提出测定城市形态的思路和若干城市空间形态的计量指标。杨山等人基于遥感影像，通过计算若干年份城市形态空间扩展面积的均值、方差和标准差，研究无锡市城市形态扩展的空间差异。

1.3.3 研究趋势

纵观目前对于城市形态的研究，我们发现存在着以下局限性。

第一，从研究对象看，总结性、概括性的研究多，针对性、个案性、类型性的研究少，这就造成了研究的内容虽广，包括城市内部空间结构和城市外部形态等各个方面，但多数只停留在对表面问题的研究上，缺少深度研究。

第二，从研究手段来看，大多数研究是基于传统的历史资料或统计数据，研究主要停留在定性描述的层面上，缺少对城市形态参数与城市的环境条件、结构和功能之间的数量关系分析，在时间序列上对城市形态作量化对比的研究较少。利用GIS、GPS和RS等技术对城市形态的监测研究有待加强。

第三，从研究内容来看，中国正处在城市快速发展时期，新的动力因素不断出现，研究成果中，缺乏对城市形态演变的各种动力因素的综合性研究，新时期多动力因素的系统分析在城市形态演变研究中显得较为欠缺。城市交通与城市形态之间存在着复杂的相互关系，从城市形态、城市交通与城市土地利用的相互作用机制等方面，分析城市形态与道路交通网络的互动协调演化，可以为研究城市的形态发展提供一定的参考依据。

要突破以上局限，在城市形态研究中取得更具现实意义的成果，未来的城市形态研究在方法、技术和侧重点呈现以下趋势。

研究方法上将更多采用数学模型和新技术，分析将会更加注重空间、时间变量。随着空间统计学的发展，产生了一系列新的空间统计方法和统计模型。区域性是地理学的本质属性，而这些新的空间统计方法恰恰考虑了时空变量，因此这些新的统计方法、统计模型大都可以运用到城市地理学和城市形态的研究中。例如最新的 ESTDA 技术，其强大的时空探索性功能，经过变形改造完全可以运用于城市空间形态的研究中。

侧重对形态影响要素的剖析和理解，在丰富的城市、地区案例研究中，加强诱导城市空间形态扩张的驱动力研究。从建设性的“时间—空间演化”视角探讨城市形态变化，以更加精细的架构，剖析城市形态演变的过程和规律。基于从历史发展中总结出的知识，寻求“可持续城市形态”的经验知识和实现方式，有所取舍地寻求城市形态发展的正确形式和路径。

2 城市形态研究理论与技术

2.1 GIS和RS

RS(Romote Sensing,遥感)作为一门综合性技术,目前已广泛应用到国民经济建设的各个领域,发挥着越来越重要的作用。随着传感器技术、遥感平台技术、数据通信等相关技术的发展,现代遥感技术已经进入了一个能够主动、快速、准确、多手段提供对地观测数据的新阶段,同时基于遥感信息处理的地理研究也有了重要的进展。目前,遥感技术已经被广泛地应用于土地利用、作物估产、资源调查、环境监测以及区域分析等研究领域。

GIS(Geographic Information Systems,地理信息系统)萌芽于20世纪60年代初,是多学科交叉的产物,它以地理空间为基础,采用地理模型分析方法,提供多种空间和动态的地理信息,是一种为地理研究和地理决策服务的计算机技术系统。GIS的基本功能是将表格型数据转换为地理图形显示,可对显示结果进行浏览、操作和分析。其显示范围可以从洲际地图到非常详细的街区地图,显示对象包括人口、运输线路以及其他内容。目前GIS已在许多部门和领域得到应用,并引起了各国政府部门的高度重视。

在研究中利用GIS软件,建立数据库,对空间数据进行可视化和空间分析。利用ArcGIS软件,把众多复杂的数据建成研究所需的空间数据库,统一坐标投影,以便查询管理。研究中利用GIS软件对空间数据进行可视化,主要包括以下两个方面:第一,利用各种数学模型,把各类统计数据、遥感提取数据等进行相应分级处理,选择适当的视觉变量以专题地图的形式表示出来;第二,将缓冲区分析的结果、各种插值计算结果进行可视化,并以专题地图的形式表示出来。利用GIS的空间分析功能,提取和传输空间信息;利用栅格数据的邻域分析、数据重采样、克里格插值等分析功能,对城市空间结构进行分析;利用缓冲区分析功能对城市化、道路等因素生成影响区;利用GIS地统计分析功能对空间结构进行简单的探测分析。

由于RS具有提供宏观、高分辨率、多波段、多时相数据的优势,成为GIS的重要信息源,并且GIS和RS可以达到数据的相互补充,提高模拟预测的精度。由于基于GIS的空间技术,集成了几何学、景观生态学等学科的模式和空间探索性分析测度方法,因此能够定量地分析城市空间结构的增长、空间移动、空间格局、空间梯度、空间形态等变化过程及其特征，并可进行可视化表达，从而获得城市空间结构演变过程的一般认识。

研究中我们利用遥感软件 ERDAS、ENVI，对天津市 TM 遥感影像(1976 年 10 月、1992 年 10 月、2001 年 10 月、2008 年 10 月)进行相应处理，以建立土地利用动态数据库。首先进行遥感影像前期处理。使用 1∶50 000 地形图为参考，对遥感影像进行几何纠正；使用选择控制点的方法，对同期遥感影像做直方图匹配处理。在遥感影像上和对应的地形图上均匀地选择特征明显的典型地物目标作为控制点，选取在图像上明显、清晰、不随时间而变化的点；控制点均匀分布在整个图像上，畸变大的区域增加控制点的数量。校正过程采用二次多项式建立影像坐标和地图坐标之间的变换关系，要求精校正的误差均不超过一个像元。

遥感影像解译采用监督分类和非监督分类、人机交互式解译等相结合的方法。由于遥感影像是以光谱特征、辐射特征、几何特征及时相特征来反映地物信息，目视解译时首先要选取研究区比较典型的一小块代表性的区域，根据影像特征(形状、色调、纹理等)，运用地学相关规律，配合多种非遥感资料，并结合实地调查，建立研究区统一的解译标志。解译完成后还要进行实地抽查验证，进行精度评价，尤其要核实影像特征不明显的类型。本研究中精度要求判读准确率在 85%以上，部分研究区结合土地利用图，精度达到 90%以上。

2.2 灰色系统理论

灰色系统理论是由我国学者邓聚龙教授于 20 世纪 80 年代首创的一种系统科学理论，主要包括灰色系统建模理论、灰色控制理论、灰色关联分析方法、灰色预测方法、灰色规划方法、灰色决策方法。由于地理系统是典型的灰色系统，因此灰色系统理论自产生以来，就被广泛应用于地理学的研究中。灰色系统理论具有很多优点，它不需要大量的样本，样本不需要有严格规律性分布，计算工作量小，灰色预测精确度高，可用于近期、中期、长期预测。

2.2.1 灰生成

灰生成是在保持原有序列形式的前提下，改变序列中数据的值与性质。灰生成的作用，第一，统一序列的目标性质，为灰决策提供基础；第二，将摆动序列转化为单调增长序列，以利于灰建模；第三，揭示潜藏在 AGO 序列中的递增态势，变不可比序列为可比序列。

灰生成类型共四种，包括 AGO、IAGO、MEAN、EM。AGO 是对原始序列的数据依次累加得到的生成序列；IAGO 是对 AGO 生成序列中相邻数据依次累减；

MEAN 生成是将 AGO 序列中前后两个相邻的数据取平均值，以获得生成序列；EM 给灰决策提供一致性样本。

2.2.2 灰色相关

灰色系统理论提出对各子系统进行灰色关联度分析，意图透过一定的方法，去寻求系统中各子系统(或因素)之间的数值关系。因此，灰色关联度分析对于一个系统发展变化态势提供了量化的度量，非常适合动态历程分析；主要包括下列内容：

① 确定反映系统行为特征的参考数列和影响系统行为的比较数列。反映系统行为特征的数据序列，称为参考数列；影响系统行为的因素组成的数据序列，称比较数列。

② 对参考数列和比较数列进行无量纲化处理。

③ 求参考数列与比较数列的灰色关联系数 $\xi(X_i)$。

关联程度实质上是曲线间几何形状的差别程度，因此曲线间差值大小，可作为关联程度的衡量尺度。对于一个参考数列 X_0 有若干个比较数列 $X_1, X_2, \cdots, X_n$，各比较数列与参考数列在各个时刻(即曲线中的各点)的关联系数 $\xi(X_i)$ 可由下列公式算出，其中 ρ 为分辨系数，一般在 0～1 之间，通常取 0.5。

第二级最小差记为 $\Delta\min$；两级最大差记为 $\Delta\max$。

比较数列 X_i 曲线上每一个点与参考数列 X_0 曲线上每一个点的绝对差值，记为 $\Delta_{0i}(k)$。

所以关联系数 $\xi(X_i)$ 简化为如下公式：

$$\xi_{0i} = \frac{\Delta\min + \rho\Delta\max}{\Delta_{0i}(k) + \rho\Delta\max}$$

④ 求关联度 r_i。因为关联系数是比较数列与参考数列在各个时刻(即曲线中的各点)的关联程度值，所以它的数不止一个；而信息过于分散不便于进行整体性比较，因此有必要将各个时刻(即曲线中的各点)的关联系数集中为一个值，即求其平均值，作为比较数列与参考数列间关联程度的数量表示，关联度 r_i 公式如下：

$$r_i = \frac{1}{N}\sum_{k=1}^{N} \xi_i(k)$$

r_i：比较数列 X_i 对参考数列 X_0 的灰关联度，或称为序列关联度、平均关联度、线关联度。r_i 值越接近 1，说明相关性越好。

⑤ 关联度排序。因素间的关联程度，主要是用关联度的大小次序描述，而不仅是关联度的大小。将 m 个子序列对同一母序列的关联度按大小顺序排列起来，

便组成了关联序，记为$\{x\}$，它反映了对于母序列来说各子序列的“优劣”关系。若$r_{0i}>r_{0j}$，则称$\{x_i\}$对于同一母序列$\{x_0\}$优于$\{x_j\}$，记为$\{x_i\}>\{x_j\}$（r_{0i}表示第i个子序列对母序列特征值）。

灰色关联度分析法即将研究对象及影响因素的因子值视为一条线上的点，与待识别对象及影响因素的因子值所绘制的曲线进行比较，比较它们之间的贴近度，并分别量化，计算出研究对象与待识别对象各影响因素之间贴近程度的关联度，通过比较各关联度的大小来判断待识别对象对研究对象的影响程度。

2.2.3 基于不等时距建模

在实际的研究中运用灰色系统方法时，由于种种原因数据可能是不完备的，可能部分原始数据缺失，出现不等时距的情况。解决的途径有两个：其一是直接建模法，其二是拓灰色预测法。

直接建模法，设有一组不等时距的离散数据为：

$$x^{(0)}(1),x^{(0)}(2),x^{(0)}(3),\cdots x^{(0)}(n),$$
$$t_1,t_2,t_3,\cdots,t_n,$$

其中，$t_i(i=1,2,3,\cdots,n)$为各离散数据所对应的时间，若$x^{(0)}(t)$是t的连续函数，则可按下式构造其一次累加生成数据：

$$x^{(0)}(t)=\int_0^1 x^{(0)}(t)\mathrm{d}t$$

对于离散数据，上式定积分的计算只能采用近似计算方法，在此采用矩形法，并假定$t_0=0$，则更有一般的一次累加生成方法：

$$x^{(0)}(k)=\sum_{i=1}^{k}x^{(0)}(i)(t_i-t_{i-1})\ (k=1,2,3,\cdots,n)$$

当离散数据为等时距时，有$t_i-t_{i-1}=1$，此时上式变为：

$$x^{(1)}(k)=\sum_{i=1}^{k}x^{(0)}(i)\ (k=1,2,3,\cdots,n)$$

可以根据$x^{(1)}$建立如下形式的微分方程，即$GM(1,1)$模型：

$$\frac{\mathrm{d}x^{(1)}}{\mathrm{d}t}+ax^{(1)}=u(a,u\text{ 为灰参数})$$

a,u可以通过辨识算法求得：

$$\begin{bmatrix}a\\u\end{bmatrix}=\{\boldsymbol{B}^{\mathrm{T}}[\boldsymbol{E}-\boldsymbol{B}_1(\boldsymbol{B}_1^{\mathrm{T}}\boldsymbol{B}_1)^{-1}\boldsymbol{B}_1^{\mathrm{T}}]\boldsymbol{B}\}^{-1}\boldsymbol{B}^{\mathrm{T}}[\boldsymbol{E}-\boldsymbol{B}_1(\boldsymbol{B}_1^{\mathrm{T}}\boldsymbol{B}_1)^{-1}\boldsymbol{B}_1^{T}]\boldsymbol{y}$$

$$\boldsymbol{B}=\begin{pmatrix}-\frac{1}{2}[x^{(1)}(1)+x^{(1)}(2)] & 1\\ -\frac{1}{2}[x^{(1)}(2)+x^{(1)}(3)] & 1\\ \cdots & \cdots\\ -\frac{1}{2}[x^{(1)}(3)+x^{(1)}(4)] & 1\end{pmatrix}$$

$$\boldsymbol{B}_1^{\mathrm{T}}=\left(\frac{\Delta t_2-\Delta t_s}{\Delta t_b-\Delta t_s}[x^{(1)}(2)-x^{(1)}(1)],\cdots,\frac{\Delta t_a-\Delta t_s}{\Delta t_b-\Delta t_s}[x^{(1)}(n)-x^{(1)}(n-1)]\right)$$

$$\boldsymbol{y}^{\mathrm{T}}=[x^{(0)}(2),x^{(0)}(3),\cdots,x^{(0)}(n)]$$

其中：$\Delta t_i=t_i-t_{i-1}$；$\Delta t_a=\min\Delta t_i$；$\Delta t_b=\max\Delta t_i$。微分方程为：$x^{(1)}(t_i)=Ce^{-at_i}+\frac{u}{a}$。式中 C 为任意常数。设过 $x^{(1)}(1)$ 点，则有 $C=\left[x^{(1)}(1)-\frac{u}{a}\right]e^{at}$。得 $GM(1,1)$ 模型的时间响应函数为：

$$x^{(1)}(t_i)=\left[x^{(1)}(1)-\frac{u}{a}\right]e^{-a(t_i-t_{i-1})}+\frac{u}{a}$$

然后计算出 $\hat{x}^{(1)}$，根据还原公式：

$$\hat{x}^{(0)}(k)=\frac{\hat{x}^{(1)}(k)-\hat{x}^{(1)}(k-1)}{t_k-t_{k-1}}\quad(k=1,2,3,\cdots)$$

2.3 景观生态学理论

景观生态学(Landscape Ecology)是研究在一个相当大的区域内，由许多不同生态系统所组成的整体(即景观)的空间结构、系统相互作用、协调功能及动态变化的一门生态学新分支。景观生态学以整个景观为研究对象，强调空间异质性的维持与发展、生态系统之间的相互作用、大区域生物种群的保护与管理、环境资源的经营管理，以及人类对景观及其组分的影响。景观生态学给生态学带来新的思想和新的研究方法，也为城市形态研究提供新的方法和思路。

在景观规模上，每个景观要素(或生态系统)都可以看作是一个具有相当宽度的嵌块体(斑块)、狭长的廊道、背景或基质，嵌块体—廊道—基质模式是景观组成的基本模式。景观结构一旦形成，构成景观的景观要素的大小、形状、数目、类型和外貌特征等对生态客体的运动(生态流)特征将产生直接或间接的影响，从而影响景观的功能。

廊道是景观生态流发生的主要通道，其结构特征与其功能密切相关。廊道主要结构特征包括曲度、宽度、连通性等。一般认为，廊道曲度与沿廊道的移动距离关系最为密切；廊道宽度直接影响能量物质及物种沿廊道或穿越廊道运动的阻力；廊道连通性则用于度量廊道的空间连续程度。廊道有无断开是确定通道或屏障功能效率的重要因素，因此连通性是廊道结构的主要量度指标。

廊道相互交叉相连为网络，使网络成为景观本底的一种特殊形式。许多景观要素，如道路、沟渠、防护林带、树篱等均可形成网络，但代表性最强的是树篱(包括人造林带)。网络内景观要素的大小、形状、环境条件及人类活动等特征，对网络本身具有重要影响，网络同时也对被包围的景观要素给予影响，这种相互影响的最终结果，就是导致景观生态过程和生态流的变化。

基质是景观中面积最大、连通性最好的景观要素类型，如宽阔的草原、荒漠等。通常有三个标准来确定基质：相对面积、连接度和动态控制。基质面积在景观中最大，超过现存的任何其他景观要素类型的总面积，基质中的优势种也是景观中的主要种，基质的连通性较其他景观要素高。基质对景观动态的控制较其他景观要素类型更多。

斑块、廊道、基质组成景观结构，景观功能的实现需要有相应的景观结构的支持，并受景观结构特征的制约，而景观结构的形成和发展又受到景观功能(生态流)的影响，这就是景观结构与功能互动原理。这一原理揭示了景观结构与景观功能间直接的相互对应关系。应用景观结构与功能互动原理，对景观结构进行调整以改变或促进景观的功能，是景观管理的重要内容。

景观生态规划是通过分析景观特性以及对其判释、综合和评价，提出景观最优利用方案。其目的是使景观内部社会活动，以及景观生态特征在时间和空间上协调化，达到对景观优化利用，既保护环境，又发展生产，合理处理生产与生态、资源开发与保护、经济发展与环境质量，以及开发速度、规模、容量、承载力等的辩证关系。根据城市区域生态良性循环和环境质量要求，设计出与城市协调和相容的生产和生态结构，提出生态系统管理途径与措施。

2.4 元胞自动机理论

20 世纪 40 年代，Ulam 提出一种可用于模拟复杂动态系统(如生物繁殖和晶体成长等现象)的模型；很快他的同事，著名的“计算机之父”诺依曼在 1948 年提出元胞自动机(Cellular Automata，简称 CA)的概念。而 Conway J H 在 1970 年编制的“生命游戏”，是最为著名的一个在计算机上实现的元胞自动机模型。不同于一般的动力学模型，CA 模型没有明确的方程形式，而是包含了一系列模型构造的规则，凡是满足这些规则的模型都可以算作是 CA 模型。

CA 是一种时间、空间、状态都离散，空间相互作用和时间因果关系都为局部的网格动力学模型，具有模拟复杂系统时空演化过程的能力。CA 具有强大的空间运算能力，常用于自组织系统演化过程的研究。CA 具有时空、状态的离散性，规则局部性，全局一致性，演化并行性，无后效性等特点。在某一时刻一个元胞只能有一种状态，而且该状态取自一个有限集合。一个元胞下一时刻的状态是上一时刻其邻域状态的函数，此即元胞自动机的原理。

2.4.1 CA 的形式语言定义

用形式语言的方式来描述，CA 可以表示为一个四元组：

$$\mathrm{CA} = (L_d, S, N, f)$$

式中，L 代表一个规则划分的网格空间，每个网格空间（cell）就是一个元胞，d 为 L 的维数，通常为一维或二维空间，理论上可以是一个任意正整数维的规则空间；S 代表一个离散的有限集合，用来表示各个元胞的状态；N 代表元胞的邻居集合，对于任何元胞的邻居集合 $N \subset L$，设邻居集合内元胞数目表示为 n，那么，N 可以表示为一个所有邻域内元胞的组合，即包含 n 个不同元胞状态的一个空间矢量，记为：

$$N = (S_1, S_2, S_3, \cdots, S_n), S_i \in \mathbf{Z}, i \in (1, \wedge, n)$$

式中 $\mathbf{Z}$ 为整数集。f 表示一个映射函数：$S_i^n \rightarrow S_{t+1}$，即根据 t 时刻某个元胞的所有邻居状态组合，来确定 $t+1$ 时刻该元胞的状态值，f 通常又被称作转换函数或演化规则。

2.4.2 CA 的构成

标准的 CA 是由元胞、元胞空间、邻居、规则四个部分组成。

简单地讲，CA 可以看作是由一个元胞空间和定义在该空间的变换函数组成。元胞是 CA 的基本组成部分，在常见的二维空间的晶格点上，具有离散、有限的状态。元胞空间的划分有三种，主要按三角形、四方形、六边形网格排列；其中四方形网格直观简单，而且特别适合于在现有的计算机环境下进行表达，因而使用较为广泛。

二维 CA 邻居定义有三种（图 2-1）：

第一种是冯·诺依曼（Von. Neumann）型，邻居定义是：

$$N_{Neumann} = \left\{ v_i = (v_{ix}, v_{iy}) \middle| \, |v_{ix} - v_{0x}| + |v_{iy} - v_{0y}| \leqslant 1, (v_{ix}, v_{iy}) \in \mathbf{Z}^2 \right\}$$

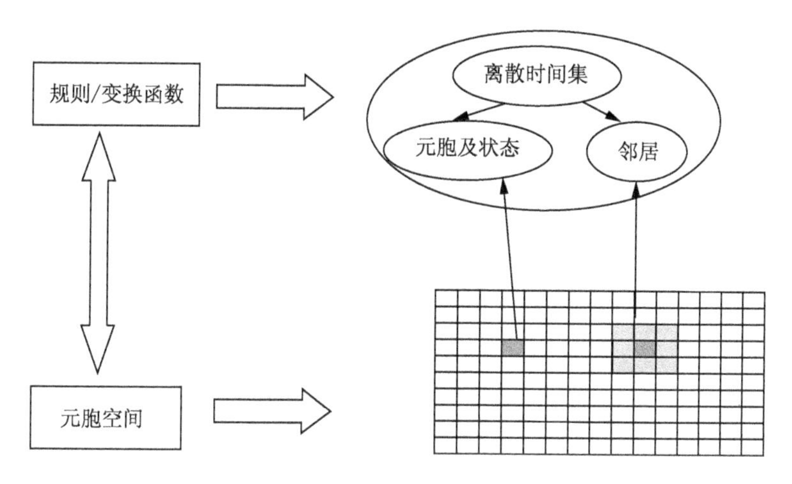

图 2-1 元胞自动机结构图

第二种是摩尔(Moore)型,邻居定义是:

$$N_{Moore} = \{v_i = (v_{ix}, v_{iy}) \| v_{ix} - v_{0x} | \leqslant 1, | v_{iy} - v_{0y} | \leqslant 1, (v_{ix}, v_{iy}) \in \mathbf{Z}^2\}$$

第三种是扩展摩尔型,邻居定义是:

$$N_{Moore} = \{v_i = (v_{ix}, v_{iy}) \| v_{ix} - v_{0x} | + | v_{iy} - v_{0y} | \leqslant r, (v_{ix}, v_{iy}) \in \mathbf{Z}^2\}$$

其中 v_{ix} 和 v_{iy} 表示邻居元胞的行列坐标值,v_{0x} 和 v_{0y} 表示中心元胞的行列坐标值。转换规则表述被模拟过程的逻辑关系,决定了元胞自动机的动态演化过程和结果。它可记为:

$$f: S_i^{t+1} = f(S_i^t, S_N^t)$$

其中 S_N^t 为 t 时刻的邻居状态组合,f 为元胞自动机的局部映射和局部规则。

转换规则函数是 CA 的核心,它是根据元胞当前状态及其邻居状况,确定其下一时状态的动力学函数。将一个元胞的所有可能状态连同负责该元胞状态变换的规则一起称为一个变换函数。这个函数构造了一种简单的、离散的空间/时间范围的局部物理成分。要修改的范围里采用这个局部物理成分对其结构的"元胞"重复修改。这样,尽管物理结构的本身每次都不发展,但是状态在变化。记为:

$$f: S_i^{t+1} = f(S_i^t, S_N^t)$$

S_N^t 为 t 时刻的邻居状态组合,f 为元胞自动机的局部映射或局部规则。

2.4.3 城市 CA 模型的转换规则

CA 模型的关键是定义模型的结构和转换规则。然而,CA 模型转换规则的定义是多种多样的，不同的应用目的需要定义不同的转换规则。传统 CA 模型的转换规则只考虑 Von Neumann 邻近范围或 Moore 邻近范围的影响，这种转换规则反映的是邻近范围的局部作用对元胞状态的影响。城市元胞自动机转换规则中，还需要考虑区域变量和全局变量对元胞状态的影响。城市 CA 模型转换规则的确定是非常松散的，常常通过转换概率或转换潜力来表示，目前较为可靠的转换规则有 logistic 回归、多准则判断、主成分分析、神经网络等。

(1) 基于多准则判断的 CA

多准则判断模型是由 WU 和 Webster 提出来的。多准则判断的特点是算法简单，容易实现。首先，一个元胞在 $t+1$ 时刻的状态是由它和它的邻居，在 t 时刻的状态及对应的转换规则决定的。描述如下：

$$S_{ij}^{t+1} = f(S_{ij}^{t}, \Omega_{ij}, T)$$

式中，S_{ij}^{t+1} 和S_{ij}^{t} 是在位置ij，$t+1$ 和 t 时刻各自的土地利用状态；Ω_{ij} 是ij 位置邻居空间的发展状况；T 是一系列的转换规则。

这个方程表明，在一个自组织的城市系统中，土地开发是个历史依赖过程。在这个过程中，过去的土地开发通过地块之间的相互作用，来影响未来土地的开发。在模拟中，通过一个移动的 3×3 的窗口来捕捉土地开发之间的相互作用，即将移动窗口应当用到每个像元，同时返回一个指标值，指示它的八个邻居在状态 S_{ij}^{t} 被开发的比例。这些局部和动态的信息用一系列全局变量来反映，具体是通过相加的方法来得到综合的评分，从而决定位置 ij 在 $t+1$ 时刻状态的转换概率。

利用概率法可以灵活地定义转换规则。$t+1$ 时刻的状态可以由概率来决定

$$S_{ij}^{t+1} = f(P_{ij}^{t})$$

式中，P_{ij}^{t} 是在位置 ij 状态 S 可能的转换概率，一般记为：

$$P_{ij}^{t} = \phi(r_{ij}^{t}) = \phi[\omega(F_{ijk}^{t}, w_k)]$$

式中，r_{ij}^{t} 是评估状态S 在位置ij 转化的适宜性；F_{ijk}^{t} 是发展因子k 在位置ij 的评分，包括邻居状态在状态 t 开发的比例；w_k 是对每个发展因子赋予相关重要性(权重)；ω 是用于计算发展权重得分的联合函数；ϕ 是用于将合成的适宜性得分转化的概率函数。

上式可以简化为：

$$P_{ij}^{t} = \phi(r_{ij}^{t}) = \exp\left[\alpha\left(\frac{r_{ij}^{t}}{r_{\max}} - 1\right)\right]$$

式中，α 表示离散程度的变量，取值 $0\sim1$，$r_{\max}$ 是r_{ij} 的最大值。

而 ω 的规范或 r_{ij} 可以由下式估算：

$$r_{ij}^{t}=(\sum_{k=1}^{m}F_{ijk}^{t}w_{k})\prod_{k=m+1}^{n}F_{ijk}^{t}$$

式中，当 $1=k=m$ 为非线性约束因子；$m<k=n$ 为限制约束因子。例如河流、水库可以作为限制约束性因子，其开发成为城市用地的概率为零。

r_{ij}^{t} 的简单表达形式是：

$$r_{ij}^{t}=(\beta_1 d_{centre}+\beta_2 d_{industrail}+\beta_3 d_{railway}+\beta_4 d_{road}+\beta_5 d_{neighbor})RESTRICT$$

式中，$\beta_1,\cdots,\beta_5$ 是从 MEC 的层次分析法获取的权重；d_{centre}、$d_{industrail}$、$d_{railway}$、d_{road} 分别是离市中心、工业中心、铁路、公路的空间距离，$d_{neighbor}$ 是窗口内的开发强度；$RESTRICT$ 为约束性因子的总评价得分。

多准则判断转换规则确定后，下个步骤是获取权重；可以应用层次分析法确定转换规则。层次分析法是应用成对的比较来获取优先级，从总的准则下降到次级准则。每次只需要比较一对法则就能够做出有效的决定。比较应用了 9 点刻度来衡量一对准则的优先级，矩阵 A 确定如下：

$$A=(a_{ij})=\left(\frac{w_i}{w_j}\right)$$

式中，w_i 是矢量 $\boldsymbol{W}$ 的权重，$\boldsymbol{W}=(w_i)^{\mathrm{T}}$，从 1 到 9 分布，同时 a_{ij} 从 1/9 到 9 分布。

CA 模拟时由若干循环来完成。为了表达城市演化的不确定性，在每次循环中，往往需要将转变城市用地的概率 p_{ij}^{t} 与预先给定的阈值 $p_{threshold}$ 进行比较，确定元胞是否发生状态的改变，即：

$$\begin{cases}p_{ij}^{t}\geqslant p_{threshold} & \text{转变为城市用地}\\ p_{ij}^{t}<p_{threshold} & \text{不转变为城市用地}\end{cases}$$

（2）基于主成分分析的 CA

当准则较多时，确定各权重将很困难。而且当准则之间有较大的相关性时，所选取的权重也会不准确。主成分分析（PCA）方法能够有效地解决这个问题。主成分分析方法通过正交旋转变换的方法，来消除原始数据中的相关性和冗余度。其正交旋转的公式如下：

$$pc_{ij}=\sum_{k=1}^{n}X_{ik}E_{kj}$$

式中，pc_{ij} 是对应于像元 i 的第 j 个主成分；X_{ik} 是对应于像元 i 的第 k 个准则；E_{kj} 是对应第 k 行第 j 列的特征向量矩阵。

特征向量和特征值可以由以下方程来求解：

$$\boldsymbol{E}\mathrm{Cov}\boldsymbol{E}^{\mathrm{T}} = \mathbf{V}$$

式中，Cov 是协方差阵；$\mathbf{V}$ 是以特征值为对角的矩阵；$\boldsymbol{E}$ 是特征向量矩阵；T 为转置。

利用 PCA 可以生成一系列独立不相关的新变量。将新变量代替原变量用于 CA 模拟中，可以摆脱 MCE（Multi-Criteria Evalution）权重不合理的弊端，并能方便地使用广泛的空间变量来改善模型的精度。以下介绍 PCA 引进 CA 的方法。

一般的 CA 表达式可归纳为以下形式：

$$S^{t+1} = f(S^t, N)$$

式中，S 是状态；f 是邻近函数；N 是邻近范围；t 是迭代运算时间。CA 的特点是 $t+1$ 时的状态取决于 t 时邻近范围的状态。

CA 的状态一般是离散的。在城市模拟中，不同的状态用来反映不同的土地利用类型，由此可以利用 CA 来模拟土地利用变化和城市发展过程。一般的 CA 是用一个二进位的数来表达不同状态的转换过程：1 为转换，0 为不转换。该方法有一定的局限性。当“灰度”值由 0 逐渐变到 1 时，表示该单元最终完成状态的改变。例如，由农业用地转换为城市用地。该 CA 的迭代公式如下

$$G_i^{t+1} = G_i^t + \Delta G_i^t G_i \in (0,1)$$

灰度的增加值由两个方面决定：邻近函数和相似度。邻近函数反映了周围像元状态对中心像元状态改变的影响。相似度用来度量中心像元与理想点在各项属性方面的差异，由此来确定每个像元对不同准则关于城市发展适宜性的一系列值，“理想点”就是具有所有准则最大值的点。在 CA 模拟中，某个像元的属性越接近理想点，其灰度的增加速度越快。

事实上“理想点”是一个虚拟点。可以通过主成分变换求出其变化后的对应主成分值。通过“理想点”的方法，可以把一系列环境和可持续发展要素引进 CA 中，以形成合理的城市形态，可持续发展的“理想点”应能保证获得这些准则的最大值。由于这些准则往往是相关的，需要消除它们的相关性，通过主成分变换，把反映经济、环境、资源等要素的空间变量，来变作像元的属性。由此可以计算某个像元与理想点的相似度。其公式如下：

$$d_{i\xi} = \sqrt{\sum_j^m w_j^2 \,(pc_{ij} - pc_j^0)^2}$$

式中，$d_{i\xi}$ 是像元 i 与“理想点”ξ 之间的相似度；pc_{ij} 是像元 i 的第 j 个主成分的值；pc_j^0 是“理想点”的第 j 个主成分值；w_j 是第 j 个主成分在计算相似度时的权重。

将相似度进行标准化，使其值在 0～1。标准化的相似度(SIM)为：

$$SIM = 1 - \frac{d_{i\xi}}{d_{i\xi}^{\max}}$$

式中，$d_{i\xi}^{\max}$ 是 $d_{i\xi}$ 的最大值。

由此，灰度的增加值应该与邻近函数和标准化的相似度成比例关系。

$$\Delta G_i^t = f_i(q^t, N) \times SIM^t = \frac{q^t}{\pi l^2} \times \left(1 - \frac{d_{i\xi}}{d_{i\xi}^{\max}}\right)^k$$

式中，q^t 为在时间 t 时邻近范围内已经转变为城市用地的像元数，l 为邻近范围的半径；k 为非线性指数变化的参数。

通过非线性变换及参数 k 的选择，可以有效地产生不同的模拟形态。可以把随机变量引入 CA 中，使得模型效果更接近现实。随机变量可以由下式表示：

$$RA = 1 + (-\ln\gamma)^\alpha$$

式中，γ 为值在 0 ～ 1 范围内的随机数；α 为控制随机变量影响大小的参数。

引入随机变量后：

$$\Delta G_i^t = RA \times \frac{q^t}{\pi l^2} \times \left(1 - \frac{d_{i\xi}}{d_{i\xi}^{\max}}\right)^k = [1 + (-\ln\gamma)^\alpha] \times \frac{q^t}{\pi l^2} \times \left(1 - \frac{d_{i\xi}}{d_{i\xi}^{\max}}\right)^k$$

该公式决定像元状态的转变。在 CA 的每次迭代中，如果某一个像元的灰度变为 1，该像元就转变为城市用地。不断提高 CA 的迭代运算，可以模拟出城市这个复杂系统的演变和优化形态。

(3) 基于人工神经网络的 CA

利用人工神经网络(ANN)进行 CA 的模拟预测，其特点是无需人为确定模型的结构、转换规则及模型参数，利用神经网络来代替转换规则，并通过神经网络进行训练，自动获取模型参数。由于使用了神经网络，该模型可以有效地反映空间变量之间的复杂关系。

ANN-CA 具有两个基本的独立模块：模型校正模块和模拟模块。在模型的校正模块中，利用训练数据自动获取模型的参数，然后把该参数输入模拟模块进行模拟运算。整个模型的结构十分简单，用户不用自己定义转换规则及参数，适用于模拟复杂的土地利用系统。网络只有三层，第一层是数据输入层，其神经单元分布对应于影响土地利用变化量；第二层是隐含层；第三层是输出层。

ANN-CA 的第一步是确定神经网络的输入。对应每一个模拟单元(cell)，有 n 个属性变量。这些变量分别对应于神经网络第一层的 n 个神经元，它们决定了每个单元在时间 t 的土地利用转换概率，表达式为：

$$\boldsymbol{X}(k,t)=[x_1(k,t),x_2(k,t),x_3(k,t),\cdots,x_n(k,t)]^{\mathrm{T}}$$

式中，$x_i(k,t)$ 为单元 k 在模拟时间 t 的第 i 个变量，T 为转置。

神经网络的输入一般都先进行标准化处理，使它们的值落入 0～1 的范围内，利用最大值和最小值进行标准化。输入层接收标准化的信号后，将它们输出到隐含层。隐含层第 j 个神经元所收到的信号为：

$$net_j(k,t)=\sum_i w_{i,j}x'_i(k,t)$$

式中，$net_j(k,t)$为隐含层第j 个神经元收到的信号；$w_{i,j}$ 为输入层和隐含层之间的参数。

隐含层会对这些信号产生一定的响应值，并输出到下一层，即最后的输出层。其响应函数为：

$$\frac{1}{1+\mathrm{e}^{-net_j(k,t)}}$$

输出层所输出的值即转换概率：

$$P(k,t,l)=\sum_j w_{j,l}\frac{1}{1+\mathrm{e}^{-net_j(k,t)}}$$

式中，$P(k,t,l)$为单元k 在模拟时间t 从类别j 到第l 类别土地利用的转换概率，$w_{j,l}$ 为隐含层和输出层之间的函数。

将随机变量引入 CA 中，使得模型效果更接近现实。随机项表示为：

$$RA=1+(-\ln\gamma)^{\alpha}$$

式中，γ 为值在 0 ～ 1 范围内的随机数；α 为控制随机变量影响大小的参数。

最后转换概率变为：

$$P(k,t,l)=[1+(-\ln\gamma)^{\alpha}]\times\sum_j w_{j,l}\frac{1}{1+\mathrm{e}^{-net_j(k,t)}}$$

在每次循环中，神经网络的输出层计算出对应 N 中不同土地利用类型的转换概率。比较这些转换概率的大小，可以确定土地利用的转换类型。对某一单元，在时间 t 时，只能转换为某一土地利用类型，可以根据转换概率的最大值来确定其转变的类型。当其转变的类型与原来的类型一样时，该单元没有发生土地利用变化。在每次循环中，土地利用的变化往往只占有较小的比例，可以引进以阈值来控制变化的规模。该阈值在 0 ～ 1，其值越大，在每次循环中转变的单元数就越少。

2.4.4 城市CA的研究进展

城市化浪潮起始于19世纪，但研究城市现象和城市过程的城市模型却产生于20世纪初。由于城市模型往往包含大量的数据和数据计算，因此直到二战后，随着计算机产生，城市模型的研究，尤其是模型的应用才得到迅速发展。从国内外研究来看，以元胞自动机和多主体模型为代表的动态城市模型，是城市模型发展的第四代。CA、DLA模型、逾渗模型、多主体模型(MAM)等离散动力学模型则代表了另外一种全新的思路。M. Batty在1995年《自然》(*Nature*)上发表了《研究城市的新方式》一文，指出自上而下的宏观城市模型，正逐渐被那些基于局部个体相互作用来模拟城市自组织宏观行为的模型所代替；Markse等在1995年《自然》上发表了"模拟城市增长模式"一文，利用逾渗模型(Pereofation)模拟了城市发展的形态模式，并对柏林市的城市增长进行了有效的试验模拟。

(1) 国外城市CA研究概况

元胞自动机(CA)在地理学中的应用最早可追溯到20世纪60年代，Hager strand在他的空间扩散模型研究中首先采用了类似于元胞自动机的思想；1968年，美国北卡莱罗那州大学的Chapin和Weiss，在他们的土地利用变化研究中采用离散动态模型，非常接近元胞自动机模型原理。Tobler在20世纪70年代，认识到元胞自动机模拟复杂现象的优势，首先正式采用了元胞自动机的概念，来模拟当时美国五大湖底特律地区城市的迅速扩展，认为类似元胞自动机的地理模型的采用，是分析模拟地理动态现象的一次方法革命。20世纪80年代，伴随着元胞自动机理论研究的深入，元胞自动机在地理学中的应用和研究成果也得到长足发展。美国圣巴巴拉加州大学地理系的Helen Couclelis对元胞自动机在地理学中的应用潜力，从理论上作了充分阐述，认为在城市发展政策和城市发展模拟中，不确定性的特点决定了可以用这类具有创造力的模型来进行模拟；在1985，1988和1989年先后发表在《环境与规划》(*Environment and Planning*)(A&B)上的三篇文章奠定了元胞自动机在地理学应用的理论框架，尤其是对元胞自动机模拟城市扩散的阐述，对后来这方面的研究有着深远的影响。从90年代开始，元胞自动机被广泛应用到地理学诸多领域，尤其是在城市增长、扩散和土地利用演化的模拟方面研究最为深入，理论和实践最为丰富，也是当前元胞自动机应用研究的热点。90年代开始，国外学者提出了一系列城市CA模型，其中比较具有代表性的有以下几个。

1993年，White和Engelen设计了模拟一个假想城市土地利用变化的CA模型；同时把该模型应用于美国辛辛那提、休斯敦、密尔沃基和亚特兰大等四个中等大小的城市。该模型具有的优点是，利用现实的数据证明了城市土地利用结构的分形性，且这四个城市分形维数相似；模型的结果显示，结构过分简单的城市可能会走向衰败，这为城市规划决策提供了很好的依据。该模型的缺点是，不能解释未被模型所选的其他因素是如何影响城市发展的。此模型虽然利用了 CA 的动力学机制，但它和 Hansen 的土地利用模型非常相似，仅仅把土地利用的扩展限制在半径不到 6 个单元的栅格空间。随后 White 提出了高分辨率的 CA 模型，并尝试结合区域经济学和人口学模型，模拟美国俄亥俄州辛辛那提市的土地利用模式。

1994 年，Batty，Xie 提出了 DUEM 模型。该模型以元胞自动机理论，来描述和模拟具有自相似和分形特征的城市及其发展过程，对布法罗市城市土地利用变化进行了有效的模拟，这是 CA 在城市扩展研究中的第一次系统应用。模型基本思想是引入城市发展的生命特征，元胞有生老病死的现象，城市的增长被看作土地单元对自身的复制和变异；城市的衰败视为元胞的死亡。模型的优点是能够模拟城市的生命特征，以及城市在空间上的扩散过程；缺点是繁殖和增长只能产生于已有的城市化单元附近，不能模拟没有城市增长点的城市化过程。1999 年，Batty、Xie、Sun 对该模型进行了进一步的扩展与完善。

1997 年，Clarke、Gaydos 提出了 SLEUTH 模型，模拟和预测美国旧金山海湾区和华盛顿巴尔的摩等城市发展。该模型在大型空间数据库和多分辨率遥感卫星影像数据的支持下，在宏观和中观尺度来模拟人为因素造成的土地利用变化情况，在 100～150 年这样的时间尺度上进行中长期预测。该模型设计思路是：基于交通、地形和城市化的约束条件，计算元胞单元的发展可能性，把城市化的元胞作为种子点，通过其扩散带动整个区域的发展。在模型中研究的重点是所有未城市化的元胞，研究其在环境适合的情况下改变自身状态，成为城市用地，强调了城市化的土地适应性概念，模拟结果与实际情况高度吻合。缺点是不能较好地模拟城市的衰败和死亡，而且仅有影响发展的道路、坡度和其他限制因素的权重值随时间而变化。该模型连续十年来一直在不断地扩展与完善。

2002 年，Waddell 提出了 MAM-CA 模型。该模型集成了可达性模型、经济与人口转化模型、居住和就业流动模型、居住和就业选址模型、房地产开发模型、土地价格模型和数据输出模型等七个子模型，集成发展了城市仿真 Urbansim 模型。该模型最初采用 JAVA 语言开发，2006 升级到 4.0 版本，并从 Java 平台转向更为便捷开放的 Python 平台进行开发。该模型为 CA 扩展研究与模型集成等提供了一种新的思路和方法，代表着 GIS 智能化计算发展的一个方向。

叶嘉安将国外城市 CA 模型研究根据应用目的与功能的不同，大体划分为以下三种类型。

第一，基于 CA 模型的城市演化理论探讨。这类研究不涉及任何具体的城市，类似于中心地理论等的纯理论研究。这类研究假设城市的发展是没有限制的，所被模拟的空间是均质的，针对城市发展的不同“游戏规则”，模拟城市发展的行为和过程，以探讨虚拟城市发展的一般规律。

第二，基于CA模型的真实城市系统演化模拟。这是目前城市CA模型应用最广泛、研究最深入的领域，其目的是探讨在真实地理环境中城市的真实演化过程，试图通过模拟历史发展来预测未来发展演化趋势。

第三，基于CA模型的城市发展方案和辅助城市规划。这是一个颇具潜力的应用领域，与前两者不同的是，该类CA模型的转换规则是根据规划目标和准则来设定，而不是仅仅依靠过去的经验数据来推测将来。由不同的规划目标和准则可以模拟出不同的方案，城市规划工作者在多种方案中选择最优的发展方案，评价发展带来的影响，安排未来发展所必需的基础设施。

(2) 国内城市CA研究进展

受国际研究的推动，国内城市CA的研究始于20世纪90年代末的地理学界，主要集中于CA的真实城市系统模拟，比较有代表性的有周成虎、黎夏、张显峰、罗平、何春阳和王春峰等人。对模拟城市发展方案和辅助城市规划有所涉及，但研究成果较少；黎夏、徐建刚、王桂新和郑新奇等做了尝试研究；对城市元胞自动机的理论研究方面基本没有涉及。1998年，Wu结合多层次分析法和CA构建了SIMLAND模型。该模型更强调用简单的方法和传统的经验系数校准模型的权重值。多层次分析法(AHP)有助于决策者在分析各种影响因素相互关系后，提出一套统一的权重。该模型基于9个元胞的Moore型邻域，对广州市城市扩展进行了模拟。其创新之处在于，权重来自于对土地发展相关的大量对比研究得出的转换规则，利用这些权重就可解释那些利用神经网络和人工智能等技术获取的规则。

目前国内研究主要集中在两个方面。

第一，基于CA的真实城市系统模拟。周成虎等人在Batty和Xie的DUEM模型的基础上，构建了面向对象的、随机的、不同构的GeoCA-Urban模型，提出了地理元胞自动机的概念。该模型可以引入GIS空间数据库、遥感土地分类等实际数据，来模拟和预测具体城市的发展演化，并于1999年出版了《地理元胞自动机》一书，对其相关工作进行了介绍和总结。GeoCA-Uthan模型实质上是DUEM模型第二版的中文版，是对Xie在1994年提出的DUEM模型的升级和扩展。

黎夏和叶嘉安开创了神经网络(ANN)和元胞自动机结合在城市应用研究的先河，通过构建基于神经网络的元胞自动机模型，充分利用神经网络解决高度复杂的非线性问题的优势，通过神经网络的训练获取CA模型空间变量的复杂参数，来代替CA模型中复杂的转换规则的定义，采用ArcInfor自带的AML语言编程设计了ANN-CA模型，并成功地模拟了广东省东莞市城市用地的动态扩展。2005和2006年对模型进行了进一步扩展，在区域尺度上模拟粮田、建筑用地、果园、建成区、森林和水域等六大类土地利用类型变化。黎夏和叶嘉安对元胞自动机的扩展研究主要集中在土地利用转化规则的定义和模型校准方法的扩展。

黄焕春将基于不等时距灰色预测模型和 ANN、CA 结合，构建了模拟城市空间变化的灰色—USEM 模型，并且较为成功地应用于吉林省延吉市城市空间扩展的模拟中。该模型是在黎夏和叶嘉安的研究基础上进一步发展的，其主要目的是解决 CA 模拟数量难以控制的问题，同时减弱了模型对预测基础数据等时距的限制。但该模型模拟用地仅限于城市用地，需要进一步发展完善。

张显峰、崔伟宏在总结前人研究的基础上，从满足 GIS 时空分析建模需要的角度出发，提出 CA 扩展至少应包括四个方面：①元胞空间的扩展；②元胞状态的扩展；③元胞状态转换规则的扩展；④时间概念的扩展。基于此 CA 扩展思路，建立了城市土地利用演化过程模拟预测 LESP 模型，并对包头市城市增长进行了有效模拟。

罗平从经典地理过程分析的基本理论入手，分析和阐述了 CA 对于经典地理过程分析概念表达程度的局限性，综合地理系统的几何属性和非几何属性，提出了基于地理特征概念的元胞自动机，构建了城市土地利用演化仿真 GFCA. Urban 模型，并成功模拟了深圳特区土地利用动态演化过程。此外，罗平等还把人口密度模型与 CA 集成进行了实验研究。

何春阳、史培军等从宏观外部约束性因素，和局部城市单元自身扩展能力变化共同作用影响城市发展变化的角度，结合自上而下的经济学 Totenberg 模型和 CA 模型发展了大都市区城市扩展空间动态 CEM 模型，对北京地区城市发展过程进行了模拟重建和不同情景预测；并在 2005 年把 CA 与系统动力学模型结合，发展了土地利用情景变化动力学 LUSD 模型，对中国北方 13 省未来 20 年土地利用变化进行了情景模拟。

王春峰把人口分布模型、城市扩展惯性模型与 CA 模型结合，构建了基于 CA 的城市空间扩展惯性模型，并成功模拟了西安市城市空间扩展过程。赵晶从土地单元自身发展变化能力和外部因素共同影响城市土地格局演变的角度，构建了一个基于 CA 框架下的土地利用动态演变 DLEM 模型，该模型继承了 CA 的空间动态反馈机制和演变规则的不同构特性，模拟了上海市城市内部四大类用地演变格局。

此外，刘耀林、杜宁睿、韩玲玲等人的研究，均是 CA 在城市演化模拟中的成功应用。

第二，基于 CA 的城市发展方案和辅助城市规划。1999 年，黎夏和叶嘉安将约束性 CA 模型应用到广东省东莞市城市土地可持续发展规划中，其后应用 CA 模型对东莞市的城市发展形态做了进一步模拟，提出了单中心/多中心、低密度/高密度等多种组合方案;徐建刚等从宏观、中观和微观三个层面上讨论城镇发展的内涵,构建了城镇空间发展 CA 概念模型,并应用于江苏省吴江临沪经济区规划;王桂新和陈萍基于 CA 提出了城市未来发展持续性评价决策支持系统(UFDADSS)概念模型;郑新奇用 CA 模型进行济南市城区土地利用优化配置。

另外,薛领、杨青生、柯长青、刘妙龙和刘小平等也开始尝试结合 CA 与 MAM 进行城市系统模拟研究。

总之,国内城市 CA 的研究还处在起步阶段,研究的尺度主要集中在区域尺度上,研究所用数据的空间分辨率较粗,城市内部土地利用的精细尺度研究很少涉及,而这将是今后城市 CA 应用研究的重点之一。同时,国内城市 CA 模型研究将仍然主要集中于真实城市系统的模拟,同时在辅助城市规划方面将有较大发展。

(3) 城市 CA 的研究趋势

综合国内外学者研究现状来看,未来城市 CA 研究趋势集中表现在以下几方面。

第一,模拟思路的转变,不再单纯把城市系统看成是一个自组织系统,而是把城市发展看作一个受到大尺度因素限制和修改的局部尺度上的自组织过程,在模拟时更多考虑宏观外部因素的影响。如 Wu 利用多标准评价模型在 CA 模型中引入多种约束因素;黎夏和叶嘉安把约束因素分为局部、区域和全局性三类,构建约束性 CA 模型。约束规则必须既能表达城市发展的重要影响因素,又能同时有效地结合各种社会经济和自然因素,Wu 的工作具有一定的启发性,他把与土地利用类型有关的转换规则看成是一个模糊集,只有具有较高隶属度的转换规则可以改变单元状态。

第二,CA 与其他空间模型,特别是与经济学、区域发展等模型相互结合来研究城市问题。Batty、Waddell、Deal、何春阳等积极开展了这方面的研究,尝试把其他空间模型与 CA 相结合来更真实地模拟城市系统演化。在这类混合模型中,CA 的状态可以看成是一个代表许多属性的状态向量,不但可以表示土地利用/覆盖情况,还可以根据模拟动态过程的目的表示任意的空间分布变量,如人口密度、土地利用适宜度等,大大拓宽了应用范围和模拟功能,逐渐引起研究者们的重视。

第三,CA 与 GIS 进行充分紧密的结合。Clarke 等指出,与 CA 对比,GIS 表现出三种强大的功能:一是强大的数据预处理功能,可以充分满足 CA 对空间数据的要求;二是完善的可视化功能,可以及时显示和反馈 CA 在各种情景下的实时计算模拟效果;三是日益强大的空间分析功能,可以与 CA 形成良好的互补。因此,与 GIS 的有效结合,是 CA 走向应用化的有效途径。

第四,CA 模型应用尺度的外推。目前 CA 模型的应用研究尺度主要集中在区域尺度上,其发展趋势将是从区域尺度向上和向下外推,向上最大推延至国家级甚至全球范围尺度，如 Clarke 等扩展其 SLEUTH 模型在更大尺度上进行土地利用/覆盖变化的研究，在安德森一级土地利用覆盖分类的基础上，以 1 km 的分辨率对全美土地利用/覆盖变化进行模型和预测；向下推延到城市内部更精细研究尺度上，采用更详细的城市土地利用分类标准，空间分辨率从 30 m 到 5 m 不等，甚至更小。

第五，CA 模型与多主体模型（MAM）的集成。一方面，多主体模型比 CA 模型更具有开放性，各个领域的知识都能够以规则的形式，显性或隐性地表达在 agent 之中，实现各种专题模型；另一方面，多主体模型比较容易集成经济、社会、地理和生态等多学科领域的知识，这样在考察空间过程中不仅仅将目光集中在经济维度，而能够更全面地理解和认识复杂系统的演化规律。同时，agent 中的规则（知识）可以灵活地调整和增删，其知识表达可以是显性的（如产生式系统），也可以是隐性的（如神经元网络）。CA 模型与多主体模型集成可以充分利用多主体模型的优点，弥补 CA 模型固有的缺陷，如解决不同模型的集成及空间分辨率问题等，使模型更多地综合城市系统演化的社会、经济、文化及政策等影响因素，使城市系统模拟更加真实与智能化。

3 城市形态演化的驱动力分析

城市形态演化的驱动力分析，是对其进行模拟预测的基础。模拟预测是建立在一系列空间影响变量的基础上，通过转换函数来实现对城市形态变化的模拟。如果掌握好城市形态演化的影响因素，毫无疑问将对提升模拟预测结果大有裨益。本章以天津市滨海新区 2005—2010 年城市形态演变的驱动力分析为例，介绍城市形态演化的驱动力定量分析技术方法，为城市形态的模拟提供分析基础。

3.1 研究区概况与基础数据

3.1.1 研究区概况

天津市滨海新区位于天津东部，南接大港区行政界，西至大港区、津南区葛沽镇、东丽区、京山铁路、外环线规划绿化带、东丽农牧场、京津塘高速公路，北到津汉公路、东金路、金钟河、永定新河、塘沽区行政界、汉沽区行政界。其中陆域总面积约为 2 270 km^2；濒临渤海湾，拥有水面、湿地 700 多 km^2，海域面积 3 000 km^2，拥有 153.669 km 海岸线。随着天津填海造陆工程的进展，滨海新区的陆地面积和海岸线还在增长。天津滨海新区以平原和洼地为主，可供开发的盐碱荒地 1 200 km^2，地处海河流域下游，是海河水系五大支流（南运河、北运河、子牙河、大清河、永定河）的汇合处和入海口，同时子牙新河和独流减河两条人工行洪河道在滨海新区南部通过。

滨海新区属于暖温带季风型大陆气候，四季分明。受渤海影响具有海洋性气候特点：冬季寒冷、少雪；春季干旱多风；夏季气温高、湿度大、降水集中；秋季秋高气爽、风和日丽。全年平均气温 12.3℃，高温极值 40.9℃，低温极值零下 18.3℃。年平均降水量 566.0 mm，降水随季节变化显著，冬、春季少，夏季集中。全年大风日数较多，8 级以上大风日数 57 天。冬季多雾，夏季 8～9 月份容易发生风暴潮灾害。主要气象灾害有：大风、大雾、暴雨、风暴潮、扬沙暴等。

滨海新区是天津市的工业发展重地，其中集中了天津经济技术开发区、天津保税区、天津港和滨海国际机场等全市重要的开发区和交通设施，尤其是由“一港三区”（天津港、塘沽城区、天津经济技术开发区和天津港保税区）组成的滨海新区核

图 3-1 天津市滨海新区

心区，在多年的发展中形成了强大的经济基础和较完善的基础设施，是天津市和滨海新区经济的重要增长点。

滨海新区核心区现状形成了两个公共服务设施中心：一个中心依托塘沽城区发展，营口道两侧为塘沽区的行政中心，沿解放路为商业中心。另一个中心依托天津经济技术开发区发展，在新港四路以北、第二大街附近形成了以行政办公、文化娱乐、体育设施为主的综合性城市中心区。

大港新城以石油化工工业为主，大港油田是我国石化工业基地之一，目前工业基础较好，一些重大工业项目，如大炼油、大乙烯等将进驻大港。汉沽区拥有大面积的盐田水面，占陆域面积的三分之一，同时有 27.31 km 海岸线尚保持自然状态。工业用地主要分布在蓟运河东岸的南、北两端，依托天津化工厂向南集中发展。近年来，随着基辅号航空母舰落户汉沽，当地旅游业已有一定基础。海河下游工业区以冶金工业为主，同时接纳了天津市区工业东移项目。

多种交通联络，使滨海新区核心区和中心城区具有了良好的交通联系。公路方面现有四条东西向的交通主干线，津滨轻轨的建成方便了中心城区与滨海新区核心区之间的通勤与人流活动。城市道路方面，新区与塘沽城区分别形成了自己的道路网络。大港、汉沽两区和中心城区联系通道较少，尤其缺少快速交通通道。东丽区有多条东西向穿越式快速通道，但南北向交通通道较少。津南区内交通设施相对薄弱，尤其是缺乏对外快速交通联系。

滨海新区经过多年建设，各项发展用地之间也存在一定矛盾。天津港、塘沽城区、天津经济技术开发区和天津港保税区之间，在用地发展和基础设施、服务配套设施建设等方面缺乏协调，有时甚至互相制约；滨海新区核心区的东、南、北三个方向被大量生产用地占据，限制了城市尤其是港口进一步拓展的空间。岸线资源保护和利用缺乏统一协调，滨海城市特色不突出。海河以北地区快速通道分割用地情况较为严重。因海河阻隔，海河南北两岸交通联系薄弱。

未来滨海新区的规划定位为：依托京津冀、服务环渤海、辐射“三北”、面向东北亚，努力建设成为我国北方对外开放的门户、高水平的现代制造业和研发转化基地、北方国际航运中心和国际物流中心，逐步成为经济繁荣、社会和谐、环境优美的宜居生态型新城区。规划 2020 年，滨海新区常住人口规模为 300 万人，城镇人口规模为 290 万人，滨海新区城镇建设用地规模约 510 km^2，其中，滨海新区核心区规划范围面积 270 km^2。根据滨海新区的产业发展方向，规划先进制造业产业区、滨海高新技术产业区、滨海化工区、滨海新区中心商务商业区、海港物流区、临空产业区、海滨休闲旅游区等七个产业功能区；此外，结合建港造陆，科学论证，规划临港产业区；利用各功能区之间的农用地发展沿海都市农业基地。

3.1.2 城市建设用地状况分析

城市建设用地需要避开工程灾害不利地带、生态保护核心地区、历史遗址保护区、基本农田等。充分发挥城市、港口、机场、交通走廊等的辐射和带动作用，选择最有效率的地区重点发展。对人居环境和城市安全有重大影响的项目，安排在远离人口聚集区的地区集中发展。

天津滨海新区城市建设用地发展因素：滨海新区良好的工业基础；天津港区域地位的进一步提升；以大乙烯、大炼油项目为龙头的石化基地建设，以及其他重点工业项目的建设计划；与中心城区的快速交通联系以及其他基础设施的有力支撑；一定的滨海旅游设施基础和海洋环境资源的优势。

天津滨海新区城市建设用地限制因素：城区各部分发展不均衡，城市功能不够完善，生活、生产空间布局不够合理，影响了全区环境的提升；利益主体和开发主体多元化，缺乏统一协调；污染企业占据良好的发展空间，影响环境和景观；区内有古海岸带和大港水库等保护区，中部有一条地质不稳定地区，不宜进行建设。

天津滨海新区城市建设用地发展方向：滨海新区是天津发展最迅速的地区之一，首先应该努力提升滨海新区核心区的服务功能，促进该区的空间整合。现有滨海新区核心区产业发展空间已经饱和，空间扩张需求强烈，应积极向西发展天津经济技术开发区西区。大港、汉沽正处于工业化、城镇化快速发展阶段，存在多样化选择的机会和可能。海河下游地区靠近滨海新区核心区发展，避免沿津滨走廊全面开花式布置工业小区，保护南北两侧的生态廊道。宁河、汉沽地区进行空间一体化组团式发展，化工基地优先选择大港区和临港工业区布置。

3.1.3 数据来源与预处理

研究中采用的原始数据为 Landsat 5 的 TM 卫星遥感影像，选用 2010 年 8 月 17 日和 2005 年 9 月 4 日两期，同时配合 2010 年 1∶50 000 天津市地形图、2005—2020 年城市总体规划图。其中遥感影像分辨率为 30 m。首先，将城市规划图、城市现状图等扫描后进行几何精校正，校正过程采用二次多项式，并用三次卷积法进行灰度插值，校正误差均小于一个像元。然后，将影像和图件统一校正到 1∶50 000 天津市地形图，投影为 WGS_1984_UTM_50N，误差控制在 15 m 以内，以便保持数据的一致性。最后，利用 ArcGIS 10 软件，建立研究数据库，利用叠加分析功能对不同时期的相关数据进行提取和统计分析。

3.2 CA 的应用

对于天津滨海新区城市形态演化的分析，研究中采用 CA 模型。

元胞自动机(CA)是空间、时间和状态都离散的动力学模型，具有模拟复杂城市系统时空动态演化过程的能力。近年来许多学者通过利用 CA 模拟城市系统，并取得了诸多有意义的研究成果。这些研究表明，通过简单的局部转换规则就可以模拟出复杂的城市形态。典型的 CA 模型，由元胞、状态、邻域、规则四个部分组成，可以用下式表示：

$$S_{ij}^{t+1} = f(S_{ij}^{t}, \Omega_{ij}^{t}, \mathrm{Con}, N)$$

其中，S_{ij}^{t+1} 和S_{ij}^{t} 分别是元胞 ij 在时间 $t+1$ 和 t 的状态，f 是转换规则函数，Ω_{ij}^{t} 是在位置 ij 上邻居的空间发展状况，Con 是总约束条件，N 是元胞数目。

3.2.1 元胞与状态

CA 是建立在离散、规则的空间划分基础上的，空间分辨率的大小对模拟精度存在影响，本研究中，元胞大小采用被实践证明精度较好的 30 m×30 m 空间分辨率。元胞状态体现了特定研究目的下元胞的本质属性，一般而言城市元胞状态只分为城市用地和非城市用地。为提高精度，结合研究需要，我们在该项目中将元胞状态对应为海洋、建设用地、陆地水体、农业用地四种。

3.2.2 元胞邻域

在标准 CA 中，元胞邻域的定义也是严格的。元胞的转换规则都是定义在局部范围内，某个元胞下一时刻的状态取决于本身状态和其邻域元胞的状态。本章元胞邻域定义采用扩展摩尔型：

$$N_{Moore} = \left\{ v_i = (v_{ix}, v_{iy}) \middle\| v_{ix} - v_{0x} \right| + \left| v_{iy} - v_{0y} \right| \leqslant r, (v_{ix}, v_{iy}) \in \mathbf{Z}^2 \right\}$$

其中 v_{ix} 和 v_{iy} 表示邻域元胞的行列坐标值，v_{0x} 和 v_{0y} 表示中心元胞的行列坐标值。$r = 5$，即 5×5 扩展摩尔邻域，共 24 个邻域单元组成。

邻域函数通过一个 5×5 的核计算土地利用在空间上的相互影响，其公式可以表示为：

$$\Omega_{ij}^{t} = \frac{\sum\limits_{5\times5} \mathrm{Con}(s_{ij} = urban)}{5 \times 5 - 1}$$

Ω_{ij}^{t} 表示了在 5×5 邻域中的城市元胞密度，Con() 为一个条件函数：如果 s_{ij} 为城市用地，则 Con() 返回真，否则返回假。

3.2.3 转换规则

转换规则是 CA 的核心，它是根据元胞当前状态及其邻域状况，确定下一时刻该元胞状态的动力学函数，它决定了 CA 的动态演化过程和结果。本研究中采用基于 logistic 回归的 CA 模型，模拟城市形态的演化。该方法适用于非线性回归问题，已经被应用于生态环境研究和森林火灾的预测。其特点和优势主要表现在两个方面：第一，能够回归各影响因素在模拟转换中的影响系数大小，便于定量分析城市形态演化的驱动力；第二，该转换规则具有较好的模拟精度，同时对计算过程也便于校核。

对 logistic 转换规则来讲，如以 P（概率）作为因变量，则方程可转换为：

$$P = b_0 + b_1 x_1 + b_2 x_2 + \cdots + b_k x_k$$

其中，b_0 是一个常量，b_k 是 logistic 回归系数，x_k 是一组影响转换的变量。该方程常会出现 $P > 1$ 和 $P < 0$ 的不合理情况，因此对 P 作对数单位转换，即

$\log P = \ln (P/1-P)$。

通过 logistic 回归模型，一个区位的土地开发适宜性可以由以下公式来概括：

$$P_g(s_{ij} = urban) = \frac{\exp(z_{ij})}{1+\exp(z)} = \frac{1}{1+\exp(-z_{ij})}$$

式中，P_g 是全局的开发概率，s_{ij} 是元胞(i,j)的状态，z_{ij} 是描述单元(i,j)开发的特征向量，$z = b_0 + \sum_k b_k x_k$。

在城市形态演化的过程中，存在各种政治因素、人文因素、随机因素和偶然事件的影响和干预，使得城市形态演化更为复杂。因此为了使运算更加符合实际，反映城市形态发展的不确定性，模型引入随机项。该随机项可表示为：

$$RA = 1 + (-\ln\gamma)^{\alpha}$$

其中，γ 为值在(0,1)范围内的随机数；α 为控制随机变量影响大小的参数，取值范围为 1～10 之间的整数。

最后把 P_g、RA、邻域等一系列的约束条件加到模型中，其转换规则可表示为

$$P_{d,ij}^{t} = [1 + (-\ln\gamma)^{\alpha}] \times \frac{1}{1+\exp(-z_{ij})} \times \mathrm{con}(s_{ij}^{t}) \times \Omega_{ij}^{t}$$

3.3 城市形态演化模拟

3.3.1 城市形态模拟数据处理

我国城乡规划市域分析通常把用地分为建设空间、农业开敞空间、生态敏感空间三类。天津滨海新区陆地水体较多，濒临海洋且填海造地较多，因此本文结合研究的基础数据，将土地利用类型分为四大类：建设用地、农业用地、海洋、陆地水体四类。土地利用的分类提取利用 ENVI 4.8 遥感软件。首先，计算出 2005、2010 年 NDVI 指数和建筑指数，将其与第 7、5、4、3、2、1 波段共同复合叠加；然后，用监督分类、非监督分类、人工目视解译相结合的方法进行解译，并根据野外考察和访谈，对错分和误分进行修改。最终提取 2005、2010 年的城市形态和其他三类用地(图 3-2、3-3)，总体分类精度控制在 90%以上。

由于影响城市形态变化的因素较多，笔者根据城市发展的普遍性和研究区实际，选择了高速公路、高速出入口、铁路、火车站、省道、县乡道、国道、城市道路、航道、海洋、城市中心、城市规划等 14 个影响因素。首先，利用 ArcGIS 10 中的空间

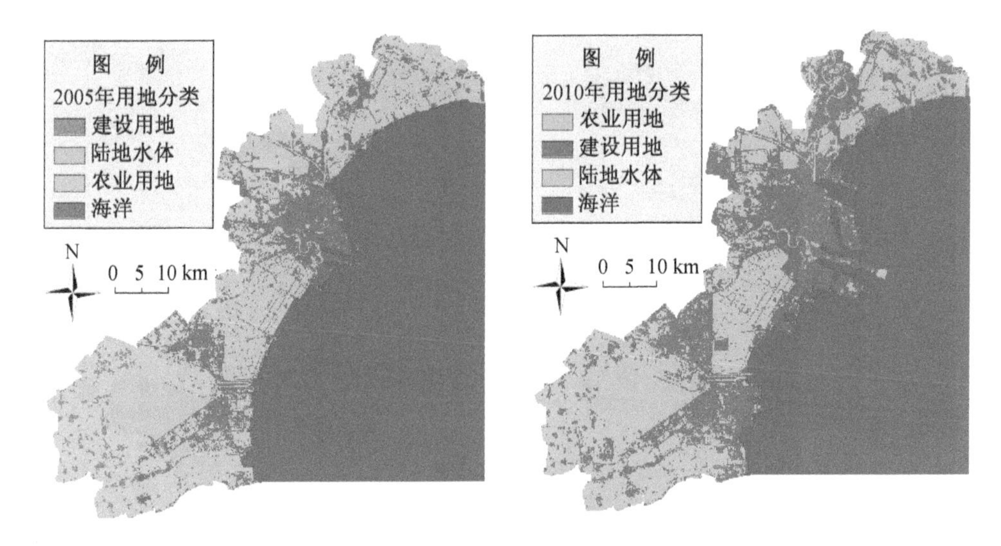

图 3-2　TM2005 年用地分类结果　　　图 3-3　TM2010 年用地分类结果

分析模块，提取每个点到高速公路、高速出入口、铁路、火车站、省道、县乡道、国道、城市道路、航道、海洋、城市中心等的距离参数。然后，将这些影响因素进行最大值标准化处理，以确保计算具有可比性。城市规划变量则按总体规划划定的建设用地、发展备用地、其他用地，分别赋值为 1、0.6、0，以反映城市规划对城市形态的引导控制，并使变量具有可比性和一致性。海洋影响分为到海洋距离和是否是海洋，以反映城市形态对海洋的影响。最后，将数据统一投影为 WGS_1984_UTM_50N，将其按照 30 m 的分辨率转化为 ASCII_grid 格式。最终，确定城市形态模拟的 14 个影响因素，如图 3-4。

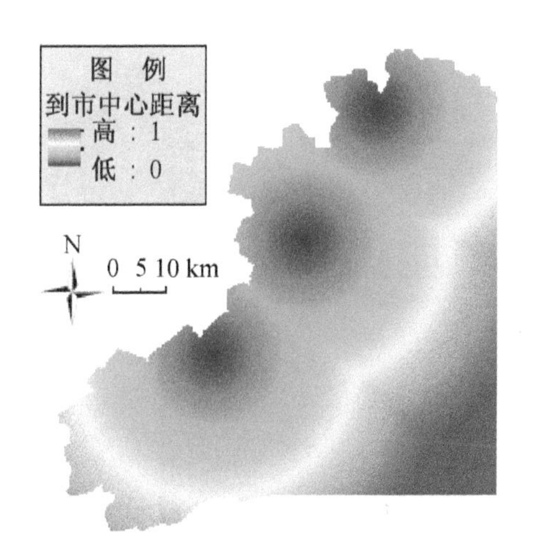

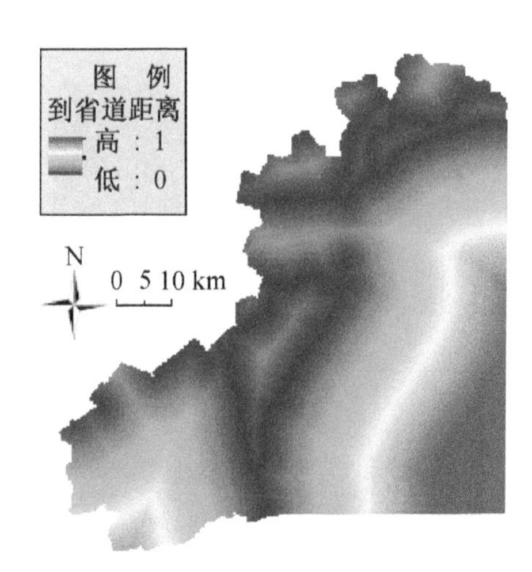

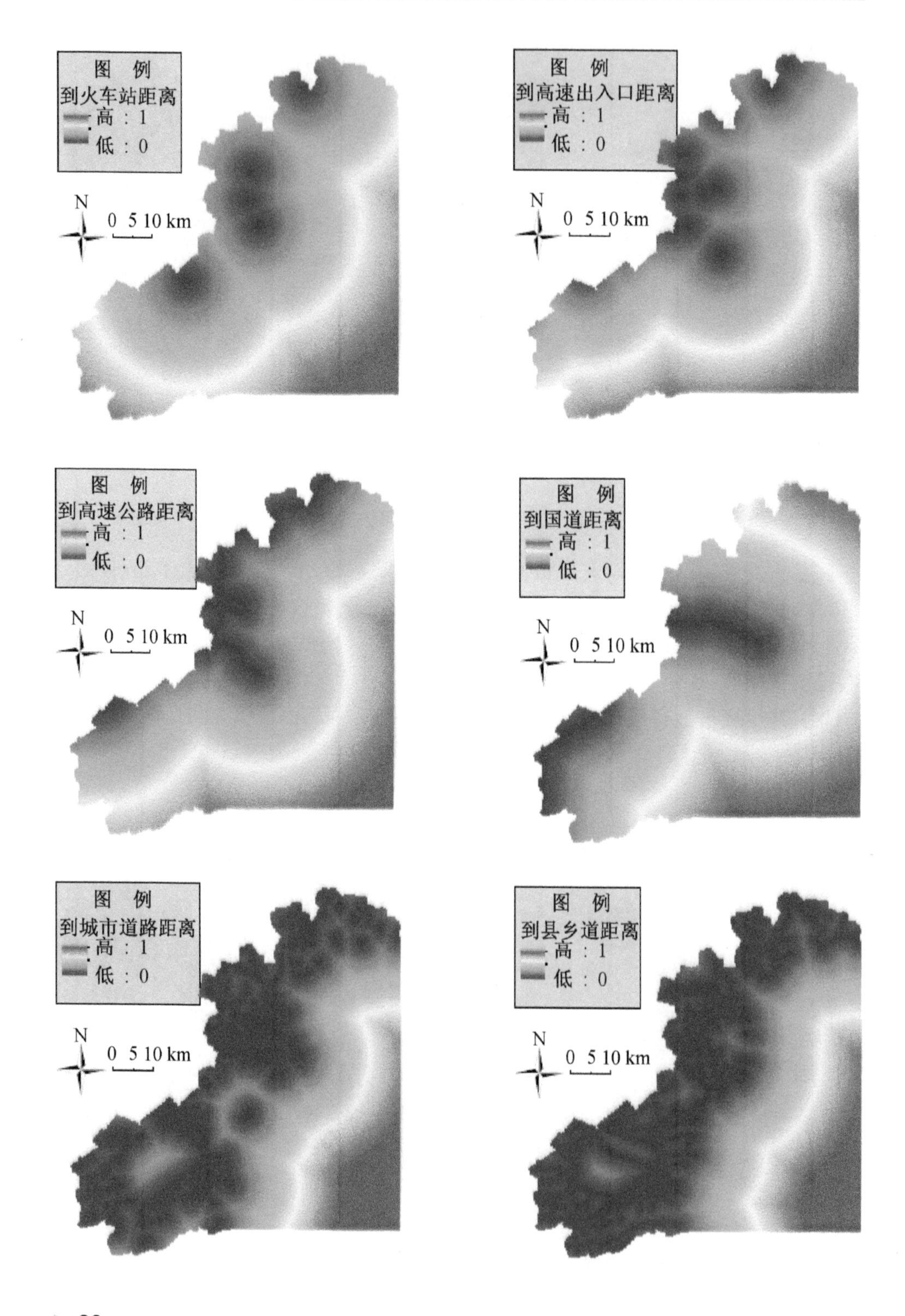
图 例
到火车站距离
高：1
低：0
N
0 5 10 km
图 例
到高速出入口距离
高：1
低：0
N
0 5 10 km
图 例
到高速公路距离
高：1
低：0
N
0 5 10 km
图 例
到国道距离
高：1
低：0
N
0 5 10 km
图 例
到城市道路距离
高：1
低：0
N
0 5 10 km
图 例
到县乡道距离
高：1
低：0
N
0 5 10 km

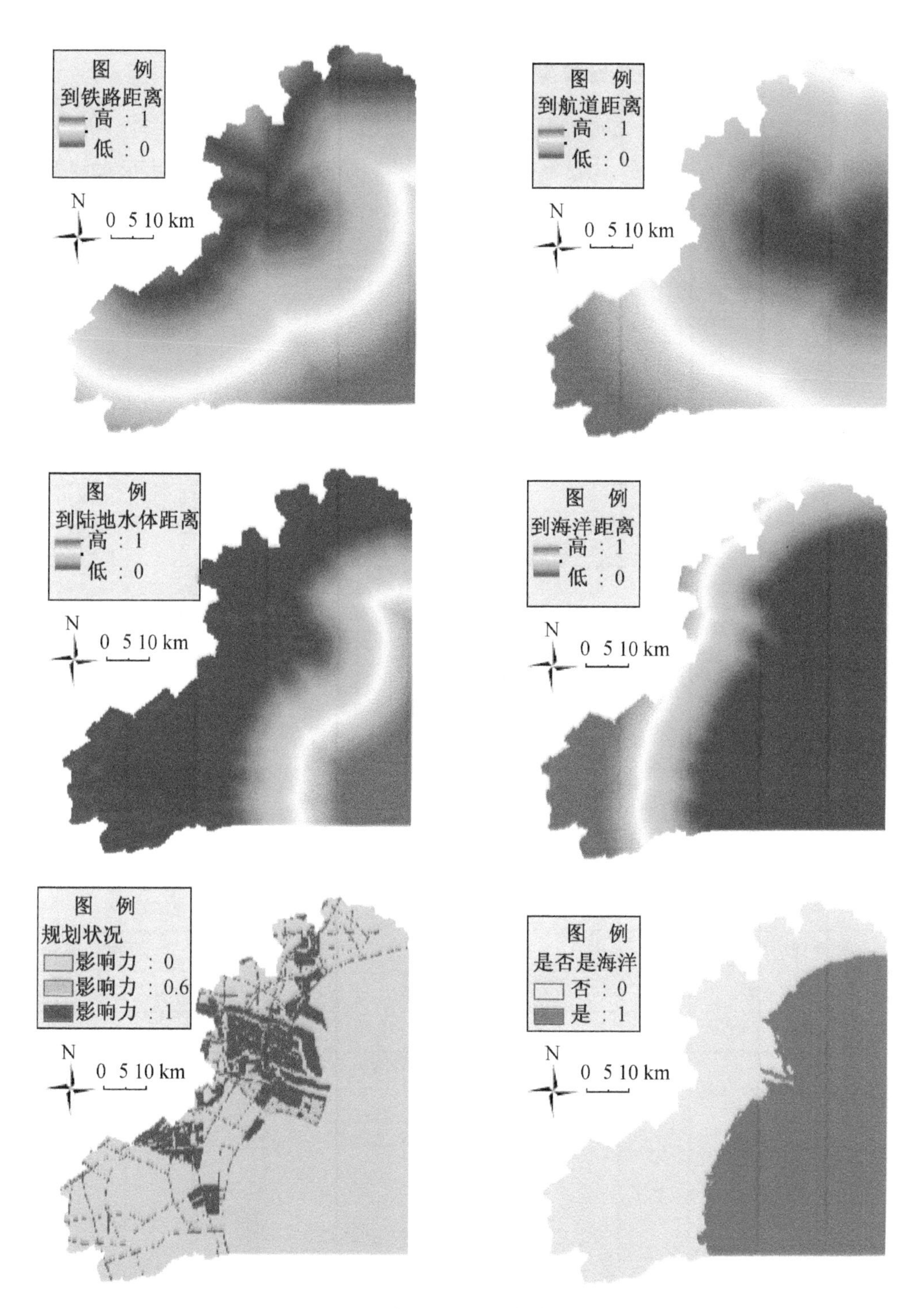

图 3-4 城市形态演化中的影响因素

3.3.2 建立 logistic 回归模型

基于 logistic 的 CA 模型模拟城市形态演化，首先要建立 logistic 回归模型。本研究采用随机抽样方法，从目标变量(2005 与 2010 年分类图)和城市形态演变影响因素变量中获取样本。按照总数据的 30%进行随机抽样，通过 Matlab 2011 软件提供的 rand()函数，进行简单编程实现，结果保存为 ASCII 码的文本格式。然后，将 ASCII 保存的抽样数据导入 SPSS 20 软件中进行 logistic 回归计算，各影响因素均通过 0.01 的显著性水平检验，计算结果如下表。

表 3-1 logistic 回归结果

变量		系数	标准差	显著性水平
常数	b_0	0.035	0.011	0
到水体距离	b_1	−20.63	0.14	0
到火车站距离	b_2	−9.322	0.07	0
到市中心距离	b_3	8.103	0.07	0
到城市道路距离	b_4	−4.12	0.087	0
到高速出入口距离	b_5	3.93	0.101	0
到海洋距离	b_6	3.015	0.054	0
到县乡道距离	b_7	−2.942	0.106	0
到航道距离	b_8	−2.686	0.054	0
是否是海洋	b_9	1.89	0.01	0
到国道距离	b_{10}	1.794	0.027	0
到省道距离	b_{11}	−1.218	0.035	0
到高速公路距离	b_{12}	−0.546	0.099	0
城市规划	b_{13}	0.426	0.006	0
到铁路距离	b_{14}	−0.151	0.046	0.003

其中回归函数 Z 可由下式表示：

$$
\begin{aligned}
Z = {} & 0.035 - 20.63x_1 - 9.322x_2 + 8.103x_3 - 4.12x_4 + 3.93x_5 + \\
& 3.015x_6 - 2.942x_7 - 2.686x_8 + 1.89x_9 + 1.794x_{10} - \\
& 1.218x_{11} - 0.546x_{12} + 0.426x_{13} - 0.151x_{14}
\end{aligned}
$$

该方程表示了 2005—2010 年城市用地转换概率与影响因素之间的数量关系。回归系数为负，说明随着距离变量的增大，非城市用地变为城市用地的概率减小；

如果为正数,则随着距离变量的增大,非城市用地变为城市用地的概率变大。绝对值的大小表明变量对非城市用地转变为城市用地概率的影响力大小,绝对值越大对转化概率的影响力越大。而对于城市规划影响变量,回归系数的大小则表明对城市形态的引导作用强弱。是否是海洋的回归系数,则表明海洋转换为城市用地的影响力。

3.3.3 模拟结果

将 logistic 回归后的系数导入 CA 模型中,在 Matlab 程序软件中进行 200 次模拟迭代运算,每次迭代运算数为 2 462 个像元;然后,将输出结果利用 ArcGIS10 转成栅格数据格式,最终城市形态模拟结果如图 3-5;最后,将模拟结果与真实城市形态进行计算分析,评价 2010 年城市形态的模拟精度。模拟结果评价采用模拟面积和 Lee-Sallle 指数两个因素综合确定,既可照顾到模拟的空间精度,又可考虑到模拟的面积大小。

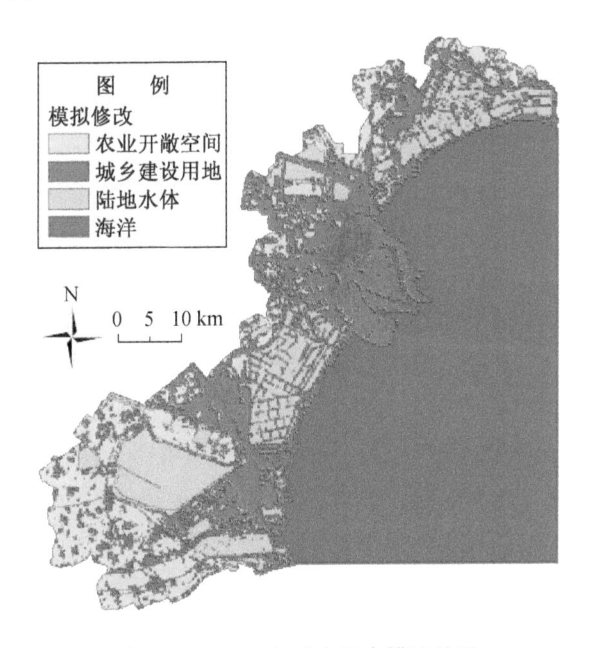

图 3-5 2010 年城市形态模拟结果

本研究模拟转换为城市用地类型 443.33 km^2,总体模拟精度 86.8%。实际非城市用地模拟量为 3 120.44 km^2,非城市用地模拟为城市用地 288.93 km^2,实际非城市用地模拟精度为 91.5%;实际城市用地模拟量为 811.63 km^2,模拟为非城市单元数量为 201.88 km^2,实际城市用地模拟精度为 80.1%。总体看来模拟精度较好。

模拟结果精度评价同时采用 Lee-Sallle 指数，该指数计算公式为：

$$L = \frac{A_0 \cap A_1}{A_0 \cup A_1}$$

其中，L 为 Lee-Sallle 指数，取值范围为[0,1]，A_0 为真实年份的城市形态现状，A_1 为模拟城市形态。该指数反映的是模拟数据与历史真实数据之间空间分布的相似性，用该指数来计算模型的精度，既直观又简洁，通常只达到 0.3～0.7 就可以了。利用 ArcGIS 10 分析功能，求取 2010 年真实城市形态和模拟城市形态交集和并集，代入 Lee-Sallle 指数公式，通过计算 Lee-Sallle 指数为 0.60，模拟精度较好。

通过对模拟结果的面积精度和 Lee-Sallle 指数的综合评价，2010 年城市形态模拟结果精度较好，可以利用其进行驱动力的相关分析研究。

3.4 驱动力因素及其影响

3.4.1 自然环境

自然环境是城市形态演化的重要基础，它直接影响城市形态变化的潜力、速度、方向、模式和空间结构。对于天津滨海新区而言，自然环境对城市形态的影响作用主要表现在以下。第一，陆地水体的影响。2005—2010 年陆地水体对城市形态的影响力位居首位，到水体距离的 logistic 回归系数到达－20.63，这说明城市形态沿陆地水体扩展，也就是距离水体越远，其他用地变城市用地概率越小。这一点也可以由 2005 和 2010 年的城市形态对比中看出。第二，海洋与地形条件为滨海新区城市形态演化提供了独特的环境。渤海湾由陆向海的坡降极小，向海延伸很长的距离水深依然很浅，这就为滨海新区填海造地提供了天然优越的独特环境。2005—2010 年是否是海洋的 logistic 回归系数为 1.89，说明填海对城市形态演化影响较为明显。仅 2005—2010 年就有 163.9 km^2 的建设用地来自填海造地，占新增建设用地面积的 37%。第三，自然环境的前提与基础作用很明显。到海洋距离的 logistic 回归系数是 3.015，2005—2010 年新增建设用地的 63%来自陆地，说明城市形态仍然主要在陆地演化。

3.4.2 经济因素

经济因素是城市形态演化的根本原因。在城市形态演化中，始终伴随着集聚与扩散两个基本作用力的此消彼长。2005—2010 年，到市中心距离的 logistic 回归系数为 8.103，这表明随着到城市中心距离的增加，变为城市用地的概率迅速变大，也就是说城市形态在沿着远离市中心的区位演化。由此可见，在当前滨海新区的城市形态演化中，明显表现出扩散力远大于集聚力的状态，具有后工业化时代城市扩展特征。

一般而言，经济的加速发展，使城市用地快速增加，城市空间扩展出现跳跃式和轴向扩展，城市形态的紧凑度也下降。2005—2010 年滨海新区经济增长强劲，其城市形态的紧凑度由 0.72 下降到了 0.70，分维数由 1.04 增加到 1.05。这两个指标变化不明显，这与近年来填海造地的迅速增加密切相关。由于受土地出让、拆迁成本等经济因素的影响，填海造地进行城市建设具有成本较小、无拆迁纠纷等优点，自然也就受到各方的重视，进而也对城市形态产生了影响。

天津市滨海新区产业类型的空间组成，与城市形态演化具有密切的相关性。在我国外向型经济发展模式下，天津港承担了北方大片区域的进出口职能，自然也就带动了建设用地的迅速扩展。天津市经济技术开发区、天津港保税区等多为出口加工的外向型经济，经济效益良好，这就大大推动了滨海新区的城市空间扩展。近些年国际国内能源行业的迅速发展，大港能源行业快速集中发展，使大港成为城市形态演变的热点。房地产业的发展，使城市形态演变速度不断加快，则更是显而易见。

3.4.3 交通因素

交通对城市形态演化起到了非常重要的带动与指向作用，一般而言，城市扩张是沿交通便利的地方开始。从 logistic 回归系数可看出，2005—2010 年城市形态演化中，交通起到了很重要的作用，火车站、城市道路、县乡道、省道等都起到了积极的促进作用，但是高速公路出入口和国道明显起到了隔离的作用。在交通因素中火车站影响力最大，这主要是由于 20 世纪 90 年代以来，在全国铁路建设中天津市处于较好的区位，与全国各地具有很好的通达性，并且与滨海新区有多条铁路相连，强化了港口与铁路的对接，这就使得城市形态的演化与火车站具有密切的关系。城市道路、县乡道和省道等影响因素的 logistic 回归系数为负，且总的系数和为−10.96，这说明城市形态的演化对公路有很强的依赖性，已经和铁路具有相当的影响，随着公路和交通机动化的发展，未来其影响力将会继续增大。作为港口城市，其城市形态与港口发展息息相关，2005—2010 年海运港口更是有力带动了滨海新区的建设用地迅速扩张。

3.4.4 政策因素

政策因素包括政治、经济、制度、城市规划等层面，在城市形态演变中起到了引导作用。在城市形态的演化过程中，政策因素对城市的发展无疑是很重要的催化剂，它对城市的发展起到了很大的促进作用。国务院确定把滨海新区作为综合配套改革实验区，使得诸多优惠政策惠及该区，许多经济活动在滨海新区集聚，这必然对城市形态的演化起到很大作用。除此之外，空客 320 落户天津等产业方面的政策，也带动了滨海新区的扩展。

城市规划的本质在于其公共政策的属性，在城市形态的演化中也起着导向作用，它主要是通过关注于城市土地使用的分配、布局和组织而发挥作用。城市规划与城市发展之间，是一种“发展影响规划，规划引导发展，规划适应发展的良性循环关系”。新版天津市城市总体规划，把东部作为工业区，提出天津市发展要重视双城双港，使得滨海新区城市形态迅速发展，其中海运港口的作用尤其突出。

3.4.5 驱动力作用机制

从各影响因素的 logistic 回归系数大小，可以看出 2005—2010 年滨海新区城市形态演化的驱动力，依次是自然环境、经济、交通、政策。这四个主要因素不是孤立存在的，而是相互制约、相互促进、紧密联系的。其中自然环境是城市形态演化的先天基础条件，它是交通、经济发展、政策制定与实施的前提条件，对这三者形成了制约；交通、经济等驱动力对自然环境也有反作用，并不是简单地被动适应。自然环境和交通条件，也会对经济因素产生影响，制约了城市物流方向和城市产业的选择与布置，从而影响了城市形态的变化。另外，交通对城市形态的演化起到了很强的引导作用，而经济、政策对交通也会产生影响，从而间接地影响城市形态演化。政策对城市形态的影响，主要是通过城市规划、产业发展政策、交通发展政策等实现的。

* 小结

本章基于 logistic 的 CA 模型，模拟了 2005—2010 年天津滨海新区城市形态演化，在模拟预测结果通过较好精度检验的情况下，对城市形态演化的驱动力进行了分析，从而保证对驱动力分析结果的正确性。结果表明，新版天津市城市总体规划实施以来，受自然环境、经济、交通等因素的综合作用，新增填海造地 163.9 km^2，占新增城乡建设用地的 37%。2005—2010 年城市形态演化以扩散力为主，具有后工业化时代城市扩展的特点，驱动力大小依次是自然环境、经济发展、交通带动、政策引导。在交通因素中，影响力最大的是火车站，其次是城市道路，然后依次是县乡道、航道、省道；而城市规划对城市形态演化的引导起到了积极的正面作用。

城市形态是在自然条件、社会经济活动的内力作用下形成的。它的演化具有自发调节和人工干预的双重属性，这就决定了城市形态有着自身的发展规律，人工干预必须是建立在符合其发展规律的基础上，同时这种干预效果也是有限度的。城市规划作为一门科学，必须先研究后规划；城市规划要想更好地发挥对城市形态演化的引导作用，必须充分掌握各种驱动力大小及其变化特征，顺应城市形态演化的规律，合理地进行规划引导。对于滨海新区而言，未来的城市规划应在尊重自然环境基础上大力发展经济，以经济促进城市建设，依次牢牢抓住影响城市形态的火车站、城市道路、县乡道、航道、省道等关键驱动力因素，同时兼顾其他影响因素。真正做到"运用形态变化的规律，从现实出发，科学地预测未来的发展，提出规划方案措施；能动地从历史变化中得出它变化的规律，对城市形态上的合理性和不合理性、城市功能与经济合理性做出比较正确的估计"。

4 城市形态提取与测度分析

城市形态是城市发展内部要素的外在空间体现，是城市内在政治、经济、社会结构、文化传统在城市居民点、城市平面形式、内部组织、建筑和建筑群体布局上的反映。本章主要对城市形态的基础数据的获取、城市形态的提取、城市形态的测度和定量预测进行研究，并将研究结果与实际进行对比，以进一步检验理论研究的正确性与科学性。

4.1 利用GIS获取城市模拟输入数据

城市形态模拟所需的特定信息一般是通过GIS空间分析功能来获取的。GIS数据库通常只存储最基本的空间信息，以避免数据的冗余。在城市形态研究的具体的应用中，需要运用空间分析来获取相应的具体信息。GIS为空间分析提供了从简单分析到缓冲区分析，再到复杂问题相关分析等强有力的工具。

4.1.1 位置属性

对真实城市的模拟需要使用丰富的空间信息；城市模拟最重要的是空间位置每一点上有关的自然属性。GIS通过提供丰富的空间信息提高了城市形态模拟的可行性。城市形态模拟需要的位置属性有：地形、土壤类型、土地利用、交通、性质边界、河流和环境约束等。GIS提供了强有力的工具，可为城市模拟提供大量的信息。可以利用GIS的空间分析等功能来获取一系列位置属性，如到河流、车站的距离等变量信息。

4.1.2 区位和通达性

Platt在1972年就强调了区位对土地利用的重要性，区位对城市形态的演化也影响重大。在城市形态的模拟中，可以利用GIS的地理坐标来表达区位信息。一块土地的地理区位，通常可以通过测量它和城市中心区的距离来判断。由于交通因素的存在，往往是利用网络距离而不是欧氏距离来度量距离的影响。道路、高速公路和铁路的建设将提高通达性和土地发展概率，特别是连接农村的铁路和高速公路更能让这些地方容易得到开发。GIS能够提供各种功能来计算成本距离，可以根据计算值找到最短路径。

4.1.3　地形

地形是限制城市形态演化的因素之一。地形图对于土地适宜性评价是必需的，特别是在地貌特征复杂的区域。不平坦的地形阻止了城市发展和农业生产；地形分级用于评价不同土地利用类型的适宜程度。地形特征往往是通过地图来表示的，首先要数字化地形特征图。数字高程模型通常是从等高线获得地形特征。数字高程模型在土地的评价中非常有用，它也可以用于进行可视化分析。

4.1.4　土地利用

从野外调查获取的土地利用信息，可以用于城市模拟模型的输入。在城市形态模拟中，城市形态是动态变化的，一系列自然和社会因素决定了土地利用变化。在许多发展中国家，从农业用地转换到城市用地是土地利用变化的主要趋势。城市模拟需要知道每一个元胞的初始土地利用情况，也需要知道一些训练数据来建立能反映真实城市形态演变的模型。

土地利用变化可以通过野外调查和遥感获取。野外调查提供详细的位置和土地利用类型信息，但这是比较昂贵的方法；并且土地利用信息变化快，使得野外调查收集到的信息容易过时。遥感是获得土地利用信息的一种方便方法，特别是对于大区域，基于遥感光谱属性解决土地利用分类问题。使用遥感数据有很多优点，并且遥感数据是栅格数据，能够直接用于城市形态的模拟中。

4.1.5　城市形态和结构信息的获取

城市形态模拟和评价不仅仅注重空间位置每一点上有关城市的特征，也关心城市形态的总体特征，因此需要获得城市形态和结构信息进行一系列的度量。现有的GIS功能可以用来处理传统的地图叠加等相关的基本操作，但并不能满足获取城市形态相关信息的要求，往往需要整合各种其他功能才能获取城市的属性数据。

通过一系列属性可以描述城市的有关特征。城市形态信息在城市规划中扮演重要的角色，城市学家最关心的是城市发展与城市形态演变之间的关系，度量城市形态是许多城市分析的第一步。城市形态测度包含城市的一系列特征：单一质心或多质心、紧凑发展或离散发展等。测量这些特征目前还没有普遍的方法，常用的有分析紧凑度、分维数和分形理论等。

4.2　利用遥感获取城市形态动态数据

从遥感获取城市形态和土地利用变化的情况，不仅仅为城市模拟模型提供输入数据，也为建模提供了主要的训练和验证数据。遥感动态变化监测一般将不同时期的遥感影像数据进行提取对比，从空间和定量分析其动态变化特征。遥感提取城市形态的变化，主要有监督分类、非监督分类、决策树分类等方式。遥感动态监测是遥感的重要研究领域，国际上已有许多学者进行了深入研究，目前运用中主要方法有逐个像元对比法、分类后对比法、掩膜法、主成分分析法等。

4.2.1 城市形态数据提取

(1) 监督分类

监督分类又称"训练分类法"，是用被确认类别的样本像元，识别其他位置类别像元的过程。在分类之前通过目视判读和野外调查，对遥感图像上某些样区中图像地物的类别属性建立先验知识，对每种类别选取一定数量的训练样本，计算每种训练样区的统计和其他信息，同时用这些种的子类别对判决函数进行训练，使其符合各种子类别分类的要求；随后用训练好的判决函数对其他待分数据进行分类，使每个像元和训练样本作比较，按不同的规则将其划分到预期最相似的样本类，依次完成整个图像的分类。

(2) 非监督分类

非监督分类又称"聚类分类"或"点群分类"，是在光谱图像中搜索、定义自然相似光谱群的过程。它不必对图像地物获得先验知识，仅依靠图像上不同类地物光谱信息进行特征提取，再统计特征的差别来达到分类的目的，最后对已分出的各个类别实际属性进行确认。

(3) 决策树分类

在已知各种情况发生概率的基础上，通过构成决策树(Decision Tree)来求取净现值的期望值大于等于零的概率，以此评价项目风险，判断其可行性。决策树分类法是直观运用概率分析的一种图解法；由于这种决策分支画成图形很像一棵树的枝干，故称决策树。决策树易于理解和实现，在学习过程中不需要使用者了解很多的背景知识，能够直接体现数据的特点。

基于专家知识的决策树分类，是基于遥感图像数据及其他空间数据，通过专家经验总结、简单的数学统计和归纳方法等，获得分类规则并进行遥感分类。分类规则易于理解，分类过程也符合人的认知过程。

4.2.2 城市形态动态监测方法

(1) 逐个像元对比法

逐个像元对比法是对同一区域不同时相图像系列的光谱特征差异进行比较，确定发生变化的位置；运用中通常采用图像差值法和矢量分析法。

图像差值法是遥感监测动态变化的最简单方法。首先两个图像需要配准，然后对这两个配准后的图像进行逐个像元的相减运算。在差值的运算中，既可以看到正值也可以看到负值，正值和负值都代表着变化的像元。在理想的情况下，两个时相中没有变化的像元应该具有相同的亮度值，在差值图像上应该是 0。因为噪声和其他不确定的因素，没有变化的像元不可能在两个时相上具有相同的值；在直方图上需要确定一个阈值，以区分变化的和没有变化的像元。

差值法的不足是过分依赖于图像配准的精度；因为几何误差的存在，所以几乎不可能对两个时相的图像同一像元完全精确配准。在图像配准几何校正过程中的重采样也导致了混合像元的存在。另一个不足是简单的差值往往会使信息丢失，因为绝对值不同的数值相减可能会产生同样大小的差值。

矢量分析法描述两个时期数据上同一地点地物变化的大小和方向。首先根据灰度值，计算出两个时相遥感图像上同一地方的像元欧氏距离：

$$D = \sqrt{\sum_{i=1}^{n} [band_i(t_2) - band_i(t_1)]}$$

式中，n 为波段数，如果这个距离超过了一个设定的阈值，就认为发生了变化，反之则没有变化。变化的方向反映了变化的类型，例如从森林到砍伐后状态。

(2) 分类后对比法

分类后对比法是最直接的获取城市形态变化的方法。对经过几何配准的多个不同时相的遥感图像分别做分类后处理，获得分类图像，并对每个像元进行逐一对比，以生成变化图，进而确定地物变化的类型和位置。这种方法首先要求对多时相的图像进行独立分类，监督分类和非监督分类都可以采用。把两个分类结果叠加，很容易就得到变化矩阵。如果每个分类有 N 个类别，就可以得到 $N * N$ 个变化类别。

根据变化监测矩阵确定各变化像元的类型。此方法的优点在于除了确定变化的空间位置外，还可提供关于变化性质的信息；而且可以回避逐个像元对比法所要求的影像成像时间、成像日期一致的条件，以及影像间辐射校正、几何校正、辐射度匹配等问题。其缺点在于必须进行两次图像分类，把分类误差带进了变化信息中，而图像分类的可靠性严重影响变化的准确性，往往存在夸大变化程度的现象。

(3) 主成分分析法

当从多于两个时相的城市遥感数据进行动态变化监测时，采用上述方法会碰到困难。主成分分析(PCA)可以用来对多光谱和多时相数据进行分析，获取动态变化信息。对经过几何校正处理的多时相遥感图像进行主成分分析，形成新的互不相关的主成分分量，并且直接对各主成分进行对比。主成分分析法在多时相数据应用中可以明显减少数据量，并增强局部变化的信息。通过变化后的成分来代替原来的多光谱图像，可以比较容易地发现变化。

主成分分析的优点是能够分量信息、减少相关，从而突出不同的地物目标；另外，它对辐射差异具有自动校正的功能，因此无需再做归一化处理。其不足之处是该方法基于纯粹的统计关系，因此它产生的分量的物理意义有时并不明确，而且当应用在不同情况下时还会发生变化，同时只能反映变化的分布和大小，难以确定变化的类型。

4.3　1998—2017 年天津市城市形态演化测度分析

4.3.1　研究区概况与基础数据

本章所研究的天津市中心城区是由 2005 年城市总体规划所确定的，包括主城区和滨海新区两个部分。主城区包括中心地带及其外围地区（东丽区、西青区、津南区、北辰区的部分地区），中心地带是指外环线绿化带以内的地区；滨海新区包括塘沽区、汉沽区、大港区行政辖区，以及东丽区、津南区的部分地区，滨海新区核心区由塘沽城区、天津经济技术开发区、天津港和天津港保税区组成。

研究中采用的原始数据为 Landsat 5 的 TM 卫星遥感影像、2009 年天津市地图、1996—2010 年和 2005—2020 年城市总体规划。其中遥感影像为 1998、2001、2005、2009 年四个年份的 8 月，影像分辨率为 30 m。

首先将城市规划图、城市现状图等扫描，进行几何精校正；将影像和图件统一校正到 2009 年 TM 影像，投影为 WGS_1984_UTM_50N，定位误差控制在 7.5 m 以内，以便保持数据的一致性。然后，利用 ENVI 4.7 遥感软件，用监督分类、非监督分类、人工目视解译相结合的方法，对 1998 年、2001 年、2005 年、2009 年遥感影像解译，总体精度在 85%以上，并提取 1998 年、2001 年、2005 年、2009 年的城市形态。最后，利用 ArcGIS 10 软件建立研究数据库，利用叠加分析功能，对不同时期的城市空间扩展数据进行提取和统计分析。

4.3.2　测度分析方法

（1）城市形态扩展的速度及集约程度测度方法

扩展速度指数（M）和扩展强度指数（I），是定量评价城市形态扩展进程的重要指标。城市形态扩展速度表示城市在整个研究时期内不同阶段的年均增长速度；城市扩展强度实际上是对年均扩展速度进行标准化处理，使不同时期的扩展速度具有可比性。其计算公式分别为：

$$M = \frac{\Delta U_{ij}}{\Delta t_{ij} \times ULA_i} \times 100\%$$

$$I = \frac{\Delta U_{ij}}{\Delta t_{ij} \times TLA} \times 100\%$$

式中，ΔU_{ij} 为时刻 i 到 j 城市建成区面积的变化数量，Δt_{ij} 为时刻 i 到 j 的时间跨度，ULA_i 为 i 时刻的建成区面积，TLA 为初始时的建城区面积。

城市形态紧凑度和分维数的变化，反映了城市空间扩展的集约化程度。这两个指标有较强的独立性和相互验证的作用，因而被广泛应用于城市形态的研究。城市形态的紧凑度，是反映城市空间形态内部各部分空间集中化程度的指标。城市形态具有内在的自组织、自相似和分形生长的能力，其演变也受到某些隐含规则的支配，因此采用分维数反映城市空间扩展的复杂非线性和分维特征。

紧凑度计算采用 Batty 提出的公式：

$$BCI = 2\sqrt{\pi A}/P$$

式中，BCI 为城市用地的紧凑度，A 为城市建成区面积，P 为城市轮廓周长。BCI 的值在 0～1，其值越大，形状就越紧凑；反之，形状的紧凑性就越差。

分维数计算公式为：

$$FRAC = 2\ln\left(\frac{p_{ij}}{4}\right)/\ln a_{ij}$$

式中，p_{ij} 为城市形态周长，a_{ij} 为城市形态面积。分维数值越高，边界线的复杂程度也就越大。分维数的降低是好的趋势，说明建设用地整齐规则，用地紧凑节约。

(2) 空间探索性分析方法

空间探索性分析技术 ESDA(Exploratory Spatial Data Analysis)，是基于复杂空间条件的探索性分析技术，可用于确定分析空间数据之间的相关关系，进行空间相关测度分析，发现奇异观测值，揭示对象的空间联系、异质性空间模式。local Geary's 测度方法，是 ESDA 分析技术的主要分析方法之一，可以分析城市空间数据的依赖性和异质性，揭示空间对象的分布格局和空间模式。研究中用其分析天津市城市空间扩展的热点地区。

通过 local Geary's 计算，可以对每个时期的城市扩展进行空间聚类和异常值分析，识别具有统计显著性的高值和低值空间聚类。

local Geary's 计算公式为：

$$G_i = \frac{\sum_{j=1}^{n} w_{ij} x_j - \overline{X} \sum_{j=1}^{n} w_{ij}}{S \times \sqrt{\frac{n \sum_{j=1}^{n} w_{ij}^2 - (\sum_{j=1}^{n} w_{ij})^2}{n-1}}}$$

其中，$\overline{X} = \frac{\sum_{j=1}^{n} x_j}{n}$，$S = \sqrt{\frac{n \sum_{j=1}^{n} x_j^2 - (\overline{X})^2}{n}}$，$x_j$ 是第 j 个要素的属性值，w_{ij} 是第 i 和 j 个要素的空间权重值，n 为所有要素数。

local Geary's 空间相关性计算结果，需要使用 z 得分和 p 值进行统计显著性检验，以确定是否存在空间集聚和空间结构，证明某些基础空间过程在发挥作用。通过显著性检验后，方可着手对具有统计显著性的空间结构进行确定分析。本研究中 local Geary's I 的检验值，采用 $|z| > 1.96$、显著水平 $p < 0.05$、置信度水平 95% 的检验标准。

4.3.3 测度分析内容

(1) 扩展速度和扩展强度

利用扩展速度指数和扩展强度指数公式分别计算出 1998—2001 年、2001—2005 年、2005—2009 年、2009—2014 年、2014—2017 年五个时期的核心区城市形态扩展速度和强度(图4-1、4-2)。由图可知，城市形态扩展速度逐年减速，扩展速

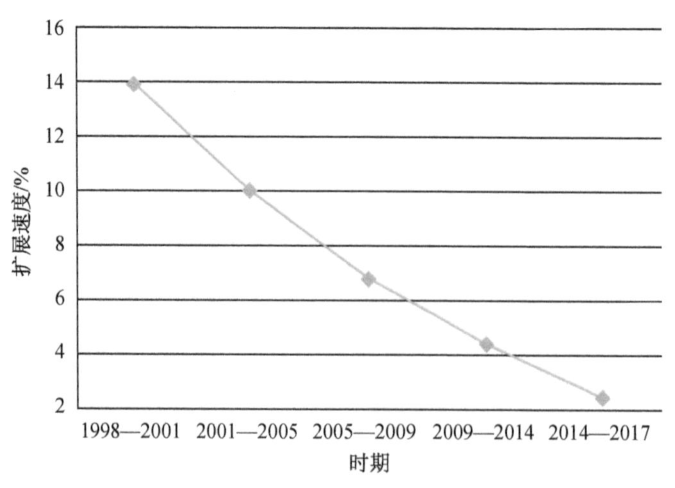

图 4-1　1998—2017 年扩展速度图

度由 1998—2001 年的 14%下降到 2014—2017 年的 2.4%。五个时期城市扩展强度较为稳定，1998—2001 年间年均扩展强度为 13.9%，2001—2005 年间年均扩展强度为 14.2%，2005—2009 年间年均扩展强度为 13.8%，2014—2017 扩展强度也迅速降低至 7.6%。

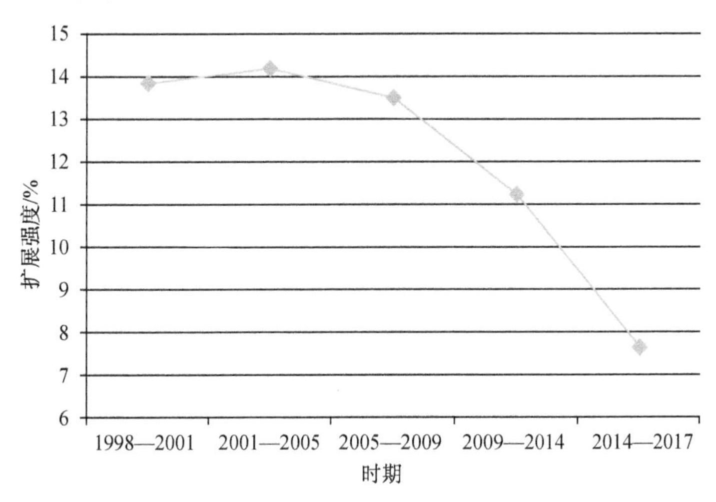

图 4-2　1998—2017 年扩展强度图

(2) 城市形态扩展的集约化程度

利用紧凑度计算公式分别计算出 1998 年、2001 年、2005 年、2009 年的城市形态紧凑度，并绘制城市形态紧凑度曲线(图 4-3)。由图可知，1998—2005 年间紧凑度平缓下降，2005—2009 年间紧凑度迅速上升。利用分维数公式计算 1998 年、2001 年、2005 年、2009 年的城市形态的分维数，并绘制分维数曲线(图 4-4)，由图可知，1998—2005 年间分维数变化平缓，2005—2009 年间分维数下降较多。无论

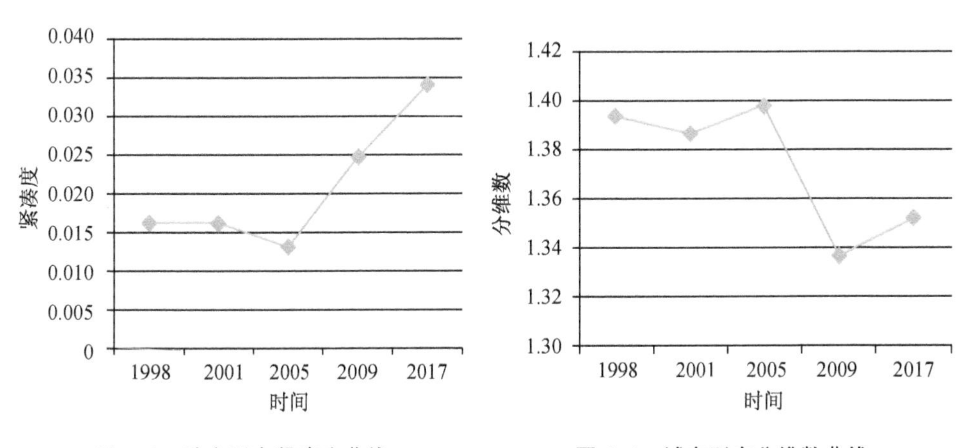

图 4-3　城市形态紧凑度曲线　　**图 4-4　城市形态分维数曲线**

是分维数还是紧凑度，2005 年左右均处于的拐点。这说明 1998—2005 年天津市核心区城市形态扩展的集约化程度较为稳定，2005—2009 年用地集约化程度迅速提升；2005 年以后城市形态紧凑度上升，这与新版城市总体规划的实施密切相关，也与城市可建设用地面积越来越有限相关。

(3) 城市用地变化矩阵

从遥感影像提取的 1998—2009 年城市空间扩展变化结果来看，建设用地逐年增长，新增建设用地 1 071 km^2，其中近 300 km^2 来自水体转化。1998—2009 年先后约有 109 km^2 为填海而成的建设用地；陆地水体转化为建设用地为 191 km^2，占水体转移为建设用地总量的 64%，由此可见天津市核心区在快速城市化中，对生态环境造成了较大的影响。1998—2001 年、2001—2005 年、2005—2009 年三个时期新增建设用地面积中，水体转化所占比重较大(图 4-5)，2005—2009 年水体转化为建设用地面积达 106 km^2。这三个时期的新增建设用地面积来自填海的比重逐年递增(图 4-6)，2005—2009 年约有 93 km^2 来源于填海，占新增建设用地的 9.3%。这三个时期新增填海面积最多的是塘沽区，其次是大港和汉沽两区。

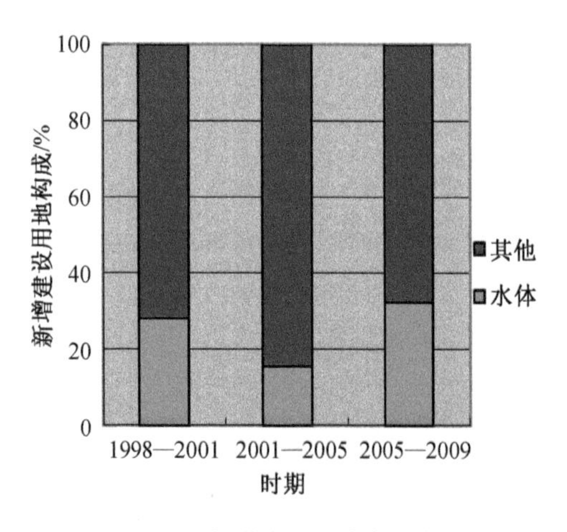

图 4-5 新增建设用地来源构成

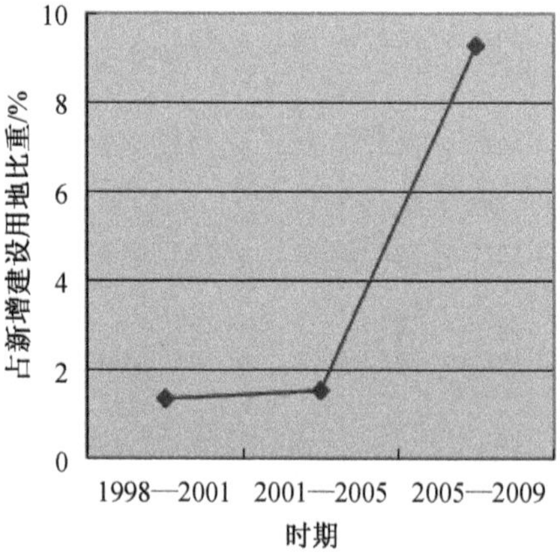

图 4-6 新增建设用地源自填海所占比重

(4) 城市形态演化空间热点测度分析

1998—2017 年天津市核心区空间结构经历了较大的变化：原来双核的结构，中心城区与滨海新区差别较大，中间基本没有联系；2009 年空间格局转变为“一根扁担挑两头”，中间为宽厚的海河连接带；津滨轴扩展明显，主要集中于 1998 年主城区与塘沽之间重心连线 10 km 以内的带形区域，且海河北部较为集中，因津滨联系比较紧密的三条道路均位于海河北侧。

利用 local Geary's 计算公式，在 ArcGIS 10 软件中分别计算 1998—2001 年、

2001—2005 年、2005—2009 年、2009—2014 年、2014—2017 年五个时期的城市空间扩展热点地区，并对其进行显著性水平大于 0.05 的统计显著性保守检验，制成各时期城市空间扩展热点图(图 4-7)。

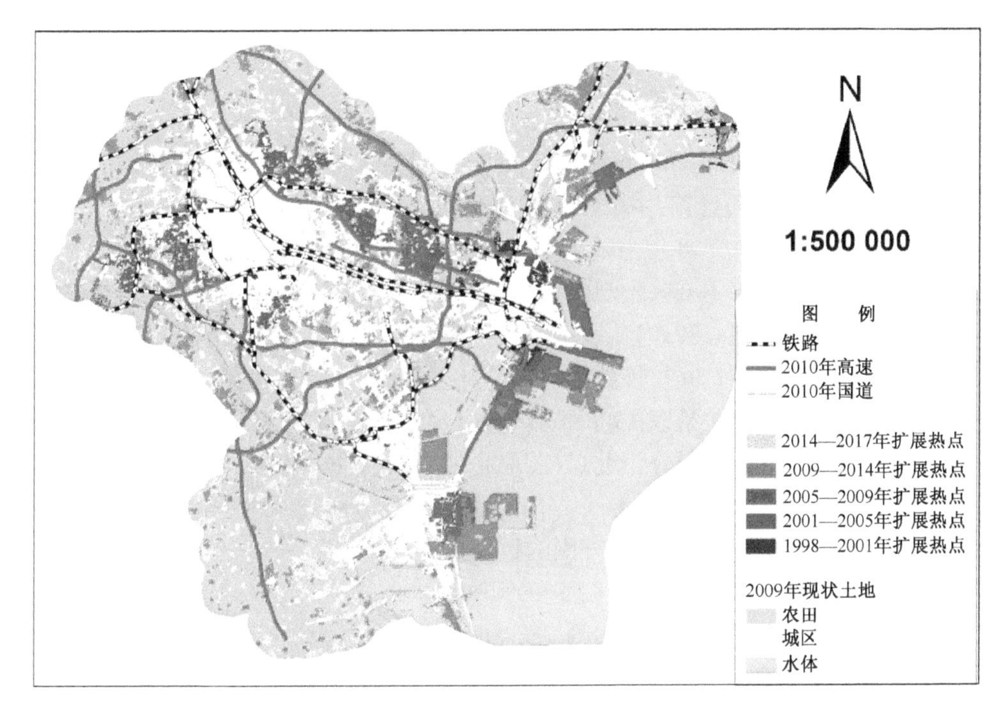

图 4-7 各个时期城市空间扩展热点图

1998—2001 年，城市扩展热点主要位于塘沽东北部，京津滨第一条高速公路和连接关内外的铁路穿越该区，区位优势明显。2001—2005 年热点地区主要集中在中心地带周围，主要有西部的西青，东北部的小淀，东部的空港物流区、开发区西区，南部双港工业区。其中，小淀是天津中心到蓟县、京津滨两条高速公路交汇处；东部的空港物流区有机场，津滨、京津滨两条高速通过此地；西青和双港也分别有铁路和高速公路的优势。2005—2009 年热点地区位于滨海新区、开发区西区、大港和汉沽，其高速公路和港口的区位优势更充分，大港的扩展可能还与能源行业迅速发展有关。2009—2017 年，热点扩展地区集中趋势逐渐减弱，其中 2009—2014 填海较多，总体上城市扩张呈现向郊区化分散扩展的特征。

总体看来，1998—2017 年核心区各个时期的城市空间扩展差异较大，城市空间扩展热点地区呈现出“一带五个热点”的空间格局，分别是位于滨海新区和连接天津、北京、滨海新区的高速公路带，小淀和大毕庄热点、大港热点、西部的西青扩展热点、汉沽热点，它们不同程度地具有高速公路、港口、机场的区位优势。这些城市空间扩展热点，已经形成了继滨海新区之后的次级核心扩展区。

(5) 主城区城市形态的扩展特征

研究天津市主城区城市形态特征，必须搞清主城区和滨海新区的分界点。本研究采用康弗斯(P. D. Converse)提出断裂点公式：

$$B = d_{ij} \div \left(1 + \sqrt{\frac{p_i}{p_j}}\right)$$

其中，p_i，p_j 是城市 i 和 j 的规模，d_{ij} 是两城之间的距离，B 是断裂点到其中规模较小城市的距离。通过计算，主城区和滨海新区的断裂点 $B=14.6$ km，距主城区相距 29.4 km，因此笔者对 1998 年主城区重心 30 km 以内的城市空间扩展进行分析。

为了研究天津市主城区宏观的空间扩展方向、距离、速度，笔者根据区位理论和城市空间结构的同心圆理论，以 1998 年城市主城区重心点为中心，统计分析研究区各个时期的城市空间扩展特征；分析测度方法主要采用等扇分析法和圈层扩展分析法。等扇分析法是以 1998 年城市重心为中心，以 30 km 为半径，以北偏西 22.5°为起点，将研究区划分为北(N)、东北(NE)、东(E)、东南(SE)、南(S)、西南(SW)、西(W)、西北(NW)等 8 个方向。圈层扩展分析是 1998 年城市重心为中心，等圆环状考察城市由中心向外围的扩展情况。

从 8 个方向的累计扩张量(图 4-8)可知，1998—2017 年主城区累计扩张最多的为 E、SE、W 3 个方向，分别达到 282 km^2、240 km^2、186 km^2，明显呈东西向扩张。1998—2001 年、2001—2005 年、2005—2009 年、2009—2014 年、2014—2017 年五个时期的城市空间扩展强度曲线(图 4-9)明显表现出：由一种无序、分散、摊大饼式的扩张，转变为集中在少数几个方向上的特征，摊大饼式扩张有所减缓，

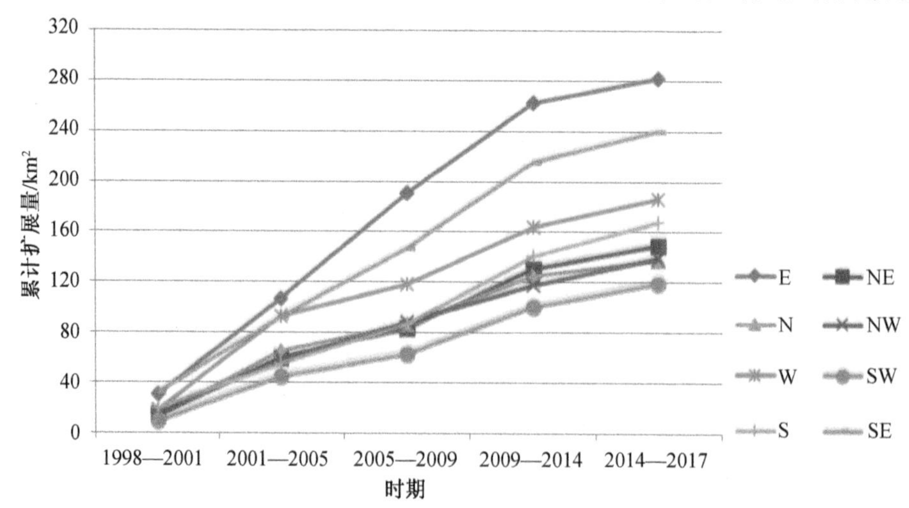

图 4-8 1998—2017 年天津市主城区向各个方向的累计扩张量

2014年后开始新的分散发展模式。其中，E扩展强度1998—2009年持续增加，2009年后扩展强度下降，总体扩展强度较大；S、SE两个方向2014年之前的扩展强度和速度稳定上升；NE方向在各个时期的扩展强度一直较高。很明显E、SE、NE方向的快速增长与滨海新区、核心区双城结构发展密切相关；而S和W方向的扩展可能与天津市腹地发展有关。

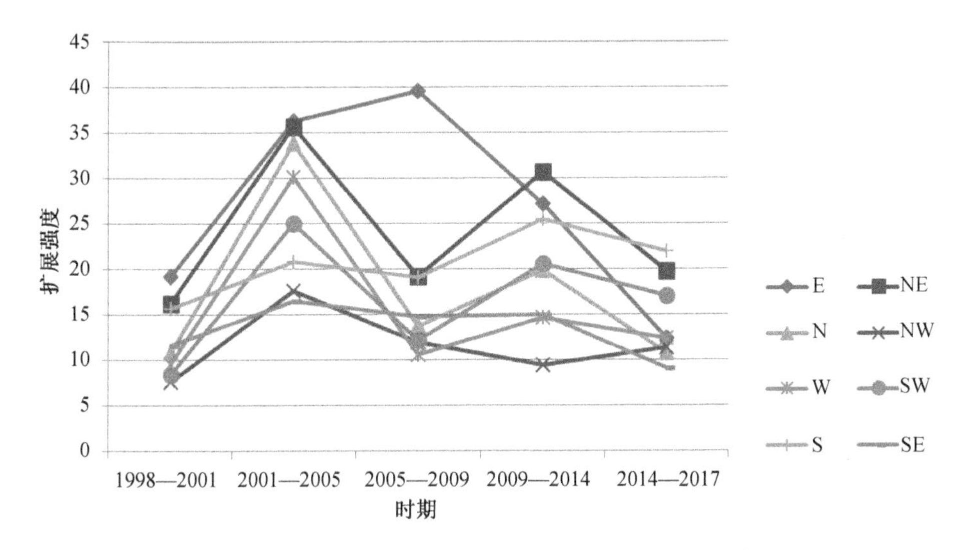

图4-9　1998—2017年天津市主城区各方向扩展强度曲线

为了反映了城市向外圈层扩张的状况，笔者计算和绘制了主城区圈层扩展推移图(图4-10)，横坐标表明城市向外圈层扩展的距离，纵坐标反映了城市空间圈层扩展的速度、强度。1998—2001年城市扩张峰值在距离市中心9 km附近，

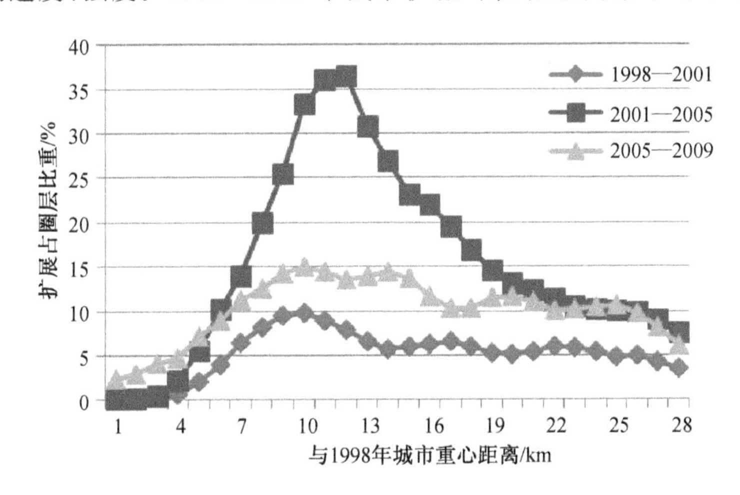

图4-10　1998—2017年天津城市圈层扩张推移图

2005—2009 年城市扩展峰值已在距离市中心 15 km 附近，1998—2009 年城市扩展峰值向外圈层推进了近 6 km。城市发展在 2001—2005 年已经跳出外环线的限制，呈现出在主城区外环线外围扩展，扩展以镇区为主。三个时期扩展的集中化指数也发生了明显的变化，由 1998—2001 年的 0.237，下降到了 2005—2009 年的 0.167，这说明城市发展的集聚效应逐渐减弱，扩散效应逐渐上升，城市空间扩展开始均质化。

4.3.4 驱动力分析

(1) 交通因素

交通对城市空间扩展起到了非常重要的带动作用，一般而言城市扩张最快的地区出现在交通便利处。交通对于天津市的发展更是起到了先导性的带动作用；天津是因交通而起、因交通而生的城市，城市空间扩展带着深深的交通印记。现阶段已经明显表现出海运港口、空运、高速公路对城市空间扩展的综合带动作用。

从 1998—2009 年天津市核心区城市空间扩展的变化来看，扩展热点主要集中在机场、京津塘高速公路带状区域，滨海新区海运港口更是有力带动了滨海新区的建设用地迅速扩张；而津南和海河南岸交通优势不明显，其扩展相对较弱。这些都充分说明了天津市核心区在城市化过程中，交通起到了不可替代的巨大作用。

(2) 经济因素

经济因素是城市空间扩展的根本原因。天津市也不例外，城市空间扩展的强度与经济发展速度呈正相关关系。经济的加速发展使城市用地快速增加，城市空间出现跳跃式和轴向扩展，城市形态的紧凑度也下降。从城市空间扩展图和趋势图(图 4-1、4-11)可以看出，天津市城区最近几年的城市扩展速度呈现低谷状况，与经济发展呈现出相同的波动趋势。

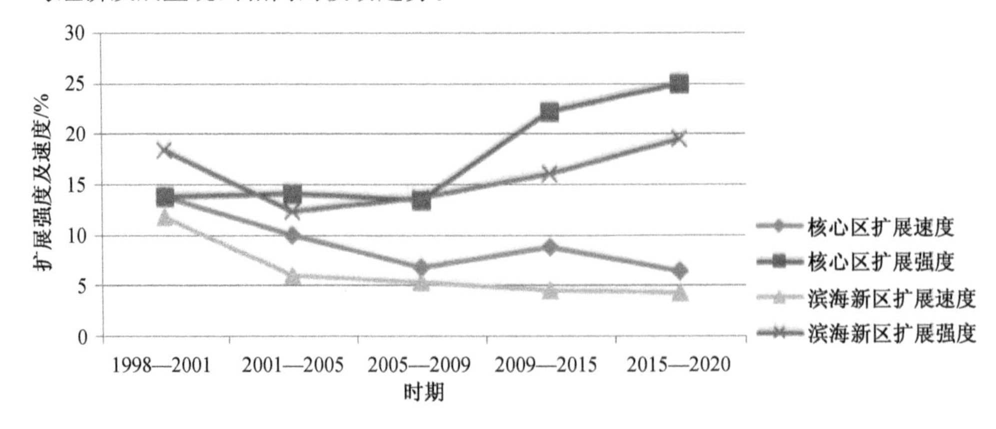

图 4-11 城市空间扩展速度和强度趋势预测

天津市产业的类型空间组成与城市空间扩展具有密切的相关关系，比较明显的是港口经济、加工、房地产业等行业。天津现代化的国际港口承担了北方大片区域的进出口职能，改革开放以来我国在外向型经济发展模式下，有很多产品和货物需要依赖天津港进出口，自然也就带动了周边建设用地的迅速扩展。从外环线以东到滨海新区，有天津市经济技术开发区、海河下游工业区、空港物流加工区、天津港保税区等，这些区经济效益好，多为出口加工的外向型经济，这就大大推动了这个区域的城市空间扩展。近年来国际能源价格的大涨，带动了大港能源行业快速集中，大港也就成为城市空间扩张的热点。房地产业的发展，使城市空间扩展速度不断加快，则更是显而易见。

(3) 政策与城市规划

规划与政策因素在城市扩张中起到了引导作用。城市规划在城市空间扩展过程中起导向作用，它主要是通过关注于城市土地使用的分配、布局和组织而发挥作用的。天津市核心区城市空间扩展中规划的导向作用也很明显，1998—2009 年天津市核心区由双核增长转向沿海河轴线铺开，中心城区和滨海新区为主副中心。最近两版城市总体规划把东部作为工业区，于是 1998—2009 年在中心城区外环线以东到滨海新区，形成了天津市经济技术开发区、海河下游工业区、空港物流加工区、天津港保税区，使得城市形态的重心转移，东部扩展数量最多、速度最快。现行城市总体规划又强化确定津滨发展轴，提出打造现代化的国际港口城市，从而有力地带动了沿海河轴线铺开、滨海新区的发展、塘沽填海造地的建设。同样，现行城市总体规划确定的各组团扩展，带动了这些地区或多或少的扩展，例如天津机场附近的空港物流园区建设，也导向性地促进了该区的发展。

在中国特色社会主义市场经济中，政策因素对城市的发展无疑是很重要的催化剂，对城市的发展起到了很大的促进作用。对于天津市来说，国务院确定把滨海新区作为综合配套改革实验区，使诸多优惠政策惠及该区，许多经济活动在滨海新区集聚，这必然引起城市空间的迅速扩展。除此之外，如空客 320 落户天津的产业政策，也带动了滨海新区的扩展。同样，中心城区限制扩展的政策，带来外环线外围小城镇用地的扩展。

总之，交通、经济、规划与政策是 1998—2009 年天津市城市空间扩展的主要影响因素，这个几个因素形成了核心区不同位置的不同综合区位条件，从而使城市空间扩展发生了很大的变化。同时，这些影响因素并不是彼此分离的，而是相互制约、相互促进、紧密联系的。

4.3.5 城市形态扩展灰色预测

虽然城市在发展过程中有自身的普遍发展规律，但对于中国特有的历史背景和政治经济体制，城市发展不确定性较多，这就为预测城市空间扩展带来了干扰。由于我国特有的户籍制度，依据人口对城市用地进行规划预测存在很多问题，必然会对用地预测带来很大误差甚至是错误。特别是对于直辖市天津，这方面的问题更为突出。因此本研究采用灰色系统与其他曲线综合预测，以提高预测精度，以期为规划做出准确参考。城市系统中有些信息是已知的，而有些信息是未知的，是典型的灰色系统。由于研究数据量少，选用不等时距的灰色预测方法进行预测研究是较为理想可行的方法。采用灰色系统预测，可以反映城市发展过程中的政策等不确定影响因素；同时利用其他曲线，反映城市空间扩展的长期发展趋势。

为了便于计算，设以 1998 年核心区的建设用地面积为第一年，则 1998 年、2001 年、2005 年、2009 年、2015 年、2020 年所对应的时间自变量 t 分别为 1、4、8、12、18、23，相对应的核心区和滨海新区建设用地面积分别表示为 Y 和 Y_1。

为了减少模拟预测误差，笔者采用两种预测方法，取平均值，通过拟合发现，基于不等时距的灰色预测效果较好；核心区预测 linear 预测趋势较好，$F=1\,125.3$，$\alpha=0.001$；滨海新区预测 linear 曲线较好，$F=40.8$，$\alpha=0.024$。最终预测表达式为：

$$\text{核心区：}Y=\frac{109.98\times t+10\,866.5(1-e^{0.072\,2})e^{-0.072\,2\times t}+659.52}{2}$$

$$\text{滨海新区：}Y_1=\frac{40.865\times t+6\,640.13(1-e^{0.058\,8})e^{-0.058\,8\times t}+271.09}{2}$$

由于第一个信息为灰色系统基础信息，不参与预测，利用预测模型预测 2001、2005、2009 年天津市核心区和滨海新区建设用地面积，结果表明预测精度很高，平均误差分别为 3%和 0.9%，因此该模型精度较高，可以用于预测。利用该预测模型计算出 2015、2020 年核心区建设用地的面积，分别为 2 709 km^2和 3 588 km^2，其中滨海新区分别为 1 040 km^2和 1 326 km^2。

总的来看，天津市核心区和滨海新区城市空间扩展速度都呈现出稳定下降的趋势，扩展强度继续上升，这表明虽然扩展速度下降，城市扩展数量依然较大。总体看来天津市核心区的扩展目前处于相对低谷时期，这可能与全球经济不景气与国内经济波动相关。

根据预测结果，滨海新区未来城市扩展数量将达到 1 326 km^2左右，超过滨海新区现有土地面积的一半，可以预见未来填海面积将占很大比重。虽然天津市渤海湾向外海延伸地形下降较大，但仍需做好填海生态环境影响评价与生态安全问题防范工作。滨海新区作为天津市未来发展新的引擎，经济条件较周边较好，小汽车的普及也会快于其他地区，应防止出现后工业化阶段的城市蔓延扩展方式。

4.3.6 测试分析结论与城市发展建议

(1) 测度分析结论

经前文测度分析等，对于天津市中心城区的发展状况，我们得出如下结论。

第一，天津市核心区城市形态，已由双核结构转变为现在的"一根扁担挑两头"结构，中间海河连接带发展充分，中心城区和滨海新区形成一主一副空间格局。1998—2009年扩展主要集中在东部、西部、京津塘高速公路沿线及塘沽区，主城区扩展仍然呈"摊大饼式"扩展。

第二，天津市核心区城市空间扩展中，交通、经济、规划与政策综合作用是其主要驱动力。其中，交通因素对城市空间的扩展影响最为突出，它具有先天影响作用，在城市空间扩展中也起到了很大作用。

第三，在城市空间扩展中，水体转为建设用地的较多。由陆地水体和填海而成的建设用地，对核心区陆地及海洋生态环境影响较大。城市空间扩展带来了两个突出的水环境问题，一个是功能性水质问题，一个是湿地的减少。

第四，根据弗里德曼的核心边缘理论，天津市核心区的城市空间扩展已进入工业化成熟阶段。在此阶段中，资金、技术创新开始向边缘区域流出，边缘区域内部相对优越的地方便会出现较小的核心区域，进而使中心区的扩展大大减速。

第五，根据天津市核心区城市空间扩展所处的阶段和扩展数量预测来看，预计2020年左右天津市将逐步开始进入均衡发展阶段。随着小汽车的普及和人们生活水平的提高，城市空间扩展可能会出现郊区化蔓延扩展方式。

(2) 城市发展建议

针对以上结论，我们对天津市中心城市扩展提出如下建议。

第一，城市空间扩展应高度重视交通的影响，应优化区域交通地位，进一步强化天津港战略资源优势。对城市空间扩展形成的若干次级核心区域，应注意改善其与主城区的交通联系，既有利于减少交通压力，又利于以交通引导城市空间有序扩展。

第二，核心区的城市空间扩展应注意扩散效应，城市空间布局若干组团应遵循城市空间扩展的客观规律。根据工业化成熟阶段的城市空间扩展规律特征，在中心区周围打造次级核心组团，遏制主城区的"摊大饼式"扩展，优化城市环境，减弱城市热岛和雨岛效应。

第三，加强城市空间扩展环境影响的研究与治理，尤其关注对水环境的影响和由此产生的城市生态环境影响，保护核心区城市生态安全基础设施，关注陆地水体功能性水质问题，关注湿地减少和填海造地的环境影响。

第四，开展核心区城市空间扩张的模拟预测研究，利用 CA、多智能体等技术，对未来城市扩张的空间过程特征和城市土地利用变化进行模拟预测，对可能出现的变化集中和影响较大的地段采取相应的规划和政策引导。

第五，预计 2020 年左右，天津城市空间扩展将逐步进入均衡化，可能出现向郊区化蔓延现象，应积极推行土地节约政策，加强城市规划的科学引导管理，防止出现城市的蔓延扩展，造成土地资源的浪费。

5 天津滨海新区城市形态扩张模拟预测

5.1 模拟预测研究方法概述

对城市形态扩张的模拟预测一直是城市规划、城市地理学不断探索的领域。城市形态扩张的模拟预测，不仅可以了解今后城市可能扩展的方向和数量，更重要的是使我们结合历史演化探求城市发展的规律，从而为城市规划提供科学的参考依据，为政府相关政策的制定与出台提供决策依据。城市形态扩展模拟预测中，单纯追求预测精度是不合适的，事实上对城市预测也不可能与现实的发展完全一致，今后也不可能做到；但是这并不意味着预测失去了意义，它是我们对城市正确认识与合理引导所必须的。模拟预测在应用中须不断提高预测精度，尽可能地接近复杂城市系统的演化过程。

随着元胞自动机(CA)概念和地理学定律的相继提出，1985 年 Coulers 又揭示了 CA 在城市研究中的应用潜力，此后 CA 逐渐流行于城市研究和规划界。目前已有许多利用 CA 的城市研究成果，显示了其理解城市发展动力和预测城市规划效果的优点。1997 年 Wu 提出 logistic-CA 模型，并指出基于土地转换概率的逻辑回归更能解释城市增长，目前已被成功应用于城市土地利用变化、扩展模式、农业土地利用影响、森林采伐分析等研究中；随后 Verburg 等、罗平、吴楷钊等对模型进行了改进。

与线性回归、对数线性回归相比，逻辑回归在因变量、自变量、正态假设等方面具有优势。城市用地扩展涵括复杂的社会经济系统，其影响因子绝大多数是分类变量和连续变量的混合效应，通过逻辑回归可得到影响因子的重要性和贡献率，并能够应用模型对城市用地扩展进行模拟。但 logistic-CA 模型仅用于按历史演化趋势模拟，且模拟既定年份的城市，数量无法准确获取。对于城市研究与规划来说，选择一个合适的高精度模型非常重要，因此就迫切需要对模型进行改进，使其适应城市模拟预测需求。

城市形态扩张演化具有多样性，因此在其模拟预测分析中，常用情景分析的方法来反映城市形态发展的不确定性。情景分析是对一些合理性和不确定性的事件，在未来一段时间可能呈现态势的假定。情景分析法将发展影响因素作为条件，给出多个城市形态发展的可能性方案，供城市规划决策参考。城市形态的情景分析是预测城市形态产生并比较分析可能产生影响的整个过程,其结果包括对各发展态势的确认和特性研究,以便把握城市形态发展的规律,积极有效地引导城市形态健康发展。

在天津滨海新区城市形态扩展模拟预测研究中,我们着重对 logistic-CA 模型进行了改进,使灰色不等时距预测模型嵌入,准确预测城市扩展的数量,使模型能计算不同情景驱动力下的逻辑回归系数,从而达到模拟不同情境下的城市形态扩展。进而对模型进行检验,模拟 2011—2020 年天津市滨海地区城市形态的三种情景演化。三种情景设计为,情境 A:为历史外推,反映城市延续历史发展惯性趋势,影响因子在新时期大小不变。情境 B:为内生发展模式,即城市依靠自身人力资源、社会资源、文化资源、环境资源、自然资源、城市设施资源,主要通过内部机制的运行实现城市发展。情境 C:为外生发展模式,即城市依靠区域的交通设施、社会资源、自然资源等,通过与内部机制的整合实现城市的发展。

5.1.1 logistic-CA 模型的改进

本研究采用改进后的 logistic-CA 模型,对城市形态扩展的多情景空间扩展过程进行模拟预测。改进后的模型如图 5-1,基于自动机理论的有限状态及相关理论。通常 CA 是以模拟演化次数为计算停止条件,这种方法计算数量的精度难以保证。根据自动机理论,可将适合于城市研究的灰色预测方法引入 CA 模型。模型改进的核心与优点:一是嵌入灰色不等时距预测模型,准确模拟预测城市扩展的空间与数量;二是根据城市发展驱动力改进逻辑模型回归系数,从而能够模拟不同情境下的城市形态扩展。

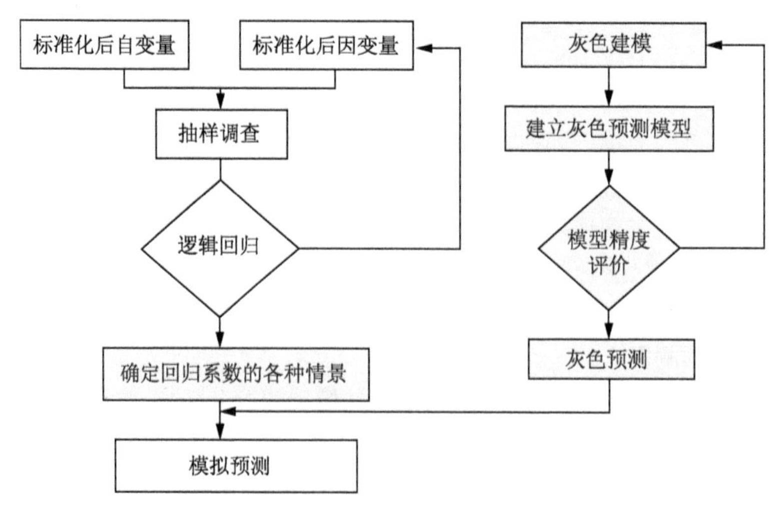

图 5-1　改进后的 logistic-CA 模型结构

(1) 元胞自动机

元胞自动机(CA)是空间、时间和状态都离散的动力学模型,具有模拟复杂城市系统时空动态演化过程的能力。根据城市规划和建设中通常地块设计尺度100～200 m,本研究中元胞大小为30 m,邻域大小采用5×5摩尔型,共24个邻域单元组成。转换规则是CA的核心,它决定了CA的动态演化过程和结果。

(2) 转换规则

logistic-CA的转换规则采用逻辑二元回归方法。该转换规则的特点和优势为:第一,逻辑回归是响应变量为0和1虚拟变量的回归分析,非常适合用地是否变为城市这类非线性问题;第二,该转换规则具有较好的模拟精度,同时对计算过程也便于校核;第三,能够回归各驱动力在模拟转换中的影响系数大小,为多情景模拟预测提供便利。

逻辑转换规则可表示为:

$$P_{d,ij}^{t}=[1+(-\ln r)^{\alpha}]\times\frac{1}{1+\exp(-z_{ij})}\times \mathrm{Con}(s_{ij}^{t})\times\Omega_{ij}^{t}$$

其中,$\frac{1}{1+\exp(-z_{ij})}$为一个区位的土地开发适宜性,$z$是描述单元$(i,j)$开发的特征向量,$z=b_0+b_1x_1+b_2x_2+\cdots+b_kx_k$($b_0$是一个常量,$b_k$是逻辑回归系数,$x_k$是一组影响转换的变量),$1+(-\ln r)^{\alpha}$为随机项,$\gamma$为值在(0,1)范围内的随机数;$\alpha$为控制随机变量影响大小的参数,取值范围为1～10的整数。它的引入是为了使运算更加符合实际,反映城市形态演化过程中存在的各种政治因素、人文因素、随机因素和偶然事件的影响和干预。本文根据研究区城市规划执行情况,在经过专家咨询后,确定α取值为8。

(3) 多情景逻辑回归系数计算方法

逻辑回归系数b_k代表每个影响因子的影响力大小,若对系数大小进行调整,就实现了不同情景模拟回归系数的确定。不同情景的城市形态扩展,具有不同大小的影响因子组合,故应首先找出对应情景的重要影响因子。所谓的重要影响因子,就是特定情景中,对城市形态演化起重要作用的因子。本研究假定三种情景影响因子相同,但重要影响因子不同。

不妨设反映某情景的重要影响因子集合为I,其中的每个元素记为x_i',b_i'就是该元素代表的影响因子逻辑回归系数,每个元素x_i'都在x_k的集合X中,即$I\subseteq X$。对应情景的影响因子回归系数计算步骤为:

第一步,为了突出某情景,需要调整重要影响因子x_i'的logistic回归系数,调整系数为n。n的大小反映了重要影响因子相对于历史演化的突出程度。反映某情景重要影响因子的回归系数计算公式为：

$$b'_i = nb_k \quad (i \leqslant k)$$

第二步，计算剩余各影响因子的回归系数绝对值，计算公式为：

$$|b'_j| = \frac{b_j}{\sum |b_k|} \times \left(\sum |b_k| - \sum b'_i\right) \quad j \in (K - I)$$

其中，b'_j 为剩余各影响因素的系数。

第三步，计算剩余影响因子的回归系数，各系数的正负值分别取回归分析中的符号，最终回归系数为：

$$\begin{cases} 原系数为正：b'_j = |b'_j| \\ 原系数为负：b'_j = -|b'_j| \end{cases}$$

（4）预测结果的数量灰色校准

元胞自动机模型由于本身的设计缺陷，难以实现准确的数量预测。本研究将不等时距的灰色预测方法嵌入 logistic-CA，把灰色预测数量结果作为 CA 模拟预测的停止条件，实现 CA 模型模拟预测面积精确性。因为灰色系统理论具有众多优点，20 世纪 80 年代以来在城市研究与规划等方面发挥了独特作用。

不等时距的灰色预测，常用拓灰色预测法解决。它假设等时距的原始数据是客观存在的，由于某种原因使其中的一些数据缺失，因而出现了不等时距的原始数列。我们得到的数据符合 $GM(1,1)$ 模型曲线，曲线的离散形式为：

$$\hat{x}^{(1)}(k+1) = \left[x^{(0)}(1) - \frac{u}{a}\right]\mathrm{e}^{-ak} + \frac{u}{a}$$

式中：$c = x^{(0)}(1) - \frac{u}{a}$。设初始时间序列为 0，时间序列 $T^{(0)}(i) = \{0, t_2, t_3, \cdots, t_m\}$，则有：

$$x^{(0)}(t_i) = c(1 - \mathrm{e}^a)\mathrm{e}^{-at_i}$$

式中：$t_i = t_2, t_3, \cdots, t_m$（$m$ 为原始数列的个数）。

c 和 a 值的求解，通常采用胡斌等提出的方程组：

$$\begin{cases} x^{(0)}(t_i) = c(1 - \mathrm{e}^a)\mathrm{e}^{-at_i} \\ x^{(0)}(t_j) = c(1 - \mathrm{e}^a)\mathrm{e}^{-at_j} \end{cases}$$

解得：

$$a = \frac{1}{t_i - t_j} \ln \frac{x^{(0)}(t_j)}{x^{(0)}(t_i)}$$

得出的 a 为 $a_{i,j}$，得到 c_{m-1}^2 个 $a_{i,j}$，取平均值：

$$\hat{a} = \bar{a} = \frac{1}{c_{m-1}^2}\sum_{i=2}^{m-1}\sum_{j=i+1}^{m} a_{i,j}$$

进一步得：

$$\begin{cases} x^{(0)}(t_2) = c(1-\mathrm{e}^{\hat{a}})\mathrm{e}^{-\hat{a}t_2} \\ x^{(0)}(t_3) = c(1-\mathrm{e}^{\hat{a}})\mathrm{e}^{-\hat{a}t_3} \\ \cdots\cdots \\ x^{(0)}(t_m) = c(1-\mathrm{e}^{\hat{a}})\mathrm{e}^{-\hat{a}t_m} \end{cases}$$

这样，就可根据每个方程求出一个 c 值，取平均值：

$$\hat{c} = \bar{c} = \frac{1}{m-1}\sum_{i=2}^{m} c_i$$

最后，由 $\hat{c}$ 和 $\hat{a}$ 值便可得到不等时距灰色预测模型：

$$\hat{x}^{(0)}(t_i) = \hat{c}(1-\mathrm{e}^{\hat{a}})\mathrm{e}^{-at_i}$$

从而求出预测值。

5.1.2 模型精度的初步检验分析

（1）基础数据及其处理

本研究的原始数据为：1998 年、2001 年、2005 年、2009 年、2011 年 8 月 Landsat TM 卫星遥感影像，配合 2010 年 1∶50 000 天津市地形图和 2005、2011 年 1∶100 000 天津市地图、2005—2020 年滨海地区城市总体规划图、2011—2030 年滨海地区城市总体规划图。其中原始数据的配准、几何精校正的误差均控制在 15 m 以内，投影统一为 WGS_1984_UTM_50N。根据数据与研究需要，把用地分为建设用地、农业用地、海洋、陆地水体四类，利用 ENVI 4.8 遥感软件进行分类提取对应年份的城市形态和其他三类用地，总体分类精度控制在 90%以上。

（2）2005—2011 年历史演化回归分析

① 影响因子选取。影响城市形态演化的因素 x 多种多样，根据相关研究，并结合研究区实际，选择了具有代表性的自然环境因素、交通距离变量、市中心经济辐射、规划政策引导等 4 大类 15 个影响因子(表 5-1)。其中交通距离变量类在某种程度上也反映了经济的驱动作用，因此其具有双重特点。在 CA 计算过程邻域开发密度的计算，实际上也是对城市土地经济空间的考虑。另外在模型预测中采用了灰色预测方法，把城市发展看成灰色系统综合考虑，也在一定程度上考虑了经

济和人口对城市空间扩展的驱动作用。

首先，利用 ArcGIS 10 中的空间分析模块，提取每个点的距离参数，并进行最大值标准化处理。标准化后是 0～1 的无量纲数据，这就确保了计算具有可比性。然后，按总体规划划定的建设用地、发展备用地、其他用地，分别将研究区对应空间赋值为 1、0.6、0，以反映规划对城市形态的引导控制，使规划布局影响变量，与其他变量具有可比性和一致性。最后，将数据统一投影为 WGS_1984_UTM_50N，将其按照 30 m 的分辨率转化为 ASCII_grid 格式。

② 建立逻辑回归模型。基于 logistic-CA 模型模拟城市形态演化，首先要建立逻辑回归模型。本研究采用随机抽样方法，从目标变量(2011 年分类图)和城市形态演变影响因素变量中获取样本。通过 Matlab 软件提供的 randperm()函数，进行简单编程实现，随机抽样比例为 20%，结果保存为 ASCII 码的文本格式。然后，利用 SPSS 软件对抽样数据进行逻辑回归计算，影响因素除河流外其余均通过 0.05 的显著性水平检验，模型总体分类精度达到 85%，回归系数计算结果见表 5-1。

表 5-1 逻辑回归结果

类别	影响因子	B	S. E.	Wald	df	Sig.
自然环境因素	水体	−0.479	0.359	2.777	1	0.052
交通距离变量	高速公路	3.282	0.535	37.604	1	0
	高速出入口	−1.325	0.574	5.327	1	0.021
	铁路	0.727	0.24	9.204	1	0.002
	火车站	4.335	0.31	195.147	1	0
	航道	−1.366	0.124	121.163	1	0
	国道	0.428	0.116	13.685	1	0
	机场	−3.834	0.203	358.068	1	0
	省道	−1.816	0.224	65.417	1	0
	县乡道	−6.246	0.549	129.377	1	0
	城市道路	−11.523	0.42	794.005	1	0
市中心经济辐射	市中心影响	−4.776	0.308	240.957	1	0
规划政策引导	规划布局影响	1.612	0.033	2 340.421	1	0
	规划铁路	0.64	0.218	8.628	1	0.003
	规划道路	−10.314	0.593	302.778	1	0
	常量	1.644	0.064	659.804	1	0

其中回归函数 Z 可由下式表示：

$$Z = 1.644 + 3.282x_1 - 1.325x_2 + 0.727x_3 + 4.335x_4 - 1.366x_5 - 0.479x_6 + 0.428x_7 - 1.816x_8 - 6.246x_9 - 11.523x_{10} - 4.776x_{11} + 1.612x_{12} - 3.834x_{13} + 0.64x_{14} - 10.314x_{15}$$

③ 模拟结果评价。模拟 2005—2011 年城市形态演化，以检验模型的有效性。首先，利用 SPSS 软件建立逻辑回归模型，建模数据为总体中随机抽样 20%；然后，将回归系数代入笔者开发的 logistic-CA 模拟软件中；最后，进行模拟精度评价：模拟转换目标为 1 114 km^2，实际正确模拟量为 1 125 km^2，实际城市用地模拟精度为 99%；采用 Lee-Sallle 指数检验，公式为：

$$L = \frac{A_0 \cap A_1}{A_0 \cup A_1}$$

其中，L 为 Lee-Sallle 指数，A_0 为真实年份的城市形态，A_1 为模拟城市形态。得到 Lee-Sallle 指数为 0.98，总体模拟精度评价显示为极好。这表明模型能够运用于模拟预测，同时也表明软件开发中矩阵转化优化算法提高了精度(图 5-2)。

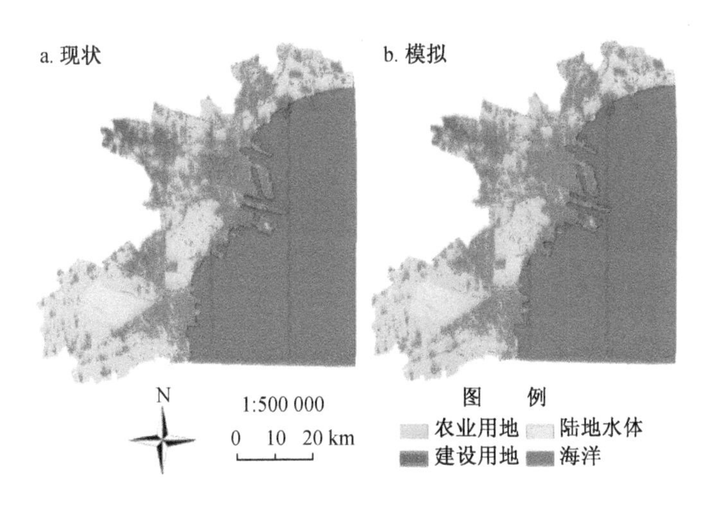

图 5-2 2011 年城市形态现状与模拟

通过检验，改进后 logistic-CA 模型充分发挥了 CA 自下而上模拟多情景城市形态空间演化过程的优势。灰色系统方法的引入，发挥了灰色系统数据预测的优势，实现了模型在数量上较为准确地预测既定年份的城市形态面积。改进后的模型，通过对设定情景影响因子逻辑回归系数的计算，实现特定情景城市形态演化过程与结果的模拟预测。

5.2 logistic-CA 模型软件

利用元胞自动机技术模拟城市扩展，需要定义很多空间变量。本研究利用灰色系统方法和 logistic-CA 模型的松散耦合，基于 Matlab 平台，构建了灰色—logistic-CA 模型，并开发相应的软件便于研究利用。该模型充分利用灰色系统理论和逻辑回归方法，提高了预测精度；同时该模型也考虑到了影响城市扩展的诸多因素，例如交通、地形、邻居条件、距离等。

根据模拟预测的结果，模型软件分为三大部分：数据整理与抽样、逻辑回归系数计算、模拟预测。其中数据整理与抽样模块单独开发成为软件 SPSS_logistic_CA_data，模拟预测部分也单独开发成软件 logistic_CA_urban，逻辑回归部分采用 SPSS 软件。这样模型软件就结合了地理信息系统软件 ArcGIS、遥感软件 ENVI、Matlab、SPSS 四个软件的优点，使研究更加方便、灵活、准确。

数据整理与抽样软件——SPSS_logistic_CA_data，界面设计如图 5-3。面板共有三个区，左侧为两个输入区域，右侧为输入图像显示区域。左侧上部面板为抽样各影响因素文件的调入，下面为抽样相关参数输入。模型输出结果以两种文件 Matlab 格式和 txt 格式，便于 SPSS 分析软件调用。

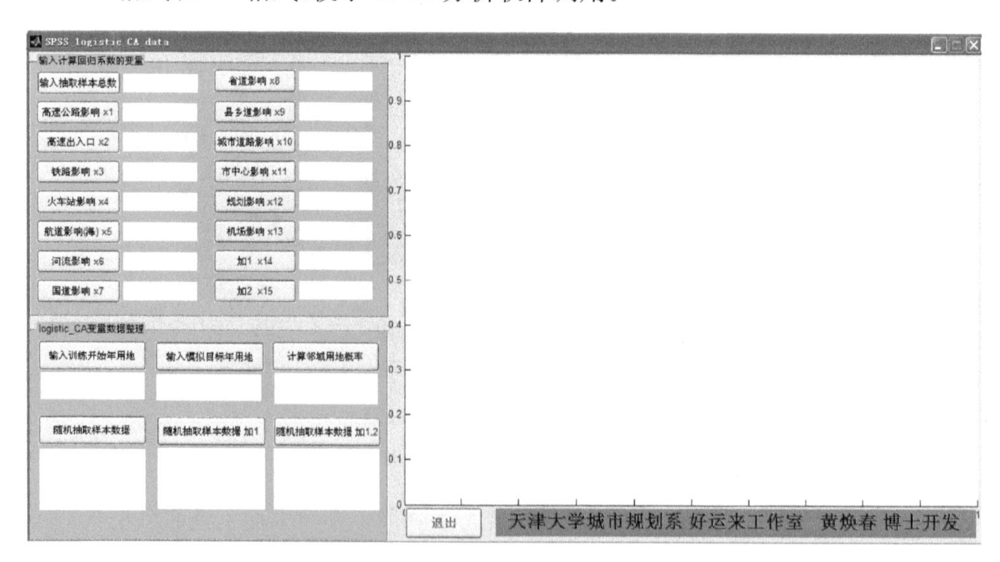

图 5-3　SPSS_logistic_CA_data 软件界面

模拟预测软件 logistic_CA_urban，界面如图 5-4。面板共有三个区，左侧为两个输入区域，中部为计算参数输入区，右侧为输入图像显示区域。左侧上面是逻辑回归系数输入区，下面为预测自变量参数输入区。模型输出结果文件以 txt 格式，并输出三个时间段的城市形态演变过程，便于研究分析空间演变过程。

图 5-4 logistic_CA_urban 模拟预测软件界面

总体来说，logistic-CA 模型软件具有以下特点。

① 直接在 Matlab 软件环境中开发，可以借用 Matlab 函数，具有灵活、方便、减少模型开发工作量的特点，同时也增强了 CA 规则的灵活性。

② 软件开放性很强，能够随时与 ArcGIS、ENVI、Matlab、SPSS 软件结合，便于结合研究实际随时调整研究方法和程序。

③ 软件界面简单友好，可根据研究者需要随时调整，采用“傻瓜式”面板设计，便于软件的修改和操作人员的计算。

5.3 模型校准与模拟验证

由于 CA 本身的局限性，并不能利用其模拟扩展结果对城市进行数量上的研究，这个问题学术界正在努力解决。虽然本研究将灰色系统预测方法嵌入 CA 模型中，以实现提升 CA 预测的数量精度，但慎重起见，本研究仅采用 CA 模型模拟城市形态在空间的扩展过程及扩展方向，不做数量的深入探讨。

5.3.1 数据预处理

本节所用数据为 2005—2020 年天津城市总体规划图；1 ∶ 10 000 DEM；1 ∶ 10 000 地形图、1 ∶ 50 000 地形图；2005 年 8 月、2010 年 8 月 TM 影像，分辨率为

15 m。

首先将所用地图数据统一投影，统一生成 100 m Grid，最后转换成 ASCII_grid 格式。利用 GIS 中的 Spatial Analysis 模块，提取每个点到公路、铁路、市中心的距离参数。由于天津市滨海新区是平原城市，城市形态扩展受地形影响很小，故模型中不考虑高程影响。从城市形态结构扩展来看，受河流影响较大，因此在做城市扩展预测时考虑河流影响因素。将这几个影响因素进行标准化处理，并统一投影，将其按照 100 m 的分辨率转化为 ASCII_grid 格式。

城市形态扩展是一个非常复杂的问题，其影响因子也比较多，本研究根据实际状况，考虑到了距离变量、邻居变量、自然属性、规划控制变量等 4 大变量 13 个影响因子。13 个影响因子分别是高速公路、高速出入口、铁路、火车站、省道、县乡道、国道、城市道路、航道、机场、水体、城市中心、城市规划等。

首先，利用 ArcGIS 10 中的空间分析模块，提取各影响因素的距离参数。然后，将这些影响因素进行最大值标准化处理。城市规划变量引入影响最大的规划道路，以反映城市规划对城市形态的引导控制，并使变量具有可比性和一致性。最后，将数据统一投影为 WGS_1984_UTM_50N，将其按照 30 m 的分辨率转化为 ASCII_grid 格式。最终，确定的 2005 年、2010 年城市形态模拟 13 个影响因素如图 5-5 和图 5-6。

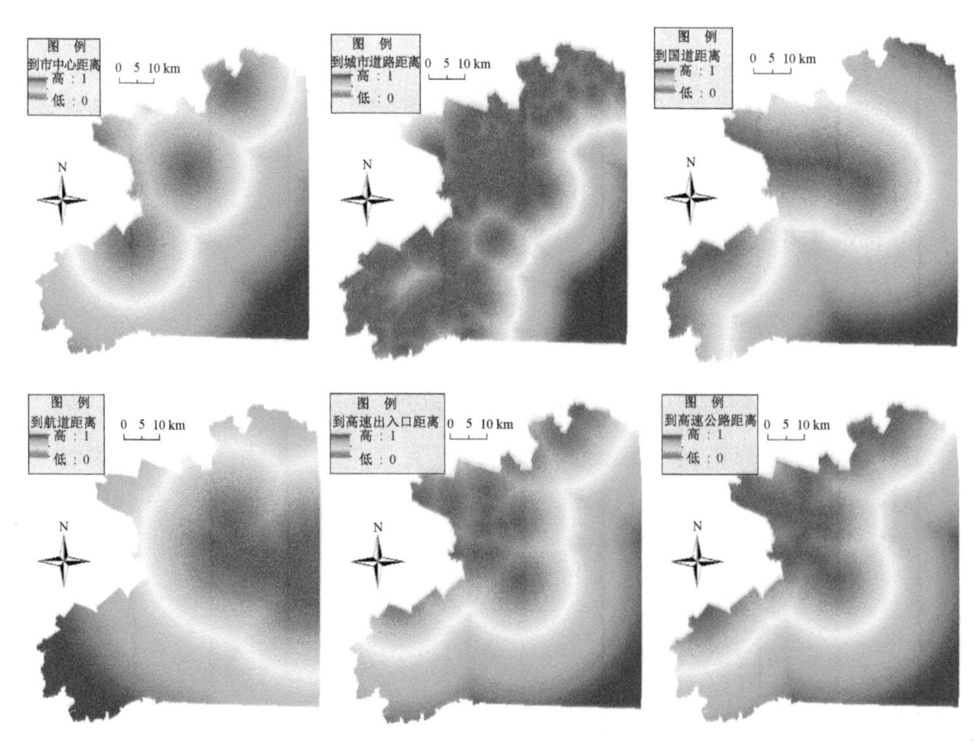

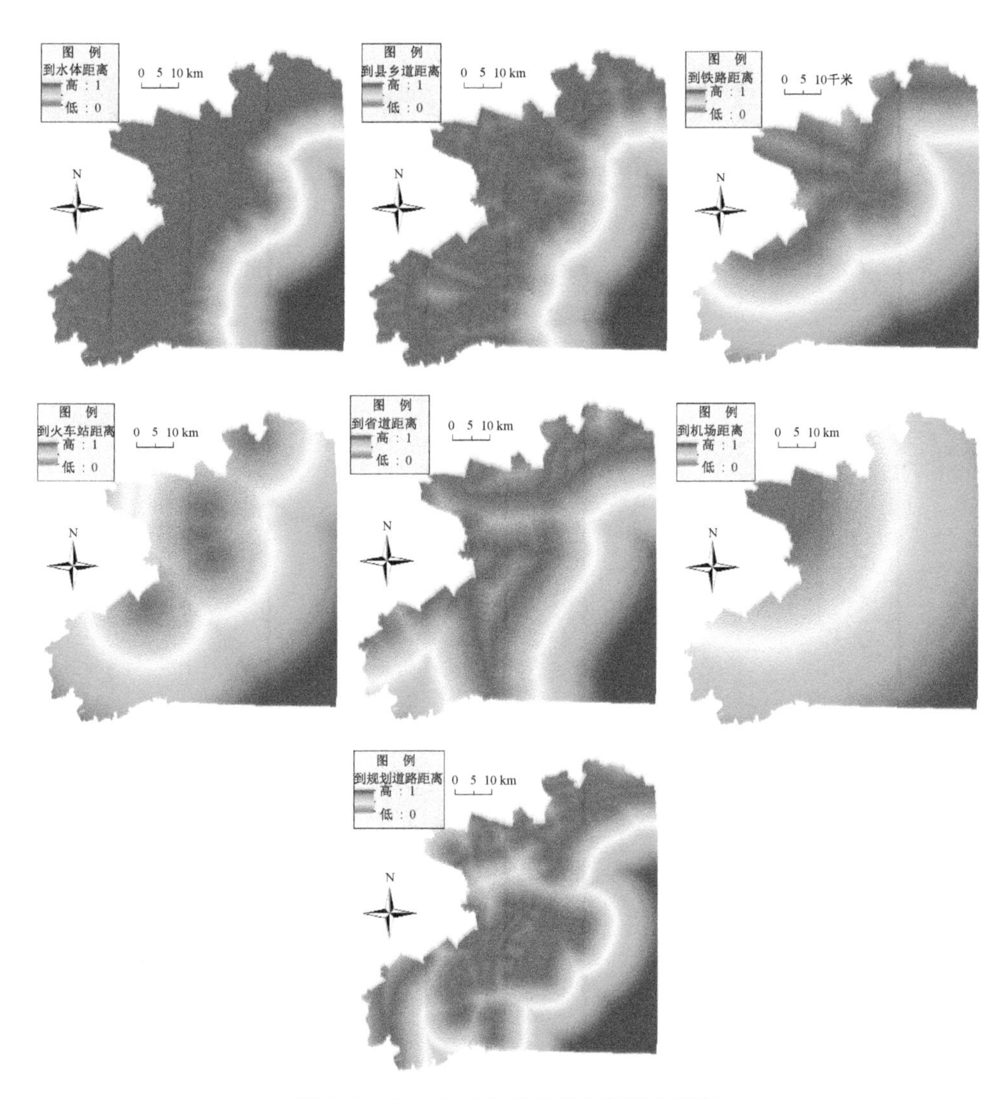

图 5-5 2005 年城市形态演化各影响因素

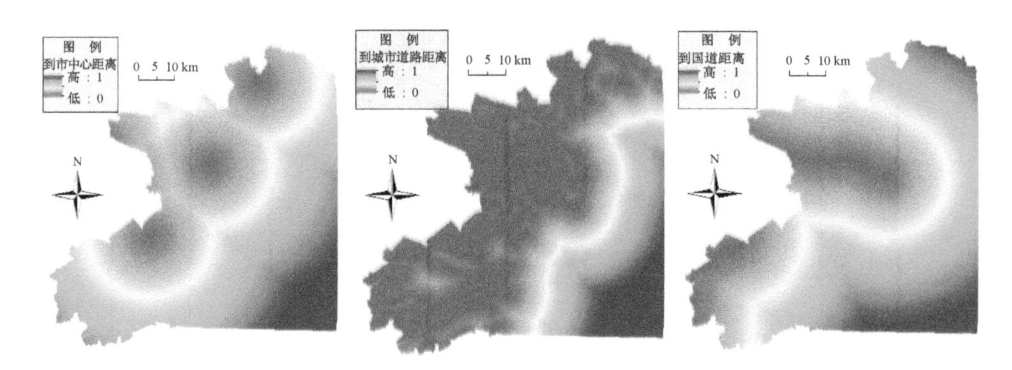

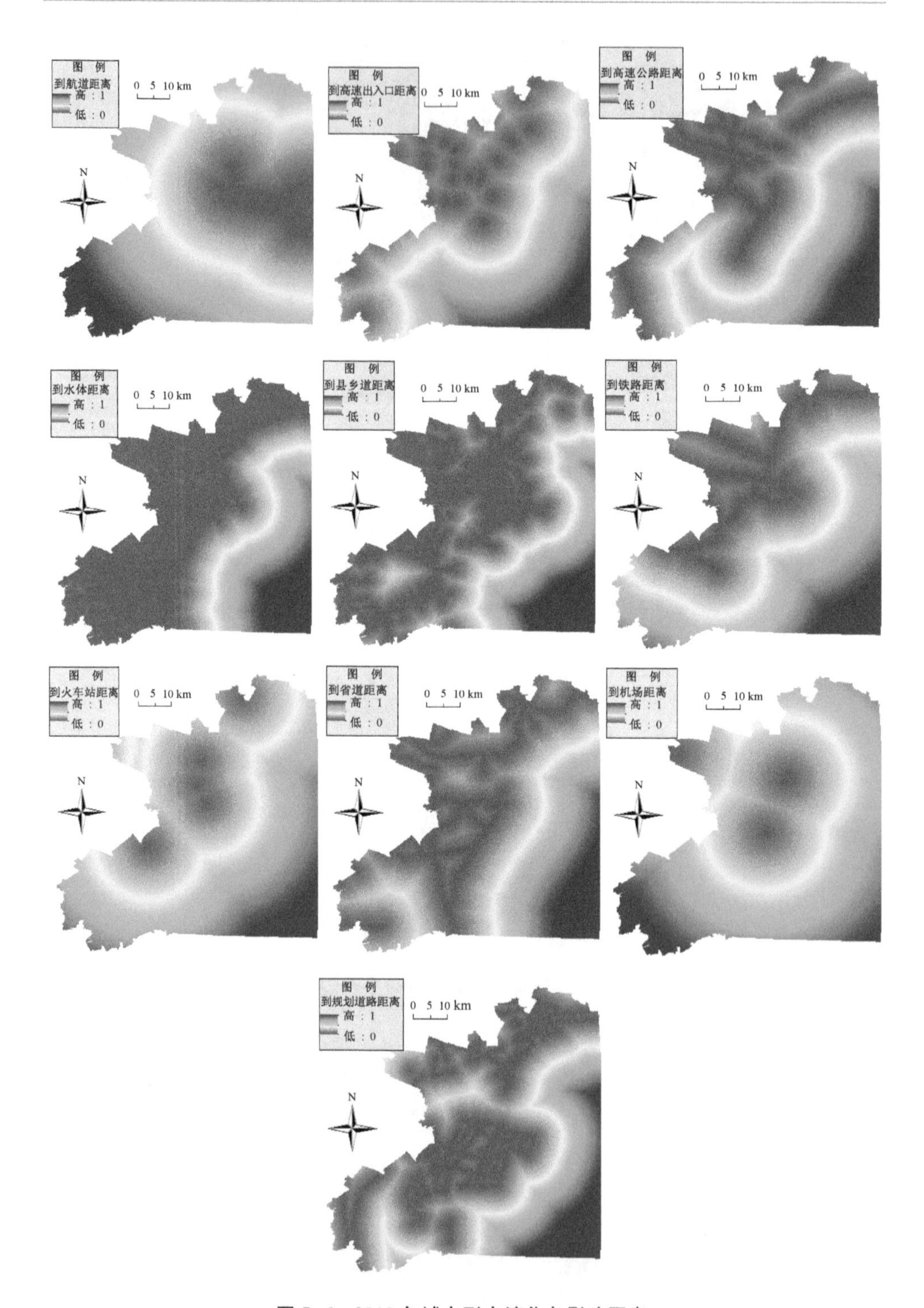

图 5-6　2010 年城市形态演化各影响因素

5.3.2 logistic-CA 回归

利用数据抽样软件 SPSS_logistic_CA_data，抽样提取 6 万组数据，进行逻辑曲线回归分析。回归结果较好，R^2 为 0.6，信度水平为 0.00，各变量回归系数与信度等参数见表 5-2。

表 5-2 逻辑回归系数表

影响因子		B	S. E.	Wald	df	Sig.	Exp(B)
变量	高速公路影响	5.860	0.450	169.915	1	0.000	350.571
	高速出入口	−3.112	0.535	33.884	1	0.000	0.045
	铁路影响	1.380	0.231	35.692	1	0.000	3.976
	火车站影响	4.809	0.295	266.561	1	0.000	122.590
	航道影响	−1.665	0.114	215.090	1	0.000	0.189
	河流影响	0.886	0.334	7.059	1	0.008	2.426
	国道影响	−0.456	0.104	19.325	1	0.000	0.634
	省道影响	−1.731	0.207	69.732	1	0.000	0.177
	县乡道影响	−6.180	0.505	150.009	1	0.000	0.002
	城市道路影响	−11.133	0.393	801.358	1	0.000	0.000
	市中心影响	−6.401	0.289	491.393	1	0.000	0.002
	规划影响	−11.416	0.528	466.951	1	0.000	0.000
	机场影响	−4.869	0.179	737.781	1	0.000	0.008
	常量	3.067	0.054	3 170.175	1	0.000	21.481

5.3.3 城市形态模拟预测

模型的校准采用 Lee-Sallle 指数和模拟面积两个因素综合确定，既可照顾到模拟的空间扩展过程，又可考虑到模拟的面积大小。其中，Lee-Sallle 指数计算主要是利用 ArcGIS 的空间分析功能完成。将 2010 年真实城市形态和模拟城市形态交集和并集，带入前文回归系数计算公式，通过计算 Lee-Sallle 为 0.58，模拟精度较好，可以进行预测。

根据预测结果，滨海新区（不含东丽、津南部分）2020 年前后的城市形态面积大约为 1 326 km²，如果加上东丽、津南部分，利用灰色预测方法，2020 年城市形态面积将达到 1 900 km²。因此预测 CA 模拟城市用地转换目标为 1 900 km²。由于转换面积较大，中间转换过程输出六次，城市形态的主要空间扩展模拟如图 5-7。

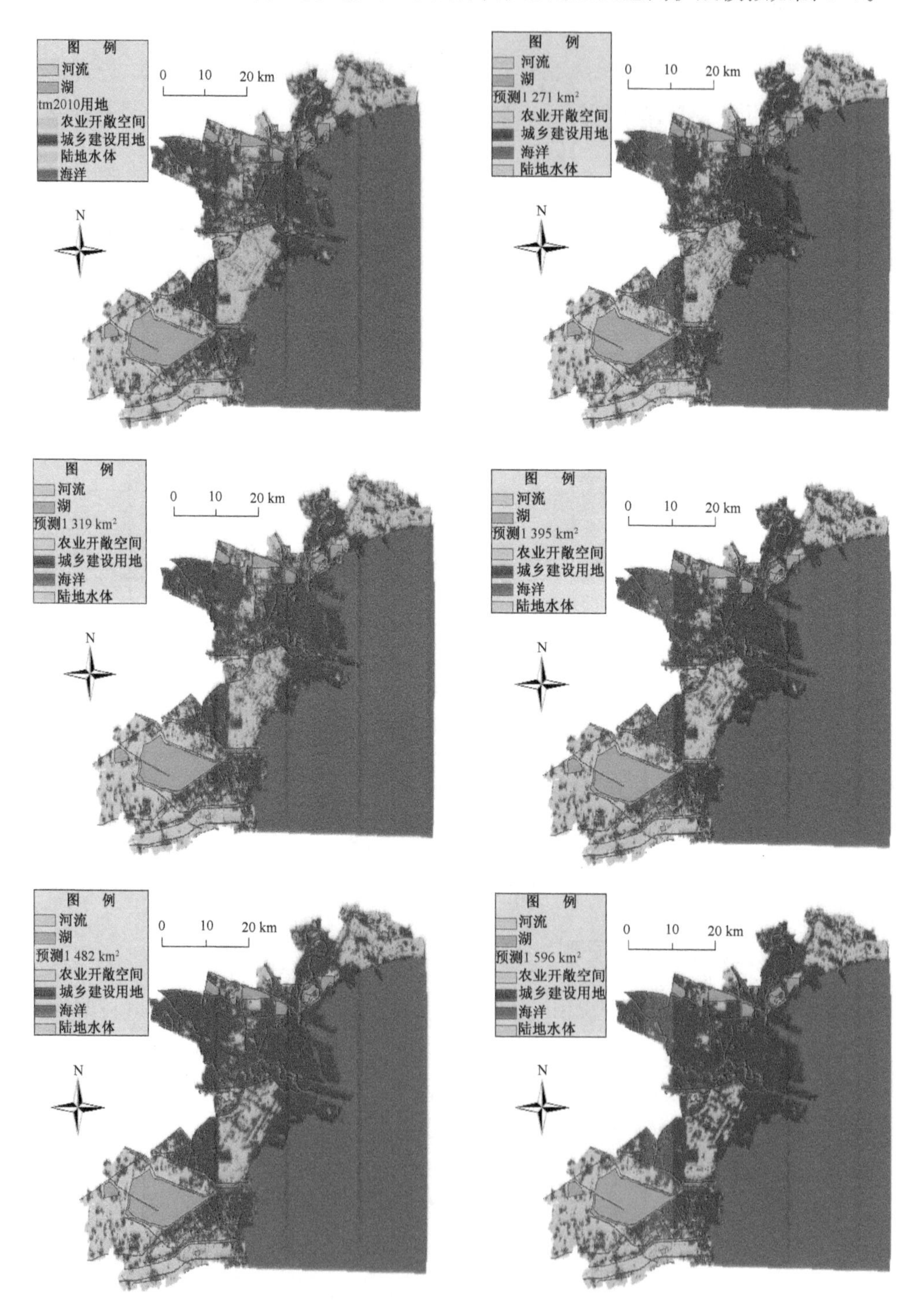

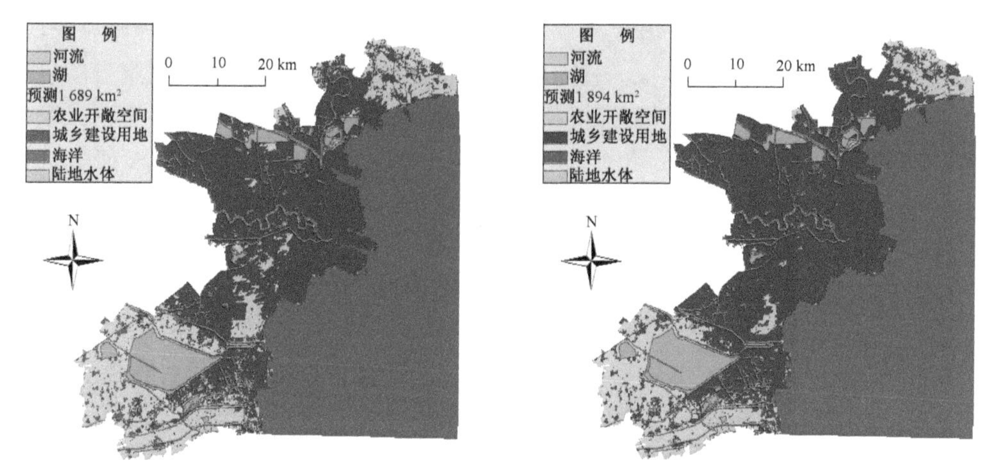

图 5-7 城市形态扩展模拟结果

从 2010—2020 年滨海新区城市形态模拟演化过程来看，城市扩展将仍然沿着海河带和滨海轴线两个方向，主要集中在中部海河带。在扩展的前期，城市扩展将迅速将海河轴带的农业开敞空间和部分水体吞噬，汉沽和大港建设用地也将会迅速增加。由于城乡建设用地迅速增加，北部的盐田将会消失，南部盐田也将会大量减少，最终在南部会留有大量绿地。从模拟预测过程来看，天津市滨海新区总体规划将在城市空间扩展中扮演较为重要的角色，但规划中的绿地和水体将难以保证，未来规划实施中应注意采取相应对策。

5.4 外生情景下海港城市空间形态演化模式

城市形态演化的方式多样、动力复杂，不同类型城市具有不同的规律特征。海港城市空间形态作为一种特殊类型，其发展遵循特定的规律，随动力结构的变化而具有阶段性和普遍性。本研究探讨外生情景下，海港城市的城市空间形态演化。情景是对一些合理、不确定性的事件，在未来一段时间可能呈现态势的假定；将城市发展的影响因素作为条件，给出城市形态的多个发展可能性。外生情景下，城市依靠优越的地理位置、外部区域交通设施、社会资源、外资、自然资源等，通过内部机制的运行实现城市的发展，是城市空间形态演化的一种动力组合结构形式，其初始与过程具有很强的外部性特征。

目前，海港城市研究，多注重于区域港口城市体系的关系和形成演变，较少从城市的空间形态内部进行测度量化分析研究，对城市空间形态发展的机理、过程分析尚属空白；对城市空间系统演化的过程模拟，缺乏有效的定量分析方法和工具；对城市与港口宏观层面关注较多，而对港口外的铁路、高速公路等外部综合动力体系关注不足。因此迫切需要开展外生情景下城市空间形态演化的基础理论研究，通过系统定量的空间演化模拟，关注其演变的过程、格局、机理。基于元胞自动机(CA)模型，采用情景分析法，可模拟预测城市空间形态演化过程，探索外生情景下港口城市的演化规律。1940 年代 CA 的概念提出后，已有许多城市 CA 研究成果。logistic-CA 是 CA 的改进，已被成功应用于城市扩展、土地利用等领域。虽然逻辑模型在自变量、因变量、正态假设等方面具有优势，但在实际应用中仍需进行提升和改进，特别是传统 logistic-CA 模型无法准确模拟预测既定年份的多情景城市形态演化。

1990 年代中后期，在国家和京津冀区域发展、天津市城市空间调整背景下，滨海新区得到快速发展，在短短几十年内，城市形态快速演化，经历了一般港口城市的漫长演化过程。因此研究天津滨海新区城市空间形态格局演化过程，具有十分典型的理论与实践意义。本研究分析了 1998—2014 年滨海新区城市空间形态演化的格局特点，模拟预测在外生情景下 2014—2030 年的空间格局演化特征。通过探索海港城市空间形态演变的过程、格局、机理，以期丰富滨海港口城市空间形态基础理论，为城市规划建设的合理布局、城市防灾空间的提前管控预留提供科学依据。

5.4.1 研究区概况与基础数据

(1) 研究区概况

研究对象为天津滨海新区，其范围包括塘沽、汉沽、大港和东丽、津南区的部分地区。总用地面积约 2 270 km^2，海岸线达 153 km，2013 年常住人口达到 263 万，2013 年 GDP 达 8 020 亿元。2005—2014 年，滨海新区城乡建设用地由 695 km^2 增至 1 140 km^2。滨海新区具有良好的对外发展条件，地处渤海湾前沿，拥有中国北方最大的综合性国际贸易港，是首都北京和中国西北、华北重要的出海门户。滨海新区是京津塘国土规划的重点发展区域，是国家综合配套改革试验区和国家级新区，集中了天津保税区、经济技术开发区、天津港和滨海国际机场等重要开发区和交通设施，已具有强大的经济基础和较完善的基础设施(图 5-8)。

1994 年国务院将港口管理经营权下放地方，1996 年天津市总体规划强调滨海地区独立发展。2000 年天津港取代大连成为北方最大港口。2005 年天津总体规划，确定城市空间结构“一条扁担挑两头”的双城结构。京津冀区域一体化发展，进一步加速了滨海城市空间形态演化进程。因此很有必要研究外生情景下，滨海新区的城市形态演化格局—过程—机理。

(2) 基础数据及其处理

依据研究对象和目的，结合滨海新区城市快速发展的实际，参考中国港口城市

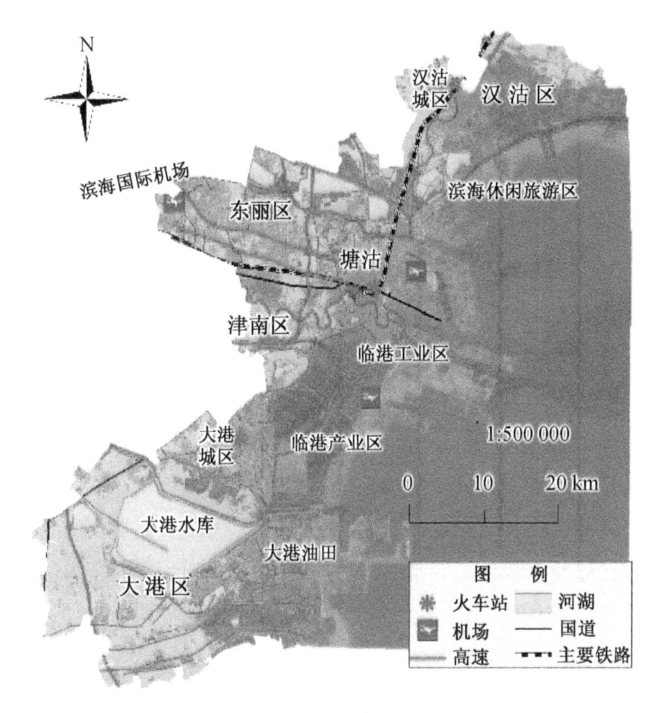

图 5-8　研究区域

发展历史演进过程，选取能够反映城市形态演化的 1996—2014 年作为数据收集范围。本研究原始数据为：Landsat TM5 和 TM8 卫星遥感影像 1998 年 9 月、2001 年 7 月、2005 年 9 月、2009 年 8 月、2014 年 8 月，空间分辨率为 30 m，全色波段为 15 m；2012 年 1∶2 000 天津市地形图、2005 年 1∶100 000 天津市地图；1996 年天津市总体规划图、2005—2020 年和 2013—2030 年滨海新区总体规划图。

原始数据预处理过程如下：首先，将城市规划图、现状图等扫描、配准、几何精校正，误差控制在小于一个像元。然后，将空间数据统一校正到 1∶2000 天津市地形图，统一投影为 WGS_1984_UTM_50N，误差控制在 15 m 以内。第三步，依据中国城乡规划市域分析，将用地分为建设空间、农业开敞空间、生态敏感空间三类，结合研究区实际，将土地利用类型分为海洋、建设用地、绿色空间（农田绿地）、陆地水体四类。第四步，将计算 TM 影像的 NDVI 指数和建筑指数与其他波段复合叠加，用监督和非监督分类、实地踏勘、人工目视相结合的方法，解译提取土地类型，最终分类精度控制在 90%以上。最后，利用 ArcGIS 10.2 软件建立数据库，对不同时期的相关数据进行提取和统计分析。

5.4.2　logistic-CA 与灰色预测的运用

本研究采用改进 logistic-CA 模型，对外生情景下城市空间形态扩展的过程进行模拟预测。

(1) CA 的参数设置

典型的 CA 模型由元胞、状态、邻域、规则四部分组成，CA 的元胞空间分辨率大小对模拟精度存在影响。本研究采用被实践证明精度较好的 30 m×30 m 空间分辨率。一般而言，城市元胞状态只分为城市用地和非城市用地，根据城市用地地块的通常规划设计尺度(100～200 m)与本文的元胞空间分辨率比值，确定元胞领域个数。

CA 的转换规则采用逻辑二元回归法，具有较好的模拟精度，适合城市扩展的非线性问题，能够显示各驱动力在模拟转换中的影响力大小，为情景模拟预测提供便利。根据研究区城市规划执行情况，经专家咨询，研究中转换规则的 α 取值为 8。

(2) 外生情景逻辑回归系数计算

根据外生情景逻辑回归系数计算方法，并对滨海新区城市扩展驱动力的特点进行分析后，确定重要影响因子确定为机场、航道、省道、高速出入口。

设反映外生情景的所有因子为 X，重要影响因子集合为 I，每个元素记为 x'_i，b'_i是该影响因子逻辑回归系数，每个元素 x'_i都在 x_k 的集合 X 中，即 $I \subseteq X$。对应情景的影响因子回归系数计算步骤如下。

第一步，获取重要影响因子 x'_i的回归系数，即相对于历史演化趋势，逻辑回归系数是原来的 2 倍(根据京津冀一体化和滨海新区区位确定)；则重要影响因子的回归系数计算公式为：

$$b'_i = nb_k \quad (i \leqslant k)$$

第二步，计算剩余影响因子的回归系数，系数正负号不变，计算公式为：

$$\begin{cases} \text{原系数为正：} b'_j = \left| \dfrac{b_j}{\sum |b_k|} \times \left(\sum |b_k| - \sum b'_i \right) \right| \\ \text{原系数为负：} b'_j = - \left| \dfrac{b_j}{\sum |b_k|} \times \left(\sum |b_k| - \sum b'_i \right) \right| \end{cases} \quad j \in (K - I)$$

其中，b'_j为剩余各影响因子的回归系数。

(3) 复合灰色预测校准

由于 CA 自身的设计缺陷，难以实现准确的数量预测，以往的研究中将灰色预测结果嵌入，虽然模型有所改进，但数量预测精度有限。因此本研究提出复合灰色预测模型，将经过优选的 linear、power 曲线模型，与原灰色不等时距预测模型复合。模型复合后，既可提高预测精度，又可继续发挥灰色系统在城市研究中的独特作用。

本研究将复合不等时距的灰色预测方法嵌入 logistics-CA 模型，把城市形态面积的灰色预测结果带入 CA 作为模拟预测的停止条件，提高 CA 模型模拟预测面积的精确性。

不等时距的灰色预测，假设等时距的原始数据是存在的。数据 $GM(1,1)$ 的曲线离散形式为：

$$\hat{x}^{(1)}(k+1)=\left[x^{(0)}(1)-\frac{u}{a}\right]\mathrm{e}^{-ak}+\frac{u}{a}$$

式中：$x^{(0)}(1)-\dfrac{u}{a}$ 为 c 值。

设初始时间序列为 0，时间序列 $T^{(0)}(i)=\{0,t_2,t_3,\cdots,t_m\}$，$t_i(k)=t_2,t_3,\cdots,t_m$（$m$ 为原始数列的个数）。

c 和 a 值的求解，通常采用胡斌等提出的方程组：

$$\begin{cases}x^{(0)}(t_i)=c(1-\mathrm{e}^{a})\mathrm{e}^{-at_i}\\x^{(0)}(t_j)=c(1-\mathrm{e}^{a})\mathrm{e}^{-at_j}\end{cases}。$$

解得 $\hat{c}$ 和 $\hat{a}$ 值便可得到不等时距灰色预测模型，复合 linear、power 模型后得到以下：

$$\hat{x}^{(0)}(t_i)=\hat{c}(1-\mathrm{e}^{\hat{a}})\mathrm{e}^{-at_i}f+g(pt_i+b)+h(dt_i^j)$$

其中，f、g、h 为精度权重，pt_i+b 和 dt_i^j 分别为 linear、power 曲线。由此求出预测值。

5.4.3 模拟预测结果及其分析

（1）模拟预测结果

影响城市形态演化的因素多种多样，笔者根据相关研究，结合研究区的城市发展实际，选择了空间约束、制度约束、邻域约束 3 大类 15 个影响因子，分别为铁路、火车站、高速公路、高速出入口、国道、省道、县乡道、机场、航道、河流、市中心影响、城市道路、规划道路、规划铁路、规划布局影响。计算过程中，将其标准化为0～1的无量纲数据。

为检验模型的有效性，模拟 2005—2014 年城市形态演化。首先，从总体数据中随机抽样 20%，利用 SPSS 20 软件建立逻辑回归模型；然后，将回归系数代入笔者开发的 logistic-CA 模拟软件中；最后，进行模拟精度评价，实际城市用地模拟面积数量精度为 99%，模拟空间相似性检验的 Lee-Sallle 指数为 0.98。模拟精度评价结果显示极好，表明该模型能够用于模拟预测，同时表明软件开发中的矩阵转化优化算法提高了精度。

利用复合灰色预测校准方法，计算求出复合灰色预测模型为：

$$\hat{x}^{(0)}(t_i) = 17.669t_i + 136.792e^{0.058\,947\,t_i} + 107.285t_i^{0.439\,5} + 105.891$$

模型平均误差为 0.013，相比单纯的灰色预测精度提高了 0.034，模型精度大幅提高。预测 2020、2025、2030 年的城市形态面积，分别为 1 465 km^2、1 771 km^2 和 2 134 km^2。

计算外生情景逻辑回归系数，代入 logistic-CA 模型软件，将复合灰色预测结果作为模型停止校准的条件，模拟 2020、2025、2030 年的城市形态，模拟结果参见图 5-9。

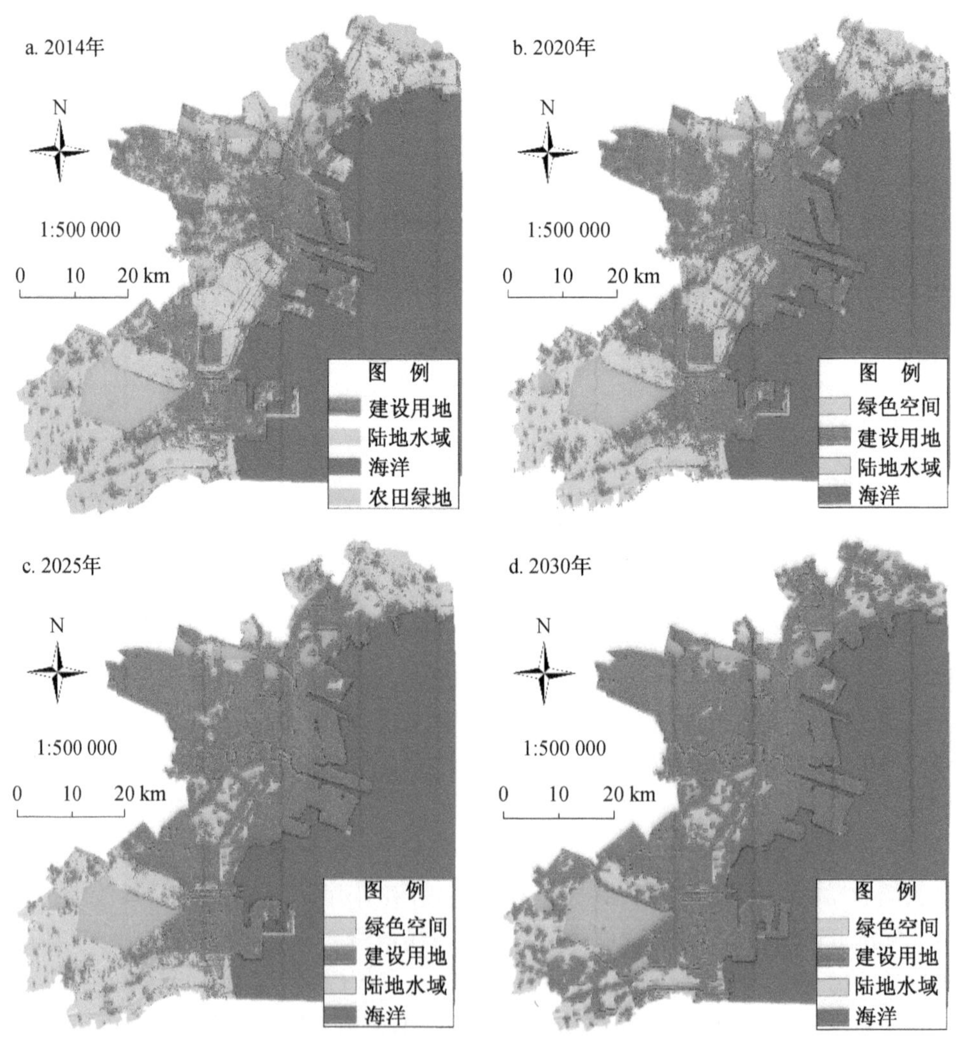

图 5-9 2014—2030 年外生情景下城市形态扩展模拟预测

(2) 城市形态模拟演化特征分析

经过1998—2005年城市形态的实际历史演化分析、2014—2030年空间演化过程的模拟预测,发现滨海新区城市形态演化具有以下阶段特点。

1998—2005年:城市形态紧紧围绕塘沽港扩展,因为这里交通区位最为优越;而在汉沽城区和大港城区城市面积非常小,其城市形态扩展比较缓慢。

2005—2010年:随着城市经济的发展和京津冀大规划的提出,滨海新区区位优势开始受到重视,交通区位优势开始充分发挥,同时滨海国际机场的建设与相关配套设施的增建,使得城市形态开始出现新的增长节点,滨海国际机场是城市扩展的热点地区。

2010—2014年:表现出较大的集中连片扩展特点,扩展态势由塘沽港向内陆递减;城市形态扩展主要集中在对外交通区位优越的地段——塘沽南部、临港产业区、临港工业区及其西部的盐田、东疆港附近、滨海国际机场,还有京津、京津塘高速与G25交汇处东部的塘西居住区。城市形态明显表现出受滨海国际机场、天津港、临港产业区的拉动。

2014—2020年:城市形态在沿海呈带状扩展,沿塘沽向西南方向发展,穿过盐田与大港城区连接,同时围绕滨海旅游度假区向北扩展。城市形态扩展主要在塘沽南部盐田、临港产业区、临港工业区、塘沽北部的东疆港和滨海休闲旅游区集中迅猛发展。

2020—2030年:将以塘沽港为中心,形成大港油田、滨海休闲度假区、汉沽城区的沿海城市快速发展带;城市形态以块状填充的方式扩展,沿海南北城市发展带与海河发展轴连接。海河城市发展轴将全部变为建设用地,塘沽城区南部盐田将全部消失,城市扩展向海延伸扩展约7 km,滨海国际游乐港将成为城市形态演化的热点。

(3) 城市空间形态的演化规律讨论

纵观历史上港口城市的兴衰与成长,发现其中具有普遍规律性。由1998—2030年城市形态的历史演化与模拟预测看,天津滨海新区这一典型的港口城市,城市空间形态演化具有典型的过程—格局—机理的规律特征(图5-10),主要经历四个时期发展。

第一,单核生长阶段。城市形态首先在交通区位优越的港口集中扩展,形成聚合的单核生长模式。自明清与近代开埠以来,天津港的漕运、港口功能一直由主城区承担大部分。滨海新区距离主城区60 km,发展较慢,仅以港口为中心自然生长。随着经济发展和货运量的增加,原有主城区满足不了货运需求,发展逐渐转移到滨海新区。1996版天津市总体规划,将港口还城,城市空间开始加速扩张,城市形态面积不断增大。

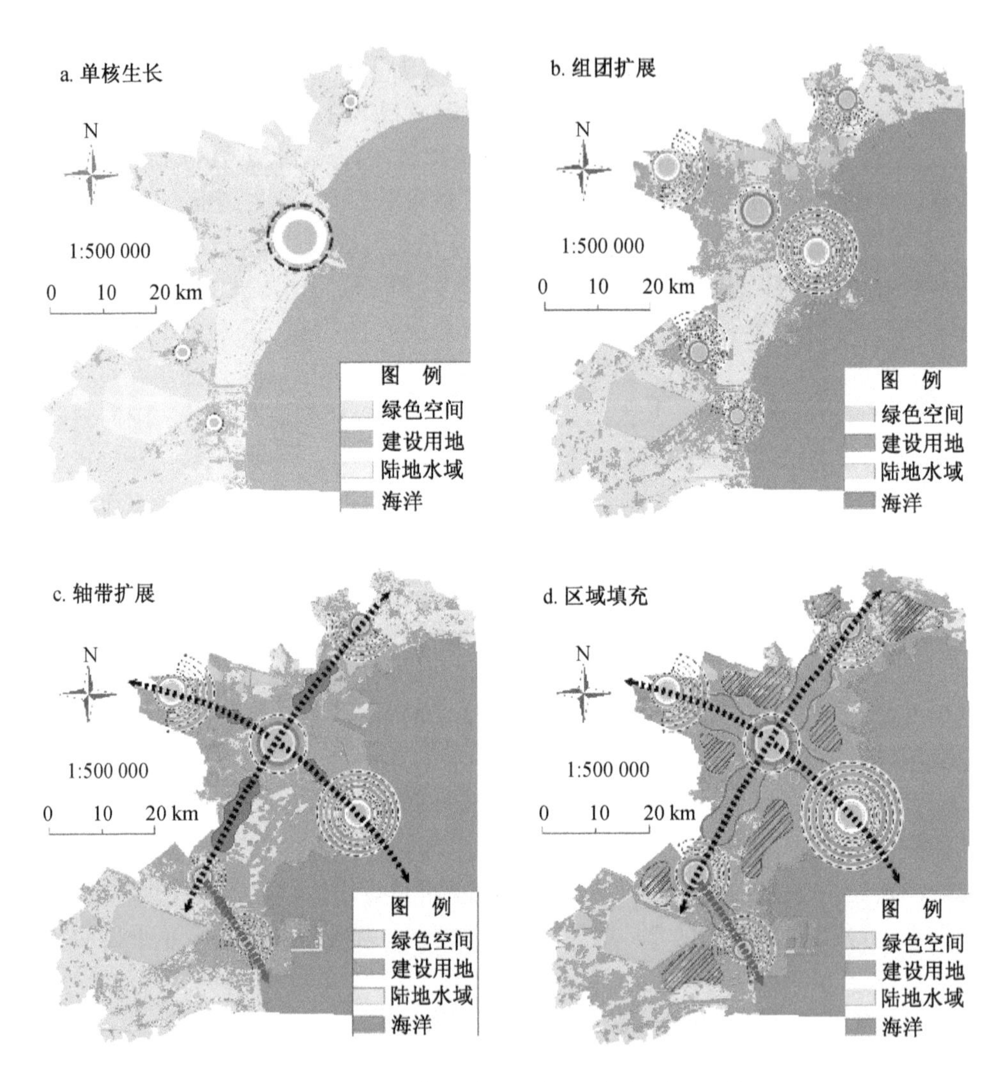

图 5-10 滨海新区城市形态空间格局过程分析

第二，组团扩展阶段。由于国家、区域、天津市空间战略调整，滨海新区机构、空港物流、高新技术、现代冶金等园区成立，港口工业体系逐步形成。城市形态在次优区位生长成五个组团——塘沽、汉沽城区、滨海国际机场、大港城区、大港油田，五个组团相向扩张趋势，其中塘沽区、滨海国际机场是扩展最快的区域。

第三，轴带扩张阶段。由于集聚力、协作力、良好的投资环境形成，此时海港城市成为新型工业的理想区位，城市工业体系也日趋完善，城市空间出现大量居住、生活服务等基础设施。城市发展进入相对成熟期，尽管对外部有依赖性，但已实现自身独立发展，城市形态已表现出很强的独立性。此时，滨海城市形态呈“十字形”

轴带扩张，分别是沿海发展带和海河发展轴，轴带交点位于塘沽区旧城区，并呈圈层扩展；十字轴带的四个顶点，是滨海国际机场、汉沽城区、塘沽区东部海港、大港城区与大港油田，四个点则呈扇形圈层扩展，扇形弧线均以塘沽旧城区为中心。

第四，区域填充阶段。城市开始独立运营和自我发展，表现出"港兴城兴，港衰城不一定衰"的格局。城市依托港口或直接相关的基础经济部门，前期已得到较为充分的发展，大量的非经济基础部门则出现得晚些。因此这一时期的城市形态，以区域填充的方式扩展演化，将各组团与轴带相连接，进行空间形态的平衡发展。

5.4.4 滨海新区城市形态演化特征与规划建议

通过以上研究，对于天津滨海新区的城市形态演化得出以下结论。

第一，滨海新区城市空间形态演化可大致分为四个时期：1998—2005 年围绕塘沽单核扩展，并辅以新节点生长；2005—2014 年以五个组团扩张为主；2014—2020 年，"十字形"轴带扩展，由塘沽向内陆梯度递减，双港带动海河发展轴；2020—2030 年区域填充，实现空间一体化。

第二，外生情景下，海港城市形态依然，逐渐摆脱外部限制，实现自身独立发展。外生情景驱动力结构营造了良好的区位，并转化为城市发展的集聚效应，为城市空间形态的扩张提供动力，使港口与城市空间形态同步发展、互为消长(图 5-11)。

第三，海港城市形态演化经历四个时期：①单核生长，在港口交通优越的区位首先集中扩展；②组团扩展，港区工业集聚带动城市次优区位组团扩展；③轴带扩张，源于交通的带动、工业体系与配套设施完善；④区域填充，城市功能与城市形态自我发展(图 5-11)。

第四，城市形态扩展过程中，受经济、交通、政策等影响，会出现跳跃式扩展与填充式扩展的交替。在外生发展模式下，更多依赖城市外部交通体系，城市形态易走向分散化。

根据研究结果，对于天津滨海新区城市发展，我们提出以下建议。

第一，把握滨海新区城市空间形态演化的过程—格局—机理，结合城市形态演化逐渐脱离外部依赖性的规律，合理布局城镇体系，合理进行空间管控。

第二，顺应城市空间的轴带扩展和区域填充需求，加强滨海新区城市中心功能，有序设立多个次级 CBD，带动城市空间形态的合理化，改善滨海机场与各组团间的交通联系，形成良性的双港互动。

第三，拓展港口发展空间，合理安排海岸线布局。目前，滨海新区岸线开发已利用 2/3，2020 年岸线将被全部利用。由于滨海坡度小，填海速度快，应合理安排填海，积极寻求新的发展空间。

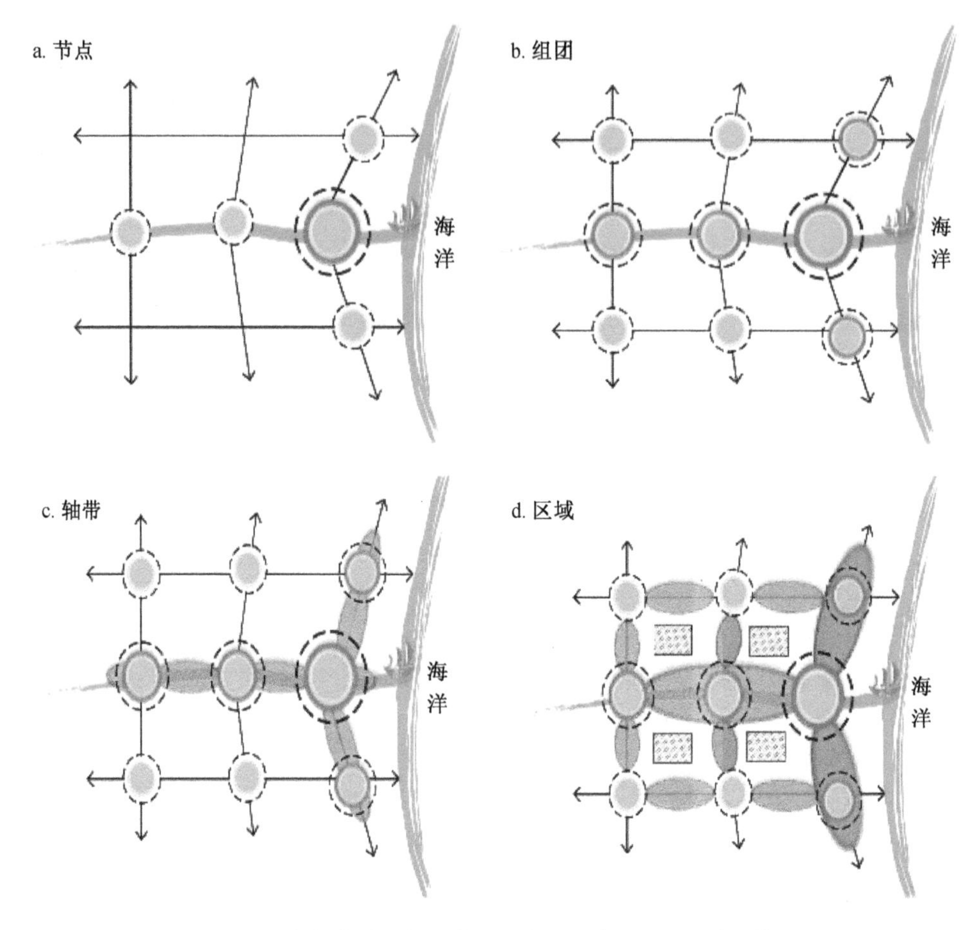

图 5-11　外生情景下港口城市形态扩展的空间格局过程模式

第四，根据城市空间形态模拟预测结果，科学地分析城市空间发展阶段特征，在有效时空范围内适当运用规划调控政策，从整体上控制具有全局意义的关键区域和节点，并进行相应的防灾空间预留和调整。

5.5　历史惯性下海港城市空间形态演化模式

5.5.1　logistic-CA 的应用

随着世界城市化的加速，城市健康合理的发展成为关注焦点，而城市形态扩张的模拟是诊断城市合理发展的重要手段。城市形态演化具有复杂的多样性，其成因与模拟预测一直是研究的热点。探讨在各种内外影响因素下，城市形态随着时间的发展在空间的演化规律，成为研究中的关键问题。其中，实现在空间和数量上准确模拟城市的扩张显得非常重要。城市形态的模拟预测研究，直接影响到采取的城市发展战略与举措，具有极为重要的理论和实践意义。城市形态模拟预测分析目标，是城市形态空间格局的可能演化过程，其结果包括对各发展态势的确认和特性分析。城市形态模拟预测研究，有利于把握城市形态发展的规律，为供城市规划决策参考，从而积极有效地引导城市形态健康发展。因此对于城市研究与规划来说，合适的高精度城市模拟预测模型显得非常重要。

Logistic-CA 目前已被成功应用于城市土地利用变化、边界扩展模式、农业土地利用影响、森林采伐分析等研究中。1997 年由 Wu 提出 logistic-CA 模型，实现了对土地利用动态变化的成功模拟，研究显示，基于土地转换概率的逻辑回归能更好地解释城市增长。随后出现了大量的关于利用 logistic-CA 研究文献，具有代表性的有：荷兰的 Verburg 等人集成开发了 CLUE-S 模型；罗平将 logistic 和 Markov 模型集成，提升了模拟预测精度；Jafari 也采用同样的模型模拟了 Hyrcanian 城市的动态扩张。杨云龙、黄志勤利用时空逻辑回归模型，模拟分析了北京、珠海城市扩展，但并未对未来发展进行充分模拟。与线性回归、对数线性回归相比，逻辑回归在因变量、自变量、正态假设等方面具有优势。虽然通过传统 logistic-CA 模型可模拟未来城镇扩展的情况，以及不同影响因素情况下的城市空间扩展，但无法准确模拟既定年份的城市面积数量。本研究对 logistic-CA 模型进行改进，构建了复合灰色 logistic-CA 模型，以严格的实证检验为标准，实现利用不规律的少量样本数据预测城市形态演变的目标，突破 logistic-CA 模型无法准确模拟城市扩张面积的不足。本研究首先对 logistic-CA 模型进行改进，构建了灰色 logistic-CA 模型，使模型嵌入不等时距灰色预测模型，模拟预测 2011—2020 年天津市滨海新区城市形态，探讨城市形态演化的灰色规律特征。

5.5.2 城市空间形态演化模式分析

（1）2005—2011 年历史演化回归分析

① 驱动力选取与量化处理。影响城市形态演化的因素多种多样，笔者根据城市发展的普遍性、建设用地增长驱动力相关研究，结合研究区实际，选择了具有代表性的 15 个，分别是高速公路、高速出入口、铁路、火车站、航道、河流、国道、省道、县乡道、城市道路、市中心、规划布局、机场、规划铁路、规划道路。

首先，利用 ArcGIS 10.1 提取每个点的距离参数，并进行最大值标准化处理。标准化后是 0～1 的无量纲数据，这就确保了计算具有可比性。然后，按总体规划划定的建设用地、发展备用地、其他用地，分别将研究区对应空间赋值为 1、0.6 和 0，以反映规划对城市形态的引导控制，使规划布局影响变量，与其他变量具有可比性和一致性。最后，将数据统一投影为 WGS_1984_UTM_50N，将其按照 30 m 的分辨率进行重采样。

② 模拟过程及结果评价。首先建立逻辑回归模型。本节采用随机抽样方法，从目标变量（2011 年分类图）和城市形态演变影响因素变量中获取样本。通过 Matlab 2012b 软件提供的 randperm(n) 函数，编程实现 20% 的随机抽样。利用 SPSS 20 软件对抽样数据进行逻辑回归系数计算，影响因素除河流外其余均通过 0.05 的显著性水平检验，模型总体分类精度达到 85%。

然后，将逻辑回归系数导入灰色 logistic-CA 模型中，在 Matlab 2012b 软件中进行 200 次模拟迭代运算（因像元转换概率存在相等的情况，故运算中允许存在 2% 的误差），当模拟面积达到 1 125 km^2 时停止；最终城市形态模拟结果如图 5-12。

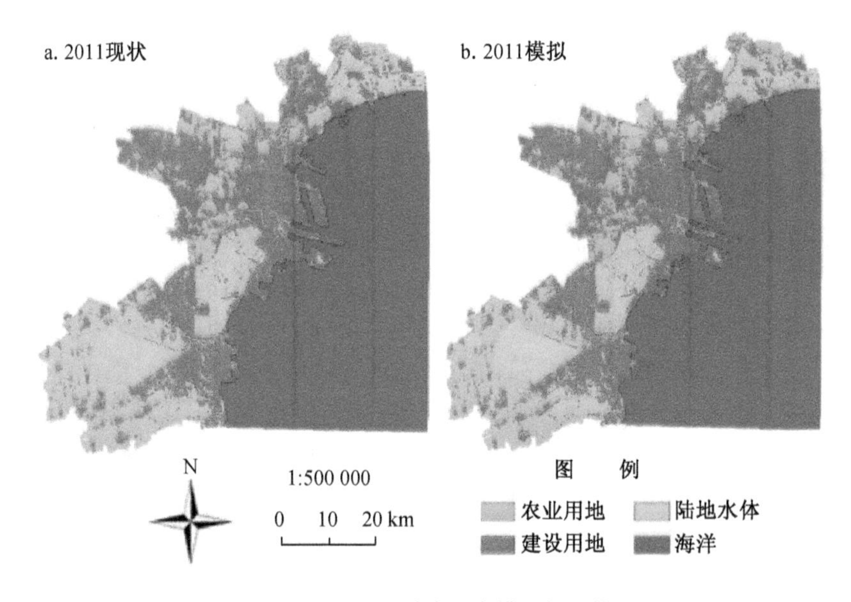

图 5-12 2011 城市形态模拟与现状

最后，采用模拟面积和 Lee-Sallle 指数两个指标综合评价，将模拟结果进行模拟精度评价，既可照顾到模拟的空间精度，又可考虑到模拟的面积大小。本研究模拟转换为城市用地类型 1 114 km^2，实际城市用地模拟正确量为 1 125 km^2，实际城市用地模拟精度为 99%。模拟面积的精度评价，表明模型模拟精度极高。在 ArcGIS 10.1 中，分析求取 Lee-Sallle 指数，计算结果为 0.98，模拟精度极好。总体看来，模拟面积和 Lee-Sallle 指数检验，均表明灰色 logistic-CA 模型模拟精度极好，说明该模型能较好地反映 2005—2011 年城市形态的演变，可以用于模拟预测。

(2) 灰色预测校准

为便于计算，设 1998 年城市形态数据为第一年的城市形态面积，则 1998、

2001、2005、2009、2011 年五个时期城市形态面积可表示为 $x^{(0)}(1)$，$x^{(0)}(4)$，$x^{(0)}(8)$，$x^{(0)}(12)$，$x^{(0)}(14)$。进一步构建模型方程组，利用公式求出 $\hat{a}=-0.0749$。然后利用已求出的 $\hat{a}$ 值，求出 $\hat{c}=5\,403.205$。最终可求得不等时距灰色预测模型：

$$\hat{x}^{(0)}(t_i)=5\,403.205(1-e^{0.074\,9})e^{-0.074\,9t_i}$$

由于第一个信息为灰色系统基础信息，不参与预测，利用预测模型预测 2001 年、2005 年、2009 年、2011 年城市形态面积，均误差达 -0.077%，因此该模型精度较高(表 5-3)，可以用于预测。利用该预测模型分别计算出 2014 年、2017 年、2020 年城市形态的面积分别为 1 395 km^2、1 747 km^2、2 187 km^2。

表 5-3 模型预测精度表

年份	1998	2001	2005	2009	2011	2014	2017	2020
实际值(km^2)	319	547	689	938	1 129			
预测值(km^2)		527	711	959	1 114	1 395	1 747	2 187
误差		−0.037 42	0.031 34	0.022 38	−0.013 22			

(3) 城市形态模拟预测

本节的城市形态模拟，采用 Matlab 2012b 与 ArcGIS 10.1 松散耦合模式，其具有开发灵活、自由度高、计算过程便于校核等优点。模型计算主要在 Matlab 2012b 平台，开发 logistic-CA 计算模拟软件，借助 ArcGIS 10.1 进行可视化处理分析。

将逻辑回归系数代入开发的灰色 logistic-CA 模型软件，迭代次数设置为 200 次，自变量选择 2011 年城市扩展的 15 个驱动力变量，以 2011 年城市形态为预测基期，模拟 2014 年、2017 年、2020 年的城市形态，模拟面积分别为 1 395 km^2、1 747 km^2、2 187 km^2，模拟新增城市建设用地像元数分别为 295 600、686 600、1 175 600 个，每次迭代新增城市像元数分别为 1 478、3 433、5 878 个。最后，将城市形态扩展模拟结果调入 ArcGIS 10.1 进行制图分析(图 5-13)。

5.5.3 模拟结果中的城市形态扩张特点

由滨海地区的城市形态扩展模拟结果，我们不妨做以下前期(2011—2014 年)、中期(2014—2017 年)、后期(2017—2020 年)的讨论，以便于理清城市形态的扩张特点。

前期，城市形态扩展表现出更多的分散特点，大多依托原有的建设用地和基础设施，相对而言，沿塘沽区周围扩展最为集中，其余扩展点主要位于汉沽城区、滨海国际机场、滨海休闲游乐区、塘沽区、大港油田。

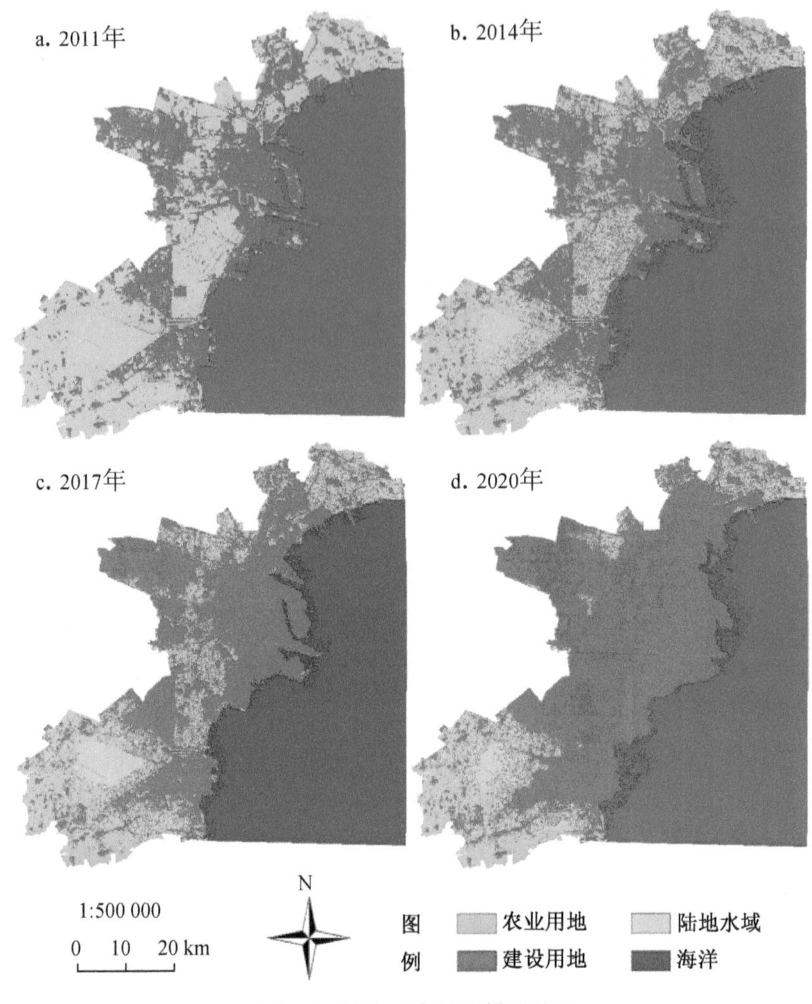

图 5-13　城市形态扩展模拟结果

中期，以塘沽城区、汉沽城区、滨海国际机场、大港城区、大港油田呈组团式扩展；同时也表现出沿港口向海扩展的特点，城市形态扩展主要集中在塘沽港、大港油田、中心渔港、国际游乐港、滨海休闲旅游区。

后期，城市形态将实现塘沽城区、汉沽城区、滨海国际机场、大港城区、大港油田五个组团的连接，最终实现滨海城市发展带与海河城市发展轴连成一片。此时期南部扩展快于北部，大港水库东南将会有较为突出的建设用地增长。

总体看来，城市形态以塘沽区为主要扩展地，沿海河发展带并向渤海延伸，城市扩展主要是填海实现，城市扩展中水体大量减少，北部盐田消失的速度快于南部。城市形态演化逐步形成"十字形"格局，分别由海河城市发展主轴和沿海城市发展带构成，"十字形"五个节点分别为：中心节点的塘沽区旧城区，"十字形"外围的四个点是滨海国际机场、汉沽城区、塘沽区东部海港、大港城区和大港油田。至2020年，海河发展带将留有少量用地，主要集中在黄港水库附近、现代冶金工业区东北部，大港水库南部和西部生态用地保留较好。

5.5.4 研究结论

本节采用不等时距的复合灰色预测模型，改进 logistic-CA 模型进行数量校准，经过两次严格的实证检验，模型能够实现利用不规律的少量样本数据预测城市形态演变。研究旨在为城市形态的准确模拟提供一个新的方法，探索城市形态演化格局—机理等规律，以利于积极有效的引导城市形态合理健康地发展。经2011—2020年天津市滨海地区的城市形态模拟，在遵循城市形态演化的灰色规律下，分析城市空间形态演变的过程—格局—机理，最终本文得出以下结论：

第一，灰色 logistic-CA 模型，将不等时距复合灰色模型引入，使模拟预测城市形态扩展不再受严格规律性样本数据约束，实现了模型较为准确地预测既定年份的城市形态面积，使 CA 更进一步地发挥了自下而上模拟城市形态演化过程的优势。

第二，天津滨海地区城市形态将逐步以塘沽城区、滨海国际机场、汉沽城区、塘沽区东部海港、大港城区和大港油田 6 个组团扩展，形成以海河城市发展主轴和沿海城市发展带组成的“十字形”连片的城市形态空间格局。城市形态扩展过程中北部盐田比南部盐田消失得更快，大港水库南部和西部生态用地将会得到较好的保留。

第三，城市规划分析研究时，可采用 logistic-CA 模拟进行模拟预测，分析研究城市形态在历史趋势下的空间演化特点，制定不同时期的政策与空间战略，引导城市形态向着更为科学合理的方向发展。

本节利用灰色系统理论，利用 logistic-CA 进行城市形态模拟，随着灰色系统的进步，校准精度将会更平稳准确。在模拟城市空间方面，需要考虑更多的经济、社会、政策、行政区划的变更等因素，充分考虑各种影响因素对城市系统演化的作用。在数据数量、精度可靠的情况下，在大数据和超高分辨率下可继续开展城市空间形态的精确模拟。

5.6 城市实际扩张状况与理论研究结果对比

城市扩张的实际是多种因素作用的结果，理论研究仅以有限的主要因素进行分析。在城市研究中难以真实全面地反映城市发展的实际，城市实际扩张是对理论研究的检验和反馈。本研究以2005年、2010年、2017年城市的实际扩张情况为例,研究城市在实际发展中的扩张及其特点,并带入预测模拟的对应阶段进行比较。

5.6.1 滨海新区城市扩张的实际状况

图 5-14 至图 5-17 反映了滨海新区城市从 1996 年至 2017 年期间土地利用与城市形态,从中可以看出滨海新区的城市扩张轨迹。

1996 年,滨海新区城市规模小,主要集中分布于港口,沿港口向内陆延伸。水系完整,但是盐碱化比较严重。

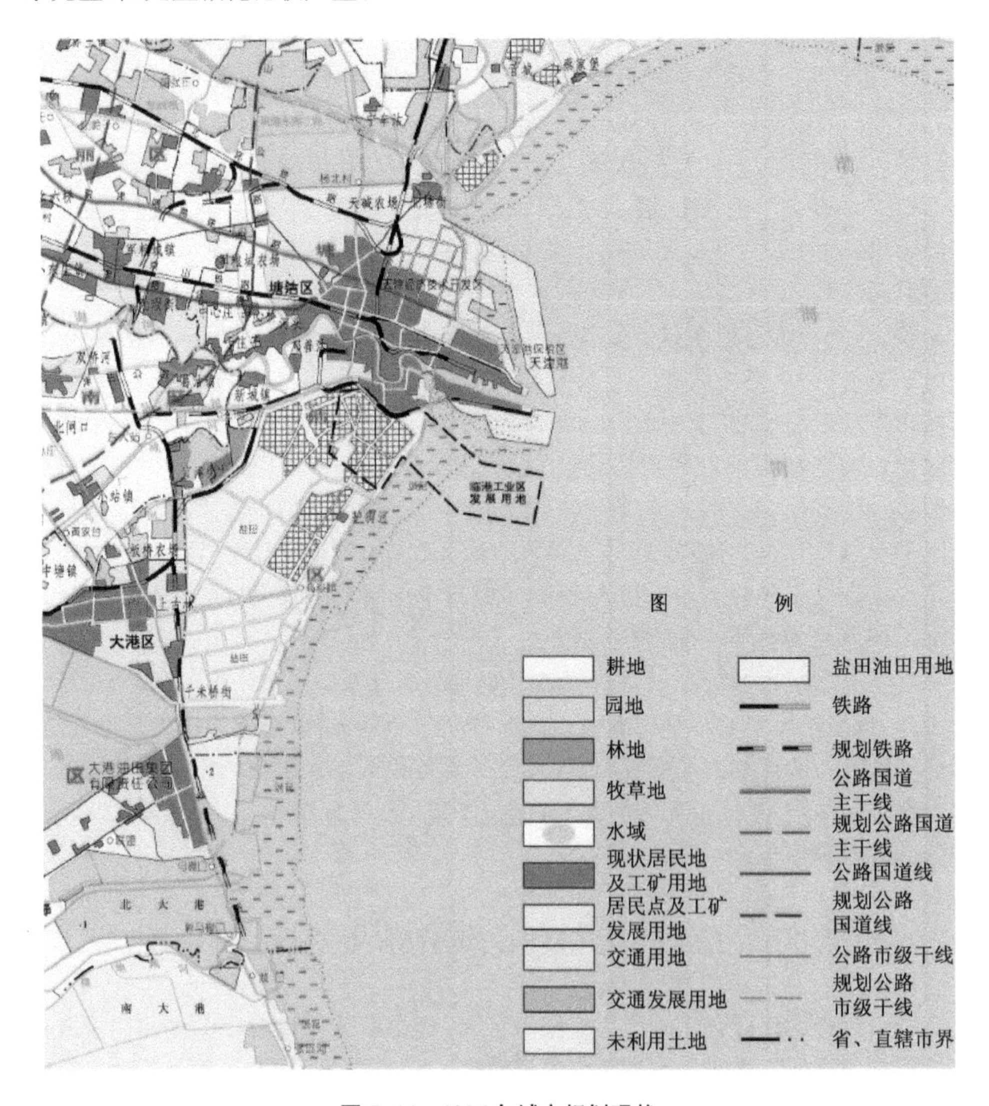

图 5-14　1996 年城市规划现状

2005 年滨海新区城市形态如图 5-15，城市建设用地均匀地分布在城市的北部、南部以及中部地区，城市向海洋扩展不明显，绿地以及城市水体保留完整，没有遭到过多开发，城市建设主要围绕这三个中心进行。

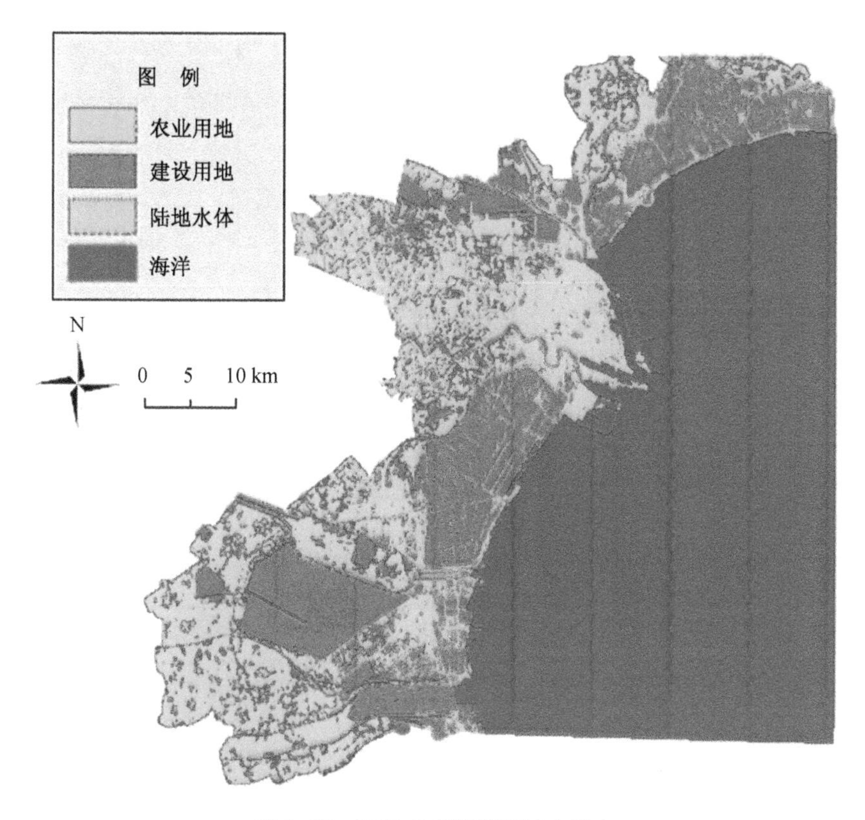

图 5-15 2005 年滨海新区城市形态

2010 年滨海新区城市形态如图 5-16，南北部城区向中部城区靠拢扩张，形成一整片城区并接着向城市边缘发展。城市边缘地区的绿地以及水体保存较为完善，也有少量碎片状的建设用地，而城区中的绿地以及水体分散在城区之中。城市的扩张不仅指向内陆方向，而且具有明显的指向海洋方向扩张的趋势。整个城区的陆地总面积增加较多，但占用海洋面积还不算太大。

2017 年滨海新区城市形态如图 5-17，城市扩张幅度较之 2010 年更大，可以明显看出城市向海洋扩张的趋势，城市建设用地几乎覆盖了整个区域。可以看出城市水体明显减少，主要集中在城市的中部及北部地区，而绿地碎片化更为严重，几乎只分布在城市的南部地区。

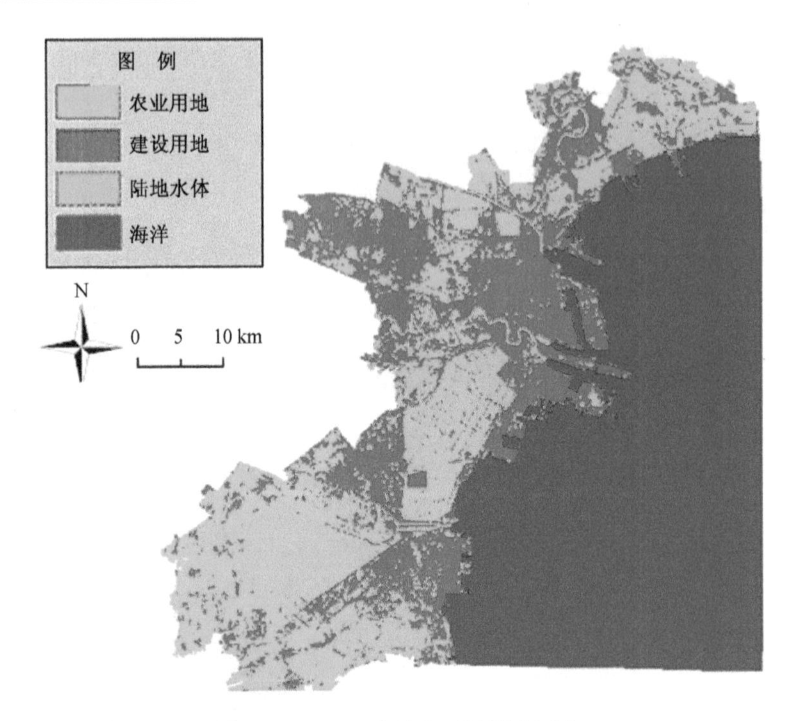

图 5-16 2010 年滨海新区城市形态

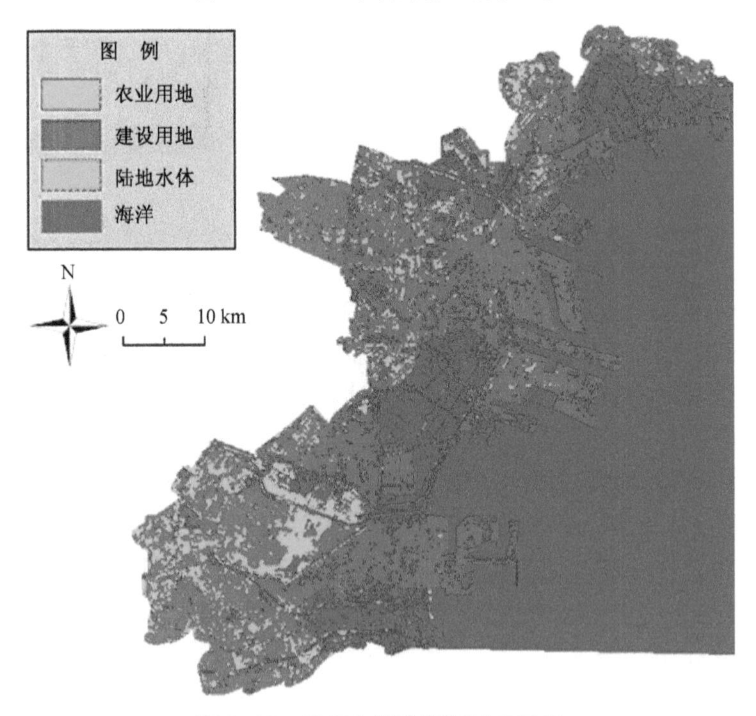

图 5-17 2017 年滨海新区城市形态

5.6.2 滨海新区城市扩张特点

通过以上对城市实际扩张情况的分析，不难得出滨海新区城市扩张的特点。

1996—2010 年，滨海新区城市中的建设用地由城市边缘向中部靠拢，并逐渐向城市边缘地区进行扩张，扩展方向主要沿着河流方向，城市向海洋方向扩展面积也不是很大。此阶段城市扩张主要以占用绿色空间为主，城市扩张的幅度尚不是很大。

2010—2017 年，城市迅速扩张，增速较 2005—2010 年阶段明显加快；此阶段的城市可以看出主要沿海河—津滨轴带方向扩展，并且这一阶段城市建设用地占用的主要还是绿色空间，除此之外也占用大量的城市水体面积，保留中部的整片水域，并向海洋方向进行大幅扩展。

总的来说，1996—2017 年滨海新区的城市扩张主要以占用城市绿地为主，前期围绕南部、中部、北部三个城市核心并向中部靠拢的趋势扩展；当形成一定规模后，继续沿着河流方向向城市边缘地区扩张，同时也向着外部海洋地区扩张。

5.6.3 参照城市实际扩张状况分析预测结果

通过实际情况与模拟结果的对比可以发现，logistic-CA 模型在模拟城市扩张方面的精确度较高，对城市空间扩张过程进行了较好的呈现，客观反映了城市发展的过程。

内生情景下模拟结果显示，滨海新区在城市扩张过程中绿地和水体面积将难以保证，这通过 2005—2017 年的发展情况做比较可以发现。实际情况中，城市确实占用了大量的绿地及水体，城市水生态环境受到了较大的影响。

外生情景下，模拟结果显示城市先是以五个组团扩张为主，然后通过“十字形”轴带扩展，港口与城市空间形态同步发展、互为消长。实际情况下，城市以三个组团扩张为主，同时也确实实现了港口与城市形态的同步发展。

历史情景下，城市扩张主要是填海实现，城市扩张中水体大量减少，形态演化逐步形成“十字形”格局，海河发展带将留有少量用地，大港水库南部和西部生态用地保留较好。与实际情况比较可以发现，模拟结果与实际扩张情况吻合度较高。

2017 年城市形态面积为 1 576 km^2。根据笔者 2011 年左右的研究结果，如果滨海新区继续沿当时政策持续进行城市扩张，2017 年城市面积预计为1 747 km^2；如果采用外生情境的发展模式预计城市扩张，2020 年预计城市面积为 1 465 km^2。从实际情况来看，城市扩张改变了过去高土地消耗的模式，2010—2017 年节省土地面积 171 km^2，未来城市扩张仍有土地节约的空间。

5.6.4 相关结论分析

本研究通过滨海新区城市扩张的预测结果与实际扩张情况之间的对比，考量城市扩张预测模型的准确性，同时对城市扩张得出以下结论。

第一，logistic-CA 模型的城市扩张模拟结果与实际情况吻合度较高，未来城市形态模拟结果可以为城市发展提供一定参考。

第二，三种情景下的模拟都只能在某一方面提供较为准确的结果，因此在实际应用中，可结合三种情景模拟的空间过程，进行综合权衡。

第三，城市在实际发展过程中，不仅会有经济、交通等方面的影响，还会有规划政策、建设计划等方面的作用，准确模拟的科研成果能够为规划编制机构提供参考，并结合城市发展实践做出相关决策。

第四，2010—2017 年城市扩张改变了过去高土地消耗的模式，8 年间共节省土地面积 171 km^2，未来城市扩张仍有土地节约的空间。

* 小结

为了进行城市形态扩张的模拟预测，了解今后城市扩张的可能方向和数量，本研究首先进行 logistic-CA 模型软件的改进，并通过软件的计算模拟以及相关数据分析，通过内生、外生以及历史惯性三个发展模式，模拟城市形态的扩张；结合历史演化探求城市发展的规律，为城市规划提供科学的参考依据，为政府相关政策的制定与出台提供决策依据。根据本研究结合实践检验，可以得出以下结论。

第一，改进后的 logistic-CA 模型，充分发挥了 CA 自下而上模拟多情景城市空间过程的优势，灰色系统方法的引入，实现了模型在数量上较为准确地预测既定年份的城市形态和面积。通过检验，改进后的模型模拟预测精度极高，实现了定量模拟预测城市形态多情景演化的目标。

第二，通过对三种情景的模拟，我们发现城市形态必然以“十字形”生长，十字形的中心片区位于塘沽城区，扩展主要集中在海河城市发展主轴和沿海城市发展带，并最终形成连片城市建成区。但是总的来看，发展的前期，海河城市发展主轴扩展较为稳定，发展的后期，沿海城市发展带则变得迅猛，后期塘沽城区南部盐田将全部消失，2020 年后滨海新区可供建设用地基本消失。

第三，依托原有的建设用地和基础设施向四周扩展的历史发展趋势，前期城市形态将会围绕城市旧城区和港口扩展，中期将以塘沽城区、汉沽城区、滨海国际机场、大港城区、大港油田呈组团式扩展，后期将主要由五个片区带动，使整个城市形态连成一体，最终实现沿海城市发展带与海河城市发展轴的连接。

第四，若以内生发展模式，则城市形态将会紧紧依托城市旧区，逐渐向外围“摊大饼式”扩展，城市形态出现汉沽城区、塘沽城区、大港城区、滨海国际机场的优先发展。后期，城市形态主要由上述四个片区的圈层扩展，最终实现沿海城市发展带与海河城市发展轴的连接。

第五，若以过程—格局—机理的规律特征采用外生发展模式，城市形态将在交通区位优越的滨海新区集中成片发展，并以塘沽城区为中心，形成连接汉沽城区、塘沽城区、大港城区、大港油田的沿海城市优先发展带。中后期，城市形态以块状填充的方式，实现南北城市发展带与海河发展轴的对接。

第六，海港城市形态演化经历四个时期：①单核生长，在港口交通优越的区位首先集中扩展；②组团扩展，港区工业集聚带动城市次优区位组团扩展；③轴带扩张，源于交通的带动、工业体系与配套设施完善；④区域填充，城市功能与城市形态自我发展。

第七，城市扩展情景模拟是对未来某些特定条件城市空间演变过程的呈现，在实际发展过程中，城市空间扩展受多种影响因素的制约，改变扩张的方式，将带来不同的空间扩展响应。2010—2017 年，滨海新区城市扩展改变了过去高土地消耗的模式，8 年间共节省土地面积 171 km^2。

6 延吉市城市形态扩张模拟

延吉市位于吉林省东部，地理单元相对封闭，是进行城市自组织研究较好的案例。笔者在 2008—2011 年对其进行了 4 年的研究，其中主要是空间形态和用地选择研究，而对城市扩展的模拟也侧重于扩展的过程。如今，经过将近 8 年的城市发展，将理论研究与实际对比，总结出理论的适用性及其中存在的问题，以指导今后的研究方向，这对学科建设具有重要意义；同时也可以研究成果对城市建设和发展中的重要政策实施评估。

6.1 改革开放后延吉市城市扩张测度

6.1.1 研究基础

本研究中的城市空间扩展内容，是指城市系统中各组成部分或各要素之间的关联方式，以及空间上的要素投影变化，包含由此而带来的城市形态的变化。目前关于城市形态的定义有两种。广义的城市形态是指城市各组成部分的有形表现，是城市用地在空间上呈现的几何形状，是一种复杂的经济、文化现象和社会过程表现。它是人们通过各种方式认识、感知并反映城市整体的意向总体，由物质形态和非物质形态两部分组成；狭义的城市形态是指城市实体表现出来的具体空间物质形态。本研究所论述的城市形态是指狭义的城市形态。不同的城市空间结构产生于不同的社会、经济、资源环境条件，同时合理的城市空间结构也会对城市的经济、社会发展、资源环境的合理利用产生积极影响。城市形态的变化随着城市空间结构的变化而变化，可以说城市空间结构决定城市形态。“城市的发展是一个连续的过程，过去、现在和未来在同一时间链上”。因此研究城市空间扩展变化，能够揭示城市的生长过程、演化规律，有利于对城市未来发展趋势与状态进行预测和调控。

改革开放后，延吉市各方面的发展都领先于延边州其他各县市，尤其是城市建设方面，城市空间进入了前所未有的快速扩张期，城市空间结构发生了显著变化。2006 年，吉林省政府批复了延吉、龙井、图们城市空间发展规划纲要（2006—2020），确立了“延龙图一体化”的发展战略目标，着力打造以延吉市为核心的城市群和“1 小时经济圈”，统筹区域协调发展。因此，延吉市的城镇化率将大大提高，城市规模将逐步扩大。鉴于此，本研究基于 GIS 平台，结合延吉市 TM、ALOS 遥感影像和延吉市 1∶10 000 地形图，采用"等扇分析法"和不等时距灰色预测方法，对延吉市 1976—2017 年的城市空间扩展整体特征与各向特征进行了分析，并预测了今后城市空间的扩展数量。分析方法将 GIS 与遥感技术及数学方法相融合，分析及预测结果准确可靠，为今后城市空间结构的研究与城市规划提供了参考依据。

6.1.2 分析与预测方法

(1) 城市空间扩展分析方法

利用 GIS 的空间分析技术，首先提取出各个时期城市形态的重心，再利用描述城市外围轮廓形态的紧凑度（BCI），以探求城市空间扩展的整体规律。紧凑度采用 Batty 提出的计算公式：

$$BCI = 2\sqrt{\pi A}/P$$

式中，BCI 为城市用地的紧凑度，A 为城市建设区面积，P 为城市轮廓周长。BCI 的值在 0～1，其值越大，形状就越紧凑、越接近于圆形；反之形状的紧凑性就越差。

利用"等扇分析法"，对延吉市城市空间扩展的各向特点进行分析。在进行等扇分析时，以延吉市"市中心（新兴街）"某一点为中心，选取适当半径，将研究区划分为若干个面积相等的扇形区域，并对各个时期的城市形态进行叠加，计算出不同时期城市形态在各方向上的扩展面积，最后进行统计分析。

在对城市空间的扩展进行定量分析时，采用城市形态的扩展速度指数（M）和扩展强度指数（I）两个指标进行衡量。其计算公式分别为：

$$M = \frac{\Delta U_{ij}}{\Delta t_{ij} \times ULA_i} \times 100\%$$

$$I = \frac{\Delta U_{ij}}{\Delta t_{ij} \times TLA} \times 100\%$$

式中，ΔU_{ij} 为时刻 i 到 j 城市建设区面积的变化数量，Δt_{ij} 为时刻 i 到 j 的时间跨度，ULA_i 为 i 时刻的建成区面积，TLA 为初始时的建设区面积。

城市形态扩展速度表示了城市在整个研究时期内不同阶段的年均增长速度，用以表征城市空间扩展的总趋势；而城市扩展强度实际上是对年均扩展速度进行标准化处理，使不同时期的扩展速度具有了可比性。

(2) 基于不等时距的灰色系统预测方法

灰色系统理论是研究部分信息已知、部分信息未知的系统理论。它具有如下优点：不需要大量的样本，且样本不需要有严格规律性分布；计算工作量小；预测精确度高，可用于近期、中期、长期的预测。由于地理系统是典型的灰色系统，因此灰色系统理论自产生以来，就被广泛应用于地理学的研究中。在实际研究中运用灰色系统方法时，由于种种原因数据可能是不完备的，可能因部分原始数据缺失出现不等时距的情况，拓灰色预测法是解决这一问题的有效途径之一。

拓灰色预测方法充分利用有限原始数据，不人为生成原始数据，得出一条比较理想的逼近曲线，据此建立离散的预测模型。它假设等时距的原始数据是客观存在的，由于某种原因使其中的一些数据缺失，因而出现了不等时距的原始数列，我们得到的数据较为符合 $GM(1,1)$ 模型曲线，曲线的离散形式为：

$$\hat{x}^{(1)}(k+1)=\left[x^{(0)}(1)-\frac{u}{a}\right]\mathrm{e}^{-ak}+\frac{u}{a}$$

式中：$x^{(0)}(1)-\dfrac{u}{a}$ 为 c 值。

还原后原始数据估计值为：

$$\begin{aligned}\hat{x}^{(0)}(k+1)&=\hat{x}^{(1)}(k+1)-\hat{x}^{(1)}(k)=c\mathrm{e}^{-ak}+\frac{u}{a}-\left[c\mathrm{e}^{-a(k-1)}+\frac{u}{a}\right]\\&=c(1-\mathrm{e}^{a})\mathrm{e}^{-ak}\quad(k=1,2\cdots,n-1)\end{aligned}$$

设初始时间序列为 0，时间序列 $T^{(0)}(i)=\{0,t_2,t_3,\cdots,t_m\}$，则：

$$x^{(0)}(t_i)=c(1-\mathrm{e}^{a})\mathrm{e}^{-at_i}$$

式中：$t_i=t_2,t_3,\cdots,t_m$（m 为原始数列的个数）。这里最终要确定 c 和 a 的值，只要找到适合的值，相应的灰色系统模型就可以建立了。

根据最小二乘法理论，偏差平方和为：

$$M=\sum_{i=2}^{m}\left[\hat{x}^{(0)}(t_i)-x^{(0)}(t_i)\right]^2=\sum_{i=2}^{m}\left[c(1-\mathrm{e}^{a})\mathrm{e}^{-at_i}-x^{(0)}(t_i)\right]^2$$

$$\begin{cases}\dfrac{\partial M}{\partial c}=\displaystyle\sum_{i=2}^{m}2\left|c(1-\mathrm{e}^{a})\mathrm{e}^{-at_i}-x^{(0)}(t_i)\right|(1-\mathrm{e}^{a})\mathrm{e}^{-at_i}=0\\ \dfrac{\partial M}{\partial a}=\displaystyle\sum_{i=2}^{m}2\left|c(1-\mathrm{e}^{a})\mathrm{e}^{-at_i}-x^{(0)}(t_i)\right|\left|-ct_i-c\mathrm{e}^{a(1-t_i)}\right|=0\end{cases}$$

理论上，最理想的 c 和 a 应该由该方程组求得。在实际应用中，经胡斌等人反复计算，提出如下两个方程构成方程组：

$$\begin{cases} x^{(0)}(t_i) = c(1-e^{a})e^{-at_i} \\ x^{(0)}(t_j) = c(1-e^{a})e^{-at_j} \end{cases}$$

解得：

$$a = \frac{1}{t_i - t_j}\ln\frac{x^{(0)}(t_j)}{x^{(0)}(t_i)},$$

得出的 a 为 $a_{i,j}$，得到 c_{m-1}^{2} 个 $a_{i,j}$，取平均值：

$$\hat{a} = \bar{a} = \frac{1}{c_{m-1}^{2}}\sum_{i=2}^{m-1}\sum_{j=i+1}^{m}a_{i,j},$$

进一步得：

$$\begin{cases} x^{(0)}(t_2) = c(1-e^{\hat{a}})e^{-\hat{a}t_2} \\ x^{(0)}(t_3) = c(1-e^{\hat{a}})e^{-\hat{a}t_3} \\ \qquad\cdots\cdots \\ x^{(0)}(t_m) = c(1-e^{\hat{a}})e^{-\hat{a}t_m} \end{cases}$$

这样，上式只有 c 是未知数，每个方程都可求出一个 c 值，取平均值：

$$\hat{c} = \bar{c} = \frac{1}{m-1}\sum_{i=2}^{m}c_i$$

最后，由 $\hat{c}$ 和 $\hat{a}$ 值便可得到不等时距灰色预测模型：

$$\hat{x}^{(0)}(t_i) = \hat{c}(1-e^{\hat{a}})e^{-at_i}$$

由此求出预测值。

6.1.3 延吉市城市空间扩张度量分析

(1) 数据处理

首先，以 1∶10 000 地形图为基准(投影 gauss kruger/ Beijing_1954_3_Degree_GK_Zone_43)，对 2008 年的 ALOS 遥感影像进行几何精校正，再以校正过的图像为基准，对其他几期数据作几何精校正。校正过程采用二次多项式，并用 3 次卷积法进行灰度插值，校正误差均小于一个像元。然后基于 1976 年、1992 年、2001 年、2008 年、2017 年的遥感影像，采用人机交互目视解译的方法，并结合 1∶50 000 地形图，分别提取出 1976 年、1992 年、2001 年、2008 年、2017 年城市形态；最后，在 ArcGIS 环境下，利用叠置(overlay)分析功能，获得各年份城市建成区的面积数据，并分别提取各个时期的城市形态重心和不同时期各方向的城市形态和面积。

(2) 城市空间整体演变特征分析

从遥感影像提取的延吉市城市形态看,1976—2008 年经历了团状模式向星状模式转变的过程。利用紧凑度和扩展强度计算公式,分别计算出 1976 年、1992 年、2001 年、2008 年、2017 年的城市形态紧凑度和城市形态扩展强度(图 6-1、6-2)。分析可知,1976—2001 年间紧凑度急速下降, 2001—2008 年间紧凑度下降趋势渐缓,2008 年以后紧凑度迅速下降。城市扩展强度也呈逐年增加趋势,1976—1992 年间年均扩展强度为 6.60,1992—2001 年间年均扩展强度为 20.35,2001—2008 年间年均扩展强度为 31.57,2008—2017 年均扩展强度为 49.6。1992 年以后扩展强度增加迅速,分别为 1976—1992 年扩展强度的 3.08、4.78 和 7.52 倍。

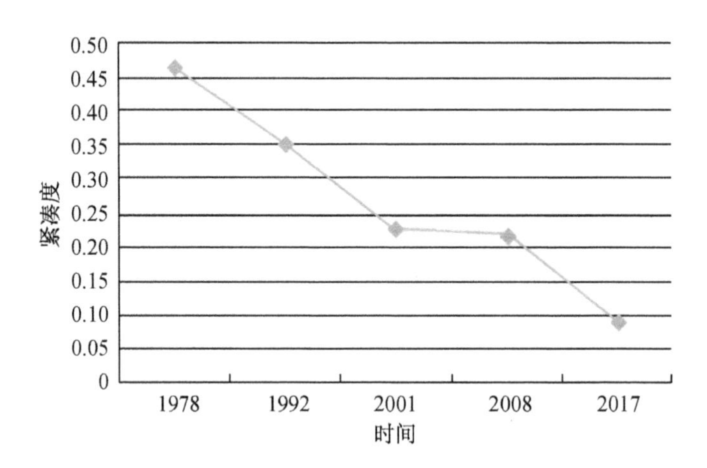

图 6-1　延吉市城市形态紧凑度(1976—2017 年)

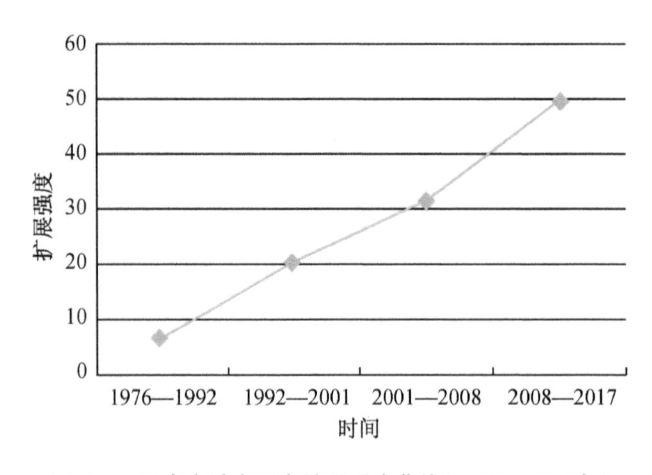

图 6-2　延吉市城市形态扩展强度曲线(1976—2017 年)

1976 年、1992 年、2001 年、2008 年四个时期的城市形态重心坐标也经历了四次变化，1976—1992 年 16 年间，重心仅向西转移了 417 m，1992—2001 年重心又向西转移了 700 m，2001—2008 年的短短 7 年间，城市形态重心向东转移了 640 m，2008—2017 年 10 年间，重心再次向西偏移 888 m。这表明：1976—2008 年间，延吉市城市的扩展先经历了长时期的向西扩展，然后转而向东扩展的过程，后又向西扩展至与周边城镇密切联系（图 6-3）。

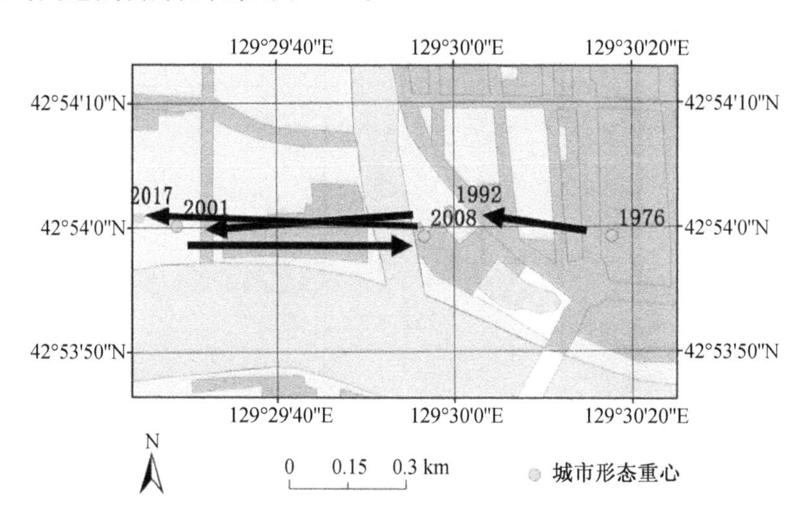

图 6-3 城市形态重心转移图

(3) 城市空间扩张的各向分析

为了准确揭示延吉市城市空间扩展的各向特点，研究采用“等扇分析法”，并结合延吉市城市空间演变轨迹，以延吉市“新兴街”中段为中心（大地坐标为：x =43 541 000 m，y = 4 752 040 m），以 10 km 为半径画圆，以北偏东 11.25°为起点，将圆划分为 16 个面积相等的扇形区域，然后将 1976、1992、2001、2008、2017 年五个时期的城市形态进行叠加，统计分析出各时段的城市形态扩展落入各扇形区的面积（图 6-4）。

从图 6-4 可知，1976—1992 年间城市空间扩张主要集中于 W、SWW、SSW、NNW 四个方向；1992—2001 年间城市空间扩张主要集中于 SWW、W 两个方向；而 2001—2008 年间城市空间扩张主要集中于 E、NNW、SEE 方向，其次集中于 SSW、SW、SWW、SSE、NEE 方向；2008—2017 年城市扩张主要集中在 W、SWW、NNW、E、NEE 几个方向。显然，2001—2008 年间城市空间扩张数量，改变了以往过分集中于少数几个方向的状况，各方向的扩张差异减小。2008—2017 城市扩展主要方向明确，沿老城区向外围主要城镇扩张。

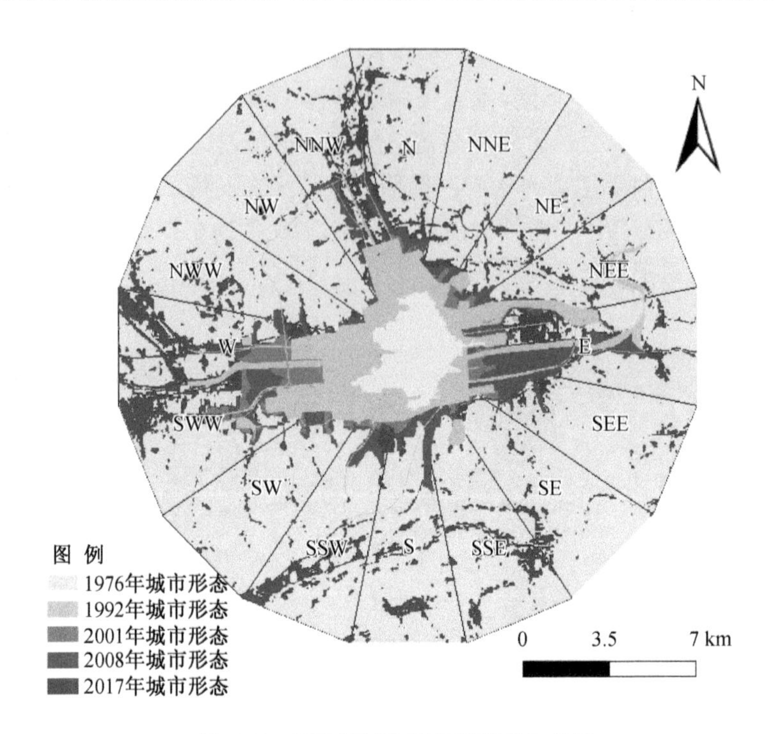

图 6-4 各时期城市形态等扇叠加分析

利用城市形态扩展指数公式计算出各时段的扩展速度，横向比较城市形态在不同时期、不同方向上的扩展速度，可知：1976—1992 年间城市空间扩展速度最快的方向集中于 SWW、W、NNW；1992—2001 年间城市空间扩展速度最快的方向集中于 SWW、W；2001—2008 年间城市空间扩展速度最快的方向集中于 E、SEE、SSE、NNW；2008—2017 年扩展速度明显下降，只有 NWW 方向速度明显超过前几期（图 6-5、6-6）。

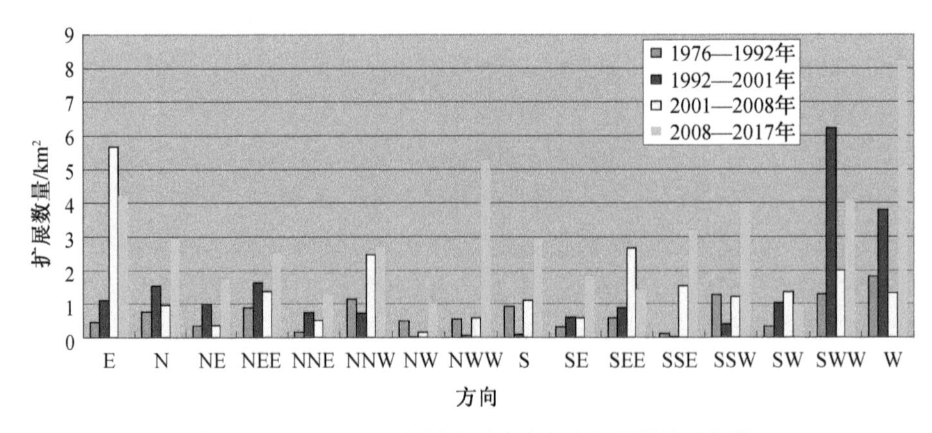

图 6-5 1976—2017 年城市形态在各方向扩展绝对数量

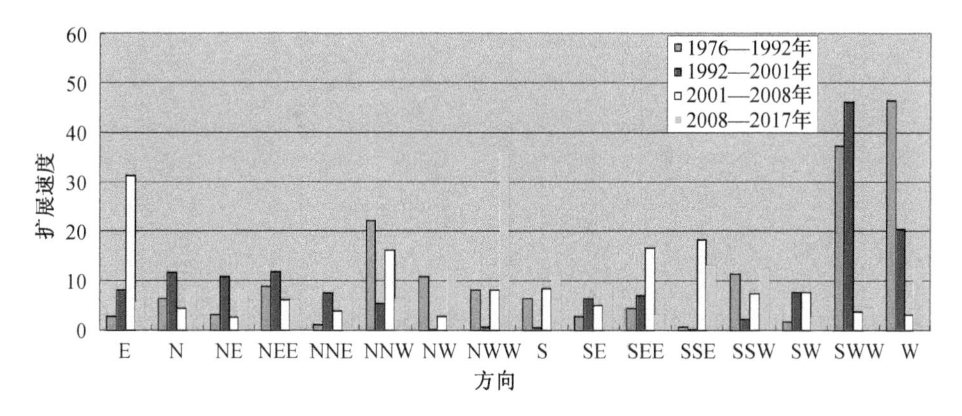

图 6-6 1976—2017 年各时期城市形态扩展速度图

利用扩展强度指数公式,分 16 个方向计算出 1976—1992 年、1992—2001 年、2001—2008 年三个时期的城市形态扩展强度(图 6-7),纵向比较扩展强度,不难发现:E、NEE、NNW、SEE 四个方向的扩展强度呈逐步增强趋势,而且强度在 2008 年都达到了 35 以上的较高水平,E、SEE 在 2008—2017 年下降;1992 年以来扩展强度一直保持较高水平的有 SWW、NNW、W 三个方向。1976—1992 年城市空间扩展在各个方向上的强度变异系数为 1.18,为非均衡扩展状态;1992—2001 年城市扩展呈高度的非均衡状态,变异系数达 2.18;2001—2008 年城市扩展的非均衡状态低于前两个时期,变异系数为 0.96,各方向的扩展差异快速缩小。2008—2017 年城市空间扩展在各个方向上的强度变异系数为 1.2,扩展强度较大,方向特征变异较大。

综上所述,1976—2017 年间延吉市城市空间扩展为非均衡的圈层扩展,扩展主要集中在东西两个方向,其次为沿烟集河北向扩展。若将扩展强度按自然断裂点法分为低强度扩展、中强度扩展、高强度扩展三类,则可知延吉市城市空间高强度扩展主要集中在东西两侧,中等扩展强度地区主要集中在北部(图 6-4),北部区域在 2008—2017 年得到了充分的发展。

6.1.4 延吉市城市空间扩张因素初析

(1) 经济因素

经济因素是城市空间扩展的根本原因,也是首要原因。延吉市城市空间扩展的强度与经济发展速度呈正相关关系,1976—1992、1992—2001、2001—2008、2008—2017 年间延吉市经济快速发展,使城市空间扩展速度也不断加快。经济的加速发展,使城市用地处于快速扩展期,城市空间扩展出现了跳跃式和轴向扩展,城市形态的紧凑度也下降。由于 2001—2008 年间延吉市经济开发区工

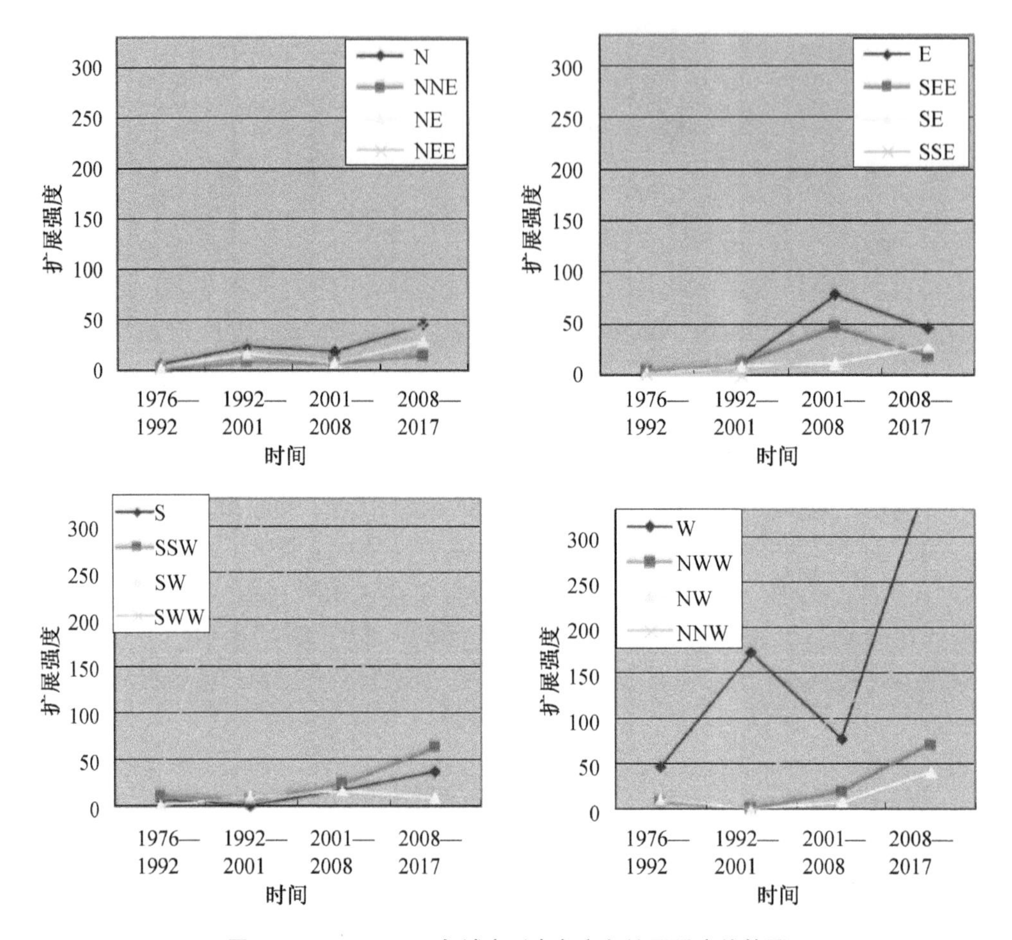

图 6-7　1976—2017 年城市形态各方向扩展强度趋势图

业的快速增长，带来了这一时期延吉市在东部方向的超高速扩展。1992 年提出的社会主义市场经济，对延吉市城市形态的扩展产生了较为重要的影响，延吉市城市建设开始出现了多元力量，有房地产开发商，也有政府建设，还有外商投资的工业设施。

另外，由于延吉市在东部设立了工业开发区，再加上延吉市工业的迅速发展，工业区迅速扩大，从而带动整个城市的空间扩展，影响到城市的居住用地、仓储用地等其他用地的扩展。由此可见，延吉市城市空间的扩展与经济发展联系密切，无论是整体的经济发展速度，还是内部产业的发展，都对城市空间扩展产生着重要影响。

（2）自然环境

自然环境是延吉市城市空间扩展的基础。自然环境对延吉市城市空间扩展的影响主要表现为：第一，河流影响。延吉市城市形态由原来的团块状发展为星状，主要表现为沿布尔哈通河东西两向和沿烟集河向北三个条带扩展。从扩展数量与速度来看，1976—2008 年沿河流的三个条带扩展数量最多、速度最快，特别是沿布尔哈通河东西两向；从城市空间扩展强度来看，1976—2008 年沿布尔哈通河的 W、SWW 两个方向，一直保持高强度扩展，而东侧的 NEE、E 的两个方向扩展强度呈加速趋势，沿烟集河北部条带也呈加速扩展的趋势。第二，地形因素的影响。延吉市城市空间扩展主要沿坡度变化较缓、海拔高度较低的方向，而在延吉市东北、西北方向（NWW、NW、NE、NNE）地形变化较大，城市扩展较为缓慢。

（3）政治因素

政治因素在城市扩张中起到了导向的作用。1992 年我国确立建立社会主义市场经济体制以后，由于政策稳定，带来了投资的增多、投资主体的多元化，城市经济不断活跃。特别是 20 世纪末朱镕基总理主持工作期间，城市住房政策的改革，促进了房地产业的发展，使城市空间扩展速度不断加快；这与延吉市 2001—2008 年城市高速扩张、城市面积急剧增大相吻合。

城市规划对延吉市城市空间扩展起到引导作用。1992—2001 年延吉市城市空间出现了高度的非均衡扩展，而 2001—2008 年延吉市城市空间在各个方向扩展的变异系数，迅速由前一时期的 2.18 下降到 0.96，即城市非均衡扩展迅速下降，这是因为 2000 年实行新城市规划后，规划中的用地布局对非均衡扩展进行了有意识的控制。另外城市规划中把东部作为工业区，由于工业经济迅速发展，使得延吉市的城市形态重心 2001—2008 年向东转移，东部扩展数量最多、速度最快。

（4）交通因素

交通因素对城市空间的扩展起了非常重要的带动作用。一般而言，城市扩张最快的是由交通便利的区域开始。延吉市城市内部交通主要沿布尔哈通河东西走向；对外交通方面，通往长春方向的高速公路在延吉市西侧，由于长珲高速公路由延吉市北部与市区连接，这就促进了近年来的延吉市城市空间沿东西和北部三个方向扩展。

（5）影响因素综合分析

经济、自然、政治、交通四个主要因素，相互制约，相互促进，从而形成了今天延吉市城市空间扩展的状况，其中自然条件因素是基础，是先天条件，它是交通、城市形态、城市空间扩展的前提条件，对这三者形成了制约。同时它也对经济产生了间接的影响，制约了物流方向和城市产业的布置。另外交通、经济等因素也不是简单地被动适应，它们对自然条件也有反作用，例如，随着科技的进步，人们对自然资源的利用不断深入，地形因素对城市扩展的限制不断减弱。

总之,上述因素并不是孤立存在的,而是众多因素中的主要因素,它们与其他因素相互影响,相互制约,共同铸造了延吉市改革开放以来的城市空间扩展史。

6.1.5 城市空间扩张的不等时距灰色预测

城市系统是典型的灰色系统,在数据量少且不完整的情况下,用不等时的灰色预测方法进行预测研究是较为理想可行的方法。

由于原始数据缺失,为了便于计算,设以 1976 年的城市形态数据为第一年的城市形态面积,则 1976、1992、2001、2008 年四个时期城市形态面积可表示为 $x^{(0)}(1)$,$x^{(0)}(17)$,$x^{(0)}(26)$,$x^{(0)}(33)$。则根据 c 和 a 值求解公式,得到如下三个方程组:

$$\begin{cases} 22.261\,55 = c(1-\mathrm{e}^{a})\mathrm{e}^{-17a} \\ 42.097\,28 = c(1-\mathrm{e}^{a})\mathrm{e}^{-26a} \end{cases}$$

$$\begin{cases} 65.974\,196 = c(1-\mathrm{e}^{a})\mathrm{e}^{-33a} \\ 42.097\,28 = c(1-\mathrm{e}^{a})\mathrm{e}^{-26a} \end{cases}$$

$$\begin{cases} 65.974\,196 = c(1-\mathrm{e}^{a})\mathrm{e}^{-33a} \\ 22.261\,55 = c(1-\mathrm{e}^{a})\mathrm{e}^{-17a} \end{cases}$$

根据前文不等时距的灰色系统预测方法,利用 a 值求解公式,可求出 3 个 a 值,然后利用 $\hat{a}$ 值公式,求出 $\hat{a}=-0.076\,04$。代入方程式可求出 3 个 c 值,利用 $\hat{c}$ 值求解公式,求得 $\hat{c}=81.975\,58$。将已求出的 $\hat{c}$ 和 $\hat{a}$ 代入不等时距灰色预测模型公式,可求得不等时距灰色预测模型:

$$\hat{x}^{(0)}(t_i) = 81.975\,58(1-\mathrm{e}^{-0.076\,04})\mathrm{e}^{0.076\,04t_i}$$

由于第一个信息为灰色系统基础信息,不参与预测,利用预测模型预测 1992、2001、2008 年城市形态面积(表 6-1),由表 6-1 可知预测精度较高,均误差达 -0.016%,因此该模型精度高,可以用于预测。利用该预测模型分别计算出 2015 年、2020 年城市形态的面积分别为 106.620 8 km^2 和 149.515 9 km^2。

表 6-1 模型预测值及精度表

年份	1976	1992	2001	2008	2015	2020
预测值(km^2)	—	22.508 83	41.368 97	66.413 80	106.620 80	149.515 90
实际(km^2)	10.831 46	22.261 55	42.097 28	65.974 20	—	—
误差	—	+1.111%	−1.730%	+0.666%	—	—

6.1.6 城市空间扩张建议

在近41年中，延吉市城市形态经历了从团块状向星状发展的历程。扩展强度不断加快，扩展的方向主要集中在沿布尔哈通河东西两向以及沿烟集河的北部三个条带。城市空间扩张先经历了长期缓慢的向西扩张，然后向东扩张，其他方向受地形因素的限制均扩张缓慢。

从延吉市城市空间扩张的原因来看，交通起到了促进作用；经济是延吉市城市扩展的根本动力；政治对称空间的扩展起到了引导作用；河流、坡度、高程等自然环境条件，为延吉市城市空间扩展，提供了前提条件及制约因素。这四个主要因素相互制约，相互促进，共同塑造了改革开放以后的延吉市城市空间扩展历史。

2000年新城市规划方案实施后，对延吉市城市空间的扩张起到了很好的调控与优化作用，城市形态的集约度不断提高。从城市空间扩张数量预测值来看，2020年城市形态面积将达到149.515 9 km^2，可见扩展的数量较大。虽然目前延边州人口较少，土地资源丰富，但是延吉市除农业用地、生态保护用地外，周围可供城市化的土地资源较少，因此对于未来城市扩张，笔者主要提出以下建议。

第一，应积极进行规划，杜绝乱占土地现象。做好土地利用规划、城市总体规划、城市控制性详细规划，严格把关土地利用审批制度。规划中将那些经济效益差、技术设备落后的企业搬出市区，在原企业占地进行高技术、高效益、环保型的开发建设，完善城市产业结构。

第二，集约利用土地，实现城市的科学发展。要优化土地利用结构，以服务于经济结构调整，抓住我国经济结构实现战略性调整的机遇，优化城市用地结构，提高集约利用程度，逐步实现土地利用方式从粗放向集约的根本性转变。加强城市内部土地的开发，增加土地有效供给。推进城市土地市场化进程，充分发挥城市土地的经济效益。坚持以培育和规范土地市场、发挥市场配置土地资源的基础性作用为主线，加强土地市场秩序的整顿和规范，积极营造公开、公平和公正的市场环境，充分依靠市场机制实现土地资源的优化利用。

第三，避免城市过分膨胀。在规划和建设中要坚持新城市主义，要以社区、邻里为区位，防止城市过分膨胀。同时要注重城乡统筹发展，使延边州内大、中、小城市协调有序地发展，形成健康合理的城镇体系，以利于延边城市体系整体发展。

6.2 延吉市城市空间扩张模拟预测

6.2.1 研究基础

建立长吉图开发轴，可形成以珲春为窗口、延吉—龙井—图们为前沿、长春—吉林为引擎、东北腹地为支撑的总体布局，打造东北地区对外开放新门户。而延吉市作为长吉图的前沿城市、延边州的首府城市、延龙图的核心城市，区位独特，优势明显，在中国图们江区域合作开发和长吉图开发开放先导区建设中占有重要地位。本研究基于 GIS 平台，结合延吉市遥感影像和延吉市 1∶10 000 地形图，采用灰色—USEM 模型，基于不等时距灰色预测方法，模拟预测了延吉市 2010—2020 年间的城市空间扩展数量和空间扩张过程特征，以期为长吉图先导区的开发开放提供借鉴与参考。在分析方法上做到 GIS、RS 与数学方法的融合，将基于不等时距的灰色系统预测嵌入 CA 中，提高了 CA 在模拟预测城市空间扩张过程的精度。

6.2.2 延吉市基本状况

延吉市是吉林省延边朝鲜族自治州的首府，是全州政治、经济、文化与对外交往的中心。延吉市位于吉林省东部、延边州中部、长白山脉北麓，北纬 42°50′～43°23′、东经 129°01′～129°48′，全市幅员 1 748 km^2，是一座以工业、商贸、旅游为主，具有朝鲜族民族特色的宜居旅游开放中心城市。东与图们市长安镇相邻，西接安图县，南与龙井市东盛涌乡接壤，北与敦化市、汪清县毗邻。延吉市下辖 6 个街道、4 个镇；其中包括 61 个社区和 54 个行政村（图 6-8）。

（1）自然条件

延吉市位于长白山脉北麓小丘陵地带，平均海拔 150 m，地形基本呈长条形，东南北三面较高，向中倾斜，中间低而平坦，西面开阔，盆地呈马蹄状。延吉市城区被河流（布尔哈通河和烟集河）分为南（河南）、东北（河北）、西南（公园）三个部分：布尔哈通河以南俗称河南，曾名南营，为市交通中心；河东北部为州、市机关所在地；西北部俗称河西，为文化区。延吉市属高纬度地带的山林盆地，故呈大陆性气候特点，春季干燥多风，夏季温热多雨，秋季凉爽少雨，冬季漫长寒冷，属中温带半湿润气候区。

（2）历史沿革

延吉历史悠久，据已发掘的新石器时代出土文物及两千年前的《汉书》中记载，

图 6-8　延吉市所在区位图

早在新石器时代，就有人类在这块土地上繁衍生息。唐朝及以前，延吉曾先后属渤海国、高句丽王朝辖地。元、明时代，延吉地区先后属辽阳行省开元路、努尔干都使司布尔哈图等卫所。1677 年，清朝廷借“长白山一带为先祖龙兴之地”之名，将兴京以东、伊通州以南、图们江以北划为禁山围场，封禁长达 200 年之久。19 世纪末，朝鲜及我国山东、河北一带遭大灾，始有人冒禁闯入封禁区。1881 年，灾民大批迁入，清朝逐步废除封禁令，在南岗设立招垦局。1902 年，随着人口日增，清朝在局子街设延吉厅。1909 年，吉林东南路兵备道台公署移住局子街，延吉厅升为延吉府。1912 年改为延吉县。

延吉市土名烟集岗。开发初年，此地常常烟气蒸腾、雾气笼罩，故称烟集岗，延吉即烟集的音转。清后期又称局子街，即官衙所在地之意。1945 年成立了延吉县政府，并将延吉市划归延吉县。吉林省政府也曾一度驻在延吉市。新中国成立后先后设置了延吉行政督察专员公署和延边朝鲜族自治区人民政府，驻地均在延吉市。1952 年 9 月 3 日正式成立延边朝鲜族自治州；1953 年延吉市从延吉县划出，成为自治州的直辖市至今。

(3) 交通条件

延吉市交通十分便利，目前已形成了公路、铁路、航空、海运齐全的交通运输网。国道图乌公路穿越全境，长春—珲春高速公路途经延吉，延吉至长春建有高速铁路。有直通朝鲜罗津港、俄罗斯波谢特港和扎鲁比诺港的公路。铁路可直达国内的长春、沈阳、大连、哈尔滨、北京等地，并且有分别通往朝鲜和俄罗斯的国际铁路线。延吉以北有通往黑龙江省牡丹江的铁路，与内蒙古至乌苏里斯克和符拉迪沃斯托克(俄罗斯)的西伯利亚铁路连接，向东与图们—南阳(可抵达朝鲜罗津港)国际铁路相连。延吉国际空港有飞往北京、上海、天津、广州、烟台、青岛、大连、沈阳、长春等地的国内航班和飞往韩国、俄罗斯等地的国际航班。延吉市东直距中俄边境仅 60 km，直距日本海 80 km，南直距中朝边境中 10 余 km，有着较好的通海条件。借助俄罗斯的波谢特港、扎鲁比诺港和朝鲜的罗津港，开通了到达韩国和日本的海陆联运航线，成为日本、韩国和北美国家通向中国东北及亚欧大陆最便捷的国际通道和国际客货海陆联运的最佳结合点。

(4) 社会经济与城市建设

2017 年全市户籍人口 54.13 万，朝鲜族人口 30.84 万，占总人口比重的 57%。城市化水平超过 90%。2017 年，延吉市生产总值 334.2 亿元，增长 4%，位居全国中小城市综合实力百强县市第 69 位、全国新型城镇化质量百强县市第 59 位、全国创新创业百强县市第 66 位，是全省唯一荣获全国三大百强县市称号的城市。

延吉是吉林省唯一的县域国家新型城镇化试点区域，也是全国 25 个国家新型城镇化试点县(市、区)之一。在 2018 年中国城市排名中，延吉列入“三线城市”。延吉市对城市基础设施建设的高强度投入，快节奏建设，大规模推进，极大地改善了延吉市的生活和投资环境，较快地改变着延吉市的城市面貌。

延吉城市建设发展规划科学合理。全面树立“城市是全市人民的共同家园”理念，坚持完善城市功能，彰显民族特色，城镇化率达到 89%，建成区面积达到 62 km^2。基础设施日趋完备，着力打造大环路、网格化的城市道路交通体系。生态环境全面改善，“城市动脉”更加净化；加强土壤污染源头治理，清收还林面积 270 hm^2，森林覆盖率达到 83.3%，“城市之肺”更加健康，延吉的天更蓝、水更清、地更绿。

6.2.3 灰色预测与 USEM 技术的运用

本研究采用基于不等时距的灰色预测，以及灰色—USEM 模型构建。将 CA 模型与 GIS 有机结合对城市建设用地扩展进行模拟和预测研究，可以把握城市的发展方向和增长极，为城市规划和政府决策提供基本参考。本研究在黎夏、埃米德(Almeida)、徐昔保的研究基础上，对 CA 模型和人工神经网络(ANN)进行改造和拓展，基于 Matlab 平台，结合灰色系统数学方法，构建一个耦合了 GIS、ANN、CA 以及灰色系统的灰色—USEM(Urban Spatial Evolution Model)模型。该模型主要包括三个大块，即数据预处理模块、模拟演化模块、预测模块。其中数据预处理模块主要是结合 GIS 和 RS 等技术手段，获取研究所需要的原始数据，并对其进行标准化处理，其输入和输出都在 GIS 中实现；模拟演化模块主要是对神经网络进行训练，并利用历史真实年份进行校准；预测模块主要是利用已训练好的模块对未来城市扩展进行预测。

模型中的 CA 部分，采用了如下设计：元胞采用 ASCII 数据格式，将空间划分为 50 m 空间分辨率的四方网格，每个网格有唯一的标识码和属性；状态就是城区和非城区。邻居采用 5×5 扩展摩尔邻居，由 24 个邻居单元组成；演化规则采用神经网络，无需繁琐的演化规则，简化了模型的复杂程度。

模型采用 Lee-Sallle 指数和模拟面积来度量模型的精度，该指数计算公式为：

$$L = \frac{A_0 \cap A_1}{A_0 \cup A_1}$$

式中，L 为 Lee-Sallle 指数，取值范围为[0,1]，A_0 为真实年份的城区现状图，A_1 为模拟的图。该指数反映的是模拟数据与历史真实数据之间空间分布的相似性，用该指数来计算模型的精度，既直观又简洁，通常达到 0.3～0.7 就可以了。

本节将灰色系统预测方法嵌入 CA 模型中，以提升 CA 在城市空间扩展的预测精度，即当 CA 模型演化到与灰色系统预测数值接近误差，且不超过 10%时，停止演化，此时 CA 模拟结果即为预测年份的面积。

6.2.4 延吉市城市空间扩张模拟预测过程

(1) 基本数据

首先，以延吉市 1∶10 000 地形图为基准，对 2009 年的 ALOS 遥感影像进行几何精校正，再以校正过的影像为基准，对其他几期数据进行几何精校正，基于 1976 年、1992 年、2001 年、2009 年的遥感影像，采用人机交互目视解译的方法，并结合 1∶50 000 地形图，分别提取出 1976 年、1992 年、2001 年、2009 年城市形态；然后在 ArcGIS 环境下，利用叠置分析功能，获取各年份城市建成区的面积数据，利用 GIS 的空间分析功能，分别提取 1976 年、1992 年、2001 年和 2009 年每个点到公路、铁路、市中心的距离参数；最后将 CA 所需数据统一生成 50 m Grid，并转换成 ASCII_grid 格式。

(2) 城市空间扩张数量的预测

城市系统是典型的灰色系统，在数据量少且不完整的情况下，用不等时距的灰色预测方法进行预测研究是较为理想可行的方法。研究中由于原始数据缺失，为了便于计算，以 1976 年的城市形态数据为第一年的城市形态面积。由于第一个信息为灰色系统基础信息，不参与预测。利用预测模型预测出 1992 年、2001 年、2009 年城市形态面积(表 6-2)。

表 6-2　模型预测值及精度表

年份	1976	1992	2001	2009	2020
预测值(km^2)	—	23.10	39.80	64.00	122.80
实际(km^2)	10.831 46	22.26	42.10	62.24	—
误差	—	+3%	−5%	+0.3%	—

由表 6-2 可见，预测精度很高，均误差达 0.57%，可以用于预测。利用该预测模型，计算得出 2020 年城市形态面积为 122.8 km^2。再利用公式：

$$M=\frac{\Delta U_{ij}}{\Delta t_{ij}\times ULA_i}\times 100\%$$

$$I=\frac{\Delta U_{ij}}{\Delta t_{ij}\times TLA}\times 100\%$$

式中，ΔU_{ij} 为时刻 i 到 j 城市建成区面积的变化数量，Δt_{ij} 为时刻 i 到 j 的时间跨度，ULA_i 为 i 时刻的建成区面积，TLA 为初始时的建城区面积。分别计算出 2009—2020 年间延吉市扩展速度为 8.4(图 6-9)，扩展强度为 50.3(图 6-10)。从预测的扩展强度趋势可以看出，城市扩展比前几期扩展迅速，但各个时期扩张速度呈波动状态。

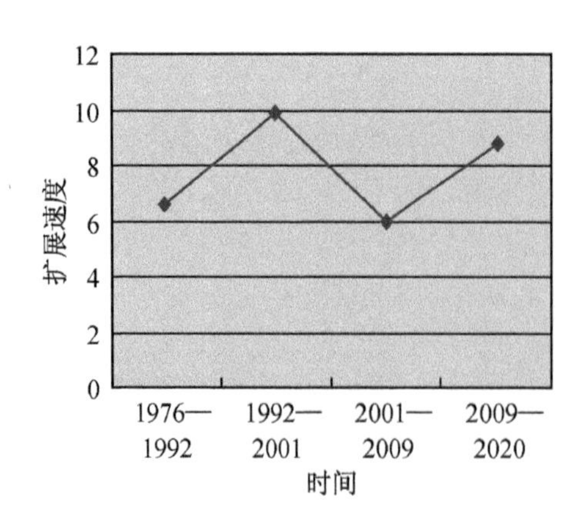

图 6-9　预测扩展速度趋势图

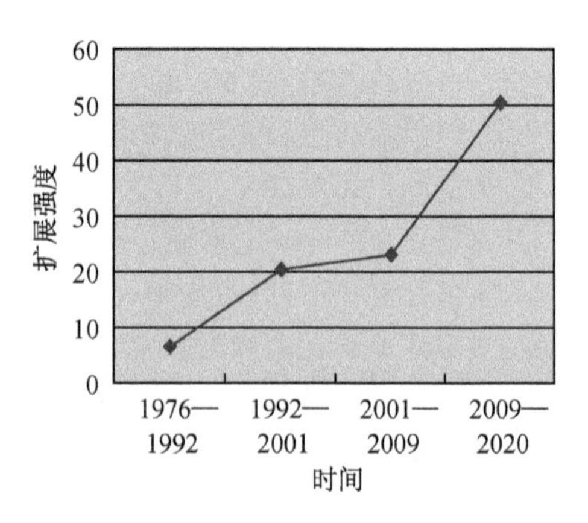

图 6-10　预测扩展强度趋势图

(3) 城市空间扩张过程的模拟

城市空间扩张是一个非常复杂的问题,其影响因子也比较多,根据研究实际,我们选取了距离变量、邻居变量、自然属性、控制变量等四大变量 8 个影响因子(表 6-3)。

表 6-3 CA 影响因素表

变量类型	影响因子	标准化值范围
距离变量	至市中心距离	0~1
	至公路距离	
	至铁路距离	
	至河流距离	
邻居影响	—	0~1
自然属性	坡度	0~1
	高程	
控制变量	城市规划	1

在模拟延吉市近 10 余年城市形态的扩张状况时,做了以下假设:第一,研究区的道路建设情况(2009 年度)已稳定;第二,假设 2000—2020 年间延吉市总体规划未作调整。然后基于 Matlab 7.5 平台开发灰色—USEM 模型,最后将各个影响因素进行处理,以做好模拟预测 2020 年城市空间扩展格局的准备。

① 神经网络的训练。本研究所用的人工神经网络,为通用的三层网络结构。第一层为数据输入层,为 8 个神经元,分别影响城市扩展的各个变量;第二层为隐含层,数目至少需要 6 个,城市空间的扩展为非线性过程,研究中设计的神经元为非线性,即采用 tansig 和 logsig 激励函数;第三层为输出层,由 2 个神经元构成,分别对应于城区和非城区。将预测 2020 年的灰色— USEM 模型进行网络训练,采用 BP 算法。从训练结果图(图 6-11)可以看出:50 次以后训练误差接近 0,150 次以后网络误差为 0.012 270 6。

② 灰色— USEM 模型的校准和预测。模型的校准采用 Lee-Sallle 指数和模拟面积两个因素综合确定,既可照顾到模拟的空间扩展过程,又可考虑到模拟的面积大小。USEM 模型中转化的阈值不同,对预测精度有较大的影响,因此用该模型进行反复多次的模拟实验,得出阈值精度表(表 6-4)。其中,Lee-Sallle 指数计算主要是利用 ArcGIS 的空间分析功能完成的。

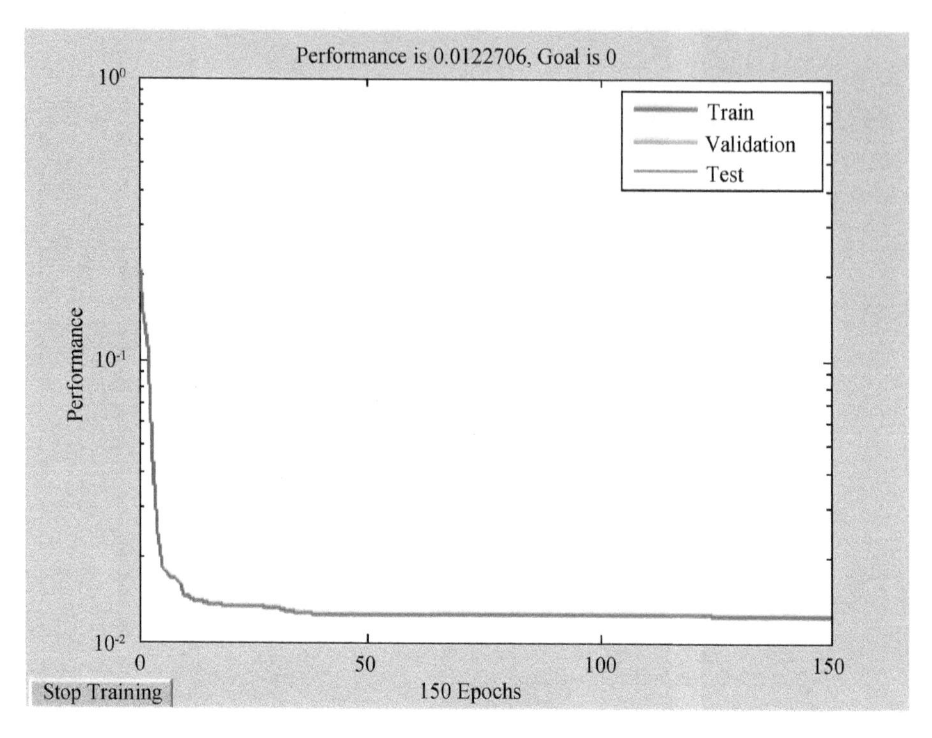

图 6-11　灰色—USEM 模型训练精度图

从表 6-4 中可以看出当阈值为 0.49 时，Lee-Sallle 指数为 0.918，模拟面积误差仅为 3.9%，二者综合指标较高，因此在预测 2020 年时模型阈值定为 0.49。结合基于不等时距的灰色预测，当模型演化到城市形态面积为 110～130 km^2 时停止，即为 2020 年预测年份的面积。

表 6-4　2020 年灰色—USEM 模型不同阈值模拟精度

阈值		0.40	0.45	0.48	0.49	0.50	0.55
面积对比	输入面积(km^2)	62.24					
	模拟面积(km^2)	68.32	66.76	64.70	64.08	61.29	61.30
Lee-Sallle 指数		0.836	0.839	0.921	0.918	0.828	0.830

将上述得出的相关参数代入灰色—USEM 模型，并利用该模型对 2020 年左右的城市形态进行模拟预测。当模型演化到面积为 122.8 km^2 时停止，122.8 km^2 即为 2020 年预测面积。城市形态的主要空间扩展模拟过程如图 6-12。

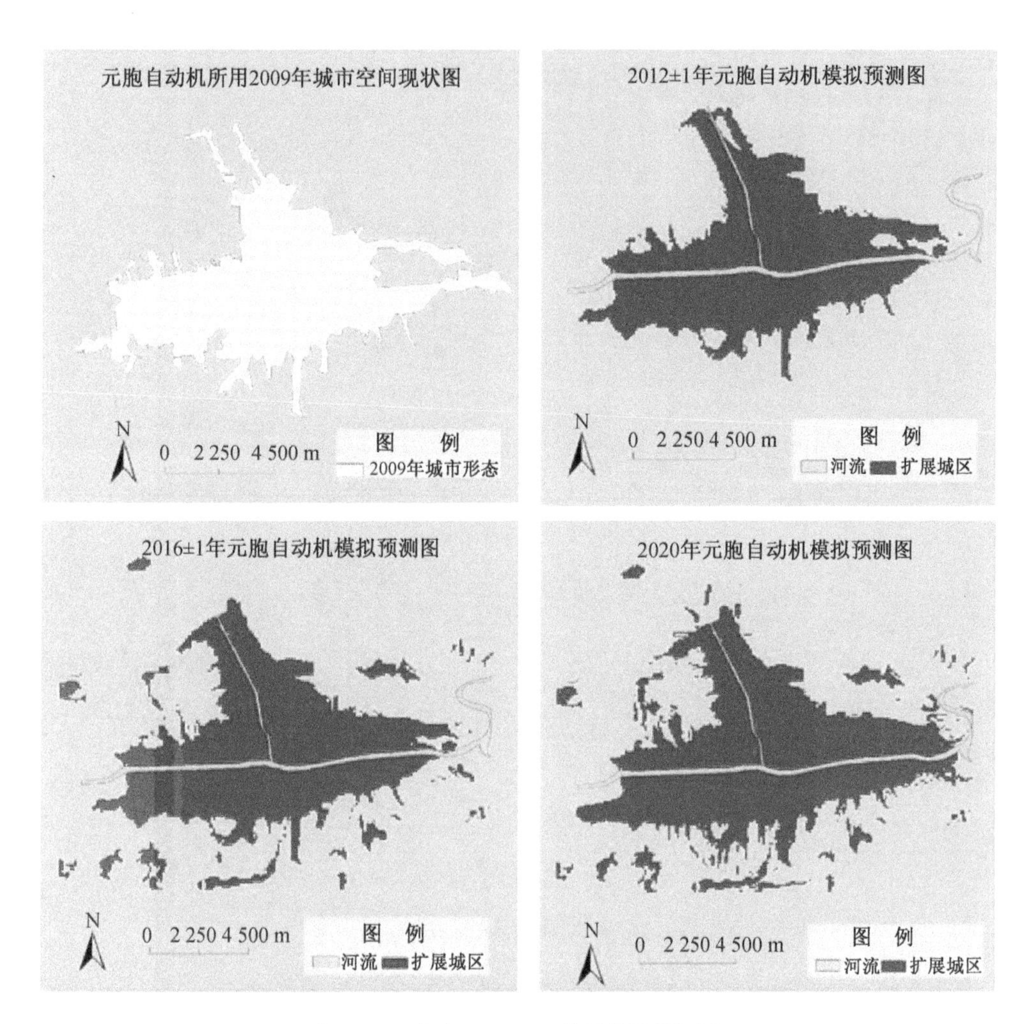

图 6-12　灰色—USEM 模型模拟预测图

为了验证上述模拟过程，将预测结果与 2009 年城市形态进行叠加(图 6-13)。

从 2009—2020 年延吉市城市形态模拟演化过程及验证结果来看，城市扩展仍沿东、西、北三个方向，但主要集中在北部和东部。城市扩展的紧凑度在城市扩展前期将会进一步加强，扩展模式将转变为蔓延式扩展，南部和西部原有的许多条带间的空隙将会被填充，且延吉市东部工业区两个大条带间的非城区，将会被城区所替代。城市扩展在前期将会呈现出低速扩展特征，到中后期城市扩展将会加速，扩展模式转变为跳跃式扩展，南部、西北部将会出现许多条带，东部也会出现少量的跳跃发展地块。从空间扩展过程来看，延吉市中后期的城市扩展将会呈现出高速扩展特征。

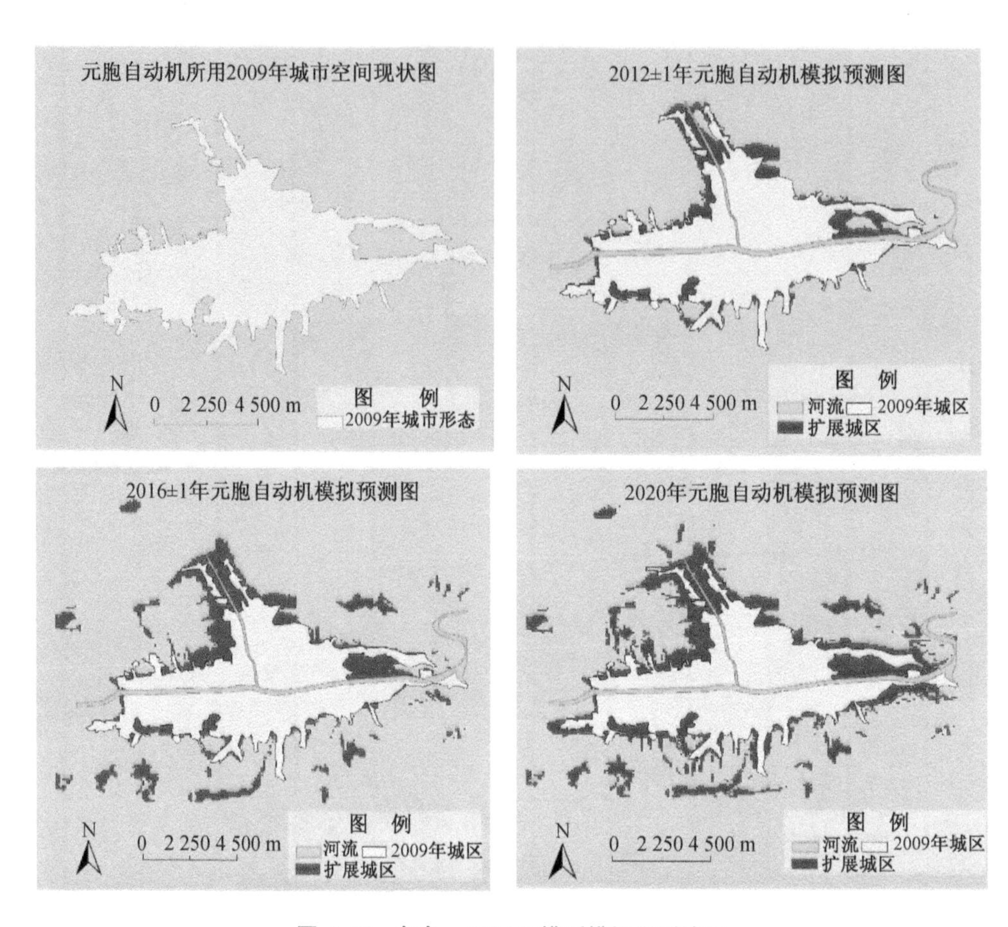

图 6-13 灰色—USEM 模型模拟预测验证

6.2.5 基于预测结果的城市扩张建议

从基于不等时距的灰色预测结果来看，2009—2020 年间延吉市建成区面积将扩张至 122.8 km^2，仍将保持快速扩张趋势，且扩张数量较大。虽然目前延边州人口较少，土地资源丰富，但是延吉市除农业用地、生态保护用地外，周围可供城市化的土地资源较少，因此对于城市发展提出以下建议：第一，延吉市城市空间结构的优化目标应确立为适应信息社会的要求，向有利于城市可持续发展、城市空间结构顺应生态化的趋势发展。第二，充分发挥城市规划引导作用，严格遵守城市规划的相关法律法规。特别是要做好在延吉市西部机场附近的开发控制，制定政策，合理引导开发，避免影响机场的安全使用与居民正常生产生活。同时政府要积极发挥作用，完善法律法规，调解城市建设中各方利益的冲突，满足各个层次的需求。第三，在生态化的条件下合理发展城市，重视和发挥生态约束对于城市空间结构合理演化的作用，保护所确定的生态用地和开敞空间，制约城市空间结构的无序生长。

6.3 城市扩张模拟研究的实践检验

将城市空间扩张的模拟结果与城市发展实际进行对比，以实践检验研究结论，研判城市规划与城市空间扩张及用地结构的契合度，探究城市规划在城市扩张中发挥的作用，以对未来城市规划的编制和实施提供借鉴和指导。

6.3.1 不同时期扩张规模的实践验证

从灰色预测结果中可以看出，预测出 2015 年、2020 年城市形态的面积分别为 106.620 8 km^2 和 149.515 9 km^2。依据模型预测，2017 年城市形态应为 120 km^2 左右，2017 年延吉市实际城市形态面积为 114.29 km^2，预测误差为 4%；预测值与实际数值相比略大，与实际发展的情况较为契合。

6.3.2 空间扩张模拟检验

利用 GIS 对比城市空间扩张模拟与实际扩展，得出图 6-14 城市扩张实践检

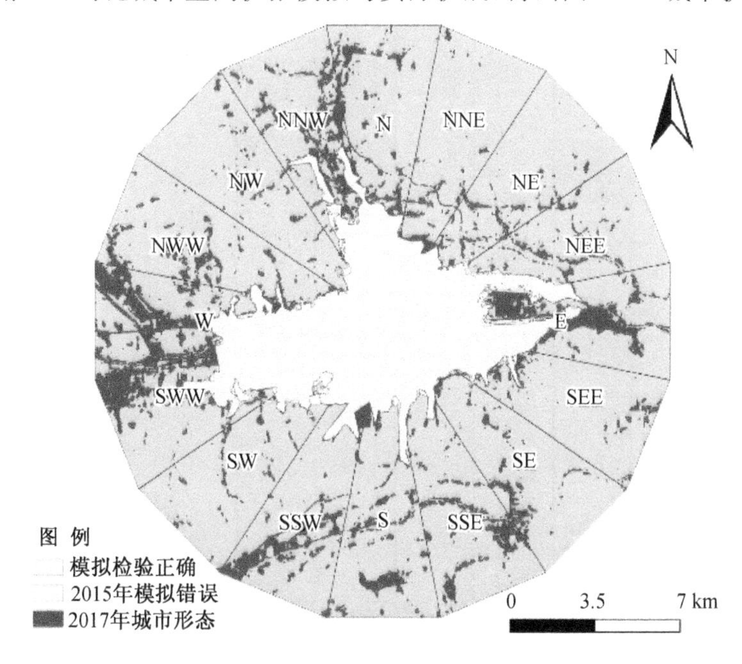

图 6-14 城市扩张模拟的实践检验

验图。从图可以看出中心城区模拟正确率非常高,在远郊区域模拟效果较差,特别是朝阳川镇周边。模拟效果较差的原因是,其城市扩展影响因子比较多,原本研究只是选取了距离变量、邻居变量、自然属性、控制变量等四大变量 8 个影响因子。延吉市周边小城镇很多数据收集不足,只是考虑了主要的道路,未充分考虑周边小城镇的建设用地条件。另外,近几年延吉市对总体规划进行了重要调整,影响较大的政策变动无法在模拟中充分体现。

7 城市形态扩张对生态服务功能的影响模拟及其优化

改革开放以来，中国的社会经济获得了飞速发展，城市化建设亦取得了长足进步，但同时也产生了一系列生态环境问题。顾朝林等在《中国城市化问题研究综述》一文中，系统收集了地理学、生态学以及城市规划学等相关领域的研究成果，总结了有关我国城市化研究的若干问题，其中的一个关键问题就是如何协调城市扩张与生态保护之间的矛盾。规划是引导城市空间布局的重要举措之一，传统城市规划布局主要基于"供需平衡"分析模式，即通过人口、社会经济发展等需求预测，进而根据适宜性评价进行空间布局。然而，由于这种规划方式较少考虑其他利益主体的空间需求，必然会导致一些潜在的风险，如城市生态敏感区和基本农田等被城市扩张日益蚕食。相关研究表明，不合理的城市扩张不仅导致城市生态资源锐减，而且城市居住环境质量也随之降低。因此，不少学者和规划专家尝试通过其他理论和方法寻求更为合理的规划模式。

从生态服务的角度探讨城市规划框架，追求生态和谐型城市发展，这很早就引起了研究者的关注。国外发达地区较早就提出了生态敏感区保护的基本理念，并尝试将生态制图纳入城乡规划中，相应的规划决策技术主要集中于土地生态适宜性评价等。随着城市规划需求的日益复杂化，如何协调城市扩张与生态保护之间的矛盾，是一个多目标空间协调优化决策问题。城市规划不仅要考虑其历史惯性驱动，更要结合可持续发展目标调控当前的城市发展模式。基于此，本章提出从"城市扩张—生态服务功能"协调角度进行地理模拟，目的是将生态保护与城市扩张放到同一框架中进行空间协调，探讨多目标整合下的城市空间布局方案及其对生态服务功能的影响，并以热岛等为例分析单项生态服务功能的影响，基于地理设计的方法论提出了城市形态扩张与生态服务的协调优化模式。

7.1 城市形态扩张与生态服务功能模拟预测

随着城市化的推进，人类取得了巨大的文明进步，但全球生态系统服务功能却已退化60%。目前，城市扩张的生态服务影响成为研究焦点。生态系统服务功能的评估，可分为相对方法和绝对方法两种，常用情景分析的方法对城市形态的不确定性影响进行研究。情景指对一些合理而不确定的事件，在未来一段时间可能呈现态势的假定；情景分析法把城市发展的影响因素作为条件，给出城市形态的发展多个可能性方案，比较分析可能产生的生态环境影响，其结果包括对各发展态势的确认和特征研究。

1940 年，Ulan 和 Von Neumann 首次提出了元胞自动机(CA)的概念。在地理学定律的基础上，Couclelis 揭示了 CA 在城市研究中的潜力。因 CA 能更好地理解城市空间发展过程及其环境影响，随后成为城市与环境研究的流行方法。1997 年，Wu 和 Yeh 首先提出 logistic-CA 模型，现已成功应用于城市土地利用变化、扩展模式、农业土地利用等研究；此外，Verburg、罗平、吴楷钊和吴波等还对模型进行了改进。虽然运用 logistic-CA 可得到影响因子的重要性和贡献率，但仅能模拟历史演化趋势，且预测数量精度难以满足需求。

本研究对 logistic-CA 模型进行 2 处改进，经 2005—2011 年城市扩张模拟检验，修正后的模型具备了准确模拟多情景城市扩展能力。对 2020 年天津市滨海地区城市形态扩张进行多情景模拟预测，着重分析了城市扩张影响下生态系统服务功能的空间变化特征，旨在探索快速城镇化背景下，城市对生态系统服务功能空间格局的影响，为今后城市生态规划的调控提供科学参考依据；以期通过生态系统服务的空间格局变化过程的调节，达到提高人居环境质量的目的。

7.1.1 研究地区与基础数据

(1) 研究区概况

研究区域为天津市滨海地区，其范围包括塘沽、汉沽、大港和东丽、津南区的部分区域，总用地面积 2 270 km^2，属暖温带半湿润大陆性季风气候。该区位于天津东部，濒临渤海湾，海岸线 153 km，是海洋与陆地生态系统相互交汇的复合地带，湿地类型多样化程度较高，区域中包括海河、蓟运河、永定新河、独流减河等主要入海河流。主要地貌类型有滨海平原、潟湖和滩涂。土壤含盐量较高，主要为草甸盐土和盐化草甸土。区内自然植被类型较少、生物量小、覆盖率低，能够提供服务功能的林地面积很少；草地面积较少，零星分布在湿地周边。

滨海地区是天津城市结构“一条扁担挑两头”的东半部分，也是京津塘国土规划中的重点发展区域，其拥有中国北方最大的综合性国际贸易港，是西北、华北重要的出海门户。滨海地区拥有国家综合配套改革试验区和国家级新区，是天津市的工业发展重地，集中了经济技术开发区、保税区、天津港、滨海国际机场等重要的开发区和交通设施，在多年的发展中形成了强大的经济基础和完善的基础设施。2005—2010 年，GDP 由 1 730 亿元增至 5 030 亿元，城乡建设用地由 689

km^2 增至 1 129 km^2；2011 年底，滨海地区常住人口达 248 万人。

(2) 数据来源与预处理

研究中的基础数据为：1998 年 8 月、2001 年 8 月、2005 年 9 月、2009 年 8 月、2011 年 8 月的 Landsat TM5 卫星遥感影像(分辨率 30 m)，2011 年 8 月 ALOS 遥感影像(分辨率 2.5 m)，2010 年 1∶100 000 天津市地形图，2005 年、2011 年 1∶100 000 天津市地图，2005—2020 年滨海地区城市总体规划图，2011—2030 年滨海地区城市总体规划图。

原始数据的预处理：首先，将城市规划图、城市现状图等扫描、配准，进行几何精校正，校正过程采用二次多项式，并用 3 次卷积法进行灰度插值，校正误差均小于 1 个像元。其次，将卫星影像和图件统一校正到 1∶100 000 天津市地形图，统一投影为 WGS_1984_UTM_50N，误差控制在 15 m 以内，以保持数据的一致性。再次，根据基础数据精度，将土地利用类型分为 6 大类：林地、草地、耕地、湿地、水体、裸地。然后，利用 ENVI 4.8 软件，将 TM 影像的 NDVI 指数和建筑指数与其他波段复合叠加，采用监督和非监督分类、实地踏勘、人工目视相结合的方法进行解译，土地分类结果的总体精度控制在 90%以上。最后，利用 ArcGIS 10 软件，建立研究数据库，利用空间分析功能对不同时期的相关数据进行提取和统计分析。

7.1.2 研究方法

(1) 情景设定

根据城市发展的动力特征、研究区实际，将城市扩展设定以下三种情景：

情境 A：城市延续历史发展趋势，即历史外推。该情景假定各驱动力在新时期大小不变，城市形态演化是沿历史惯性发展。

情境 B：内生发展模式，即城市主要依靠自身人力资源、社会资源、文化资源、环境资源、自然资源、城市设施资源，通过内部机制的运行实现发展。该模式对城市老城区的依赖较大。

情境 C：外生发展模式，即城市主要依靠区域的交通设施、社会资源、自然资源等，通过内部机制的运行实现城市发展。外生型城市对外依赖性较大，城市发展易受外界波动影响，在城市形态发展上表现出跳跃式的特点。

(2) 生态系统服务功能评估方法

采用相对量化的方法进行生态系统服务功能评估，可克服绝对量化的不稳定性和易受市场干扰的弊端，便于纵向比较各情景年份的变化。具体步骤为：

第一步，确定生态系统服务功能的类型，对数据进行标准化处理，以消除不同单位及计算方法的影响。本研究参考国内外学者对生态系统服务功能类型的划分，根据研究区实际，将研究区生态系统服务功能类型划分为 6 大类 9 种(表 7-1)。其中，产品生产功能根据土地生产的单位产值计算；文化教育和景观美学基于统计数据，通过替代市场法和模拟市场法进行量化；生物多样性以检验生态系统服务的相关关系为衡量标准表示；水源涵养功能用生态蓄水量表示；土壤保持的功能从土壤侵蚀量来考虑；气候调节通过固碳释氧量来衡量；环境净化用吸收 SO_2 和滞滤粉尘的量表示；防御灾害功能通过管理成本赋值法计算。

第二步，以耕地的服务功能为相对参照标准，计算其他土地利用类型提供的各项生态系统服务功能。耕地生态系统受人为干扰最多，所提供的服务功能能较准确地获取，对其他生态系统的参考价值较大。本研究以耕地生态系统所提供的各项服务功能为单位 1，其他生态系统的服务功能通过转化计算得出。

第三步，采用层次分析法确定每种生态系统服务功能权重。本文根据研究区实际，参考谢高地等制定的中国生态系统单位面积生态服务价值当量表，确定不同生态系统服务功能的权重。

第四步，计算不同土地类型的生态系统功能价值。将生态系统服务功能相对化值与对应的权重相乘，就得到每种土地类型所对应的 9 种生态系统服务功能的单位面积当量(表 7-1)。

表 7-1　不同土地类型各生态系统服务功能的单位面积当量

功能分类	总当量	产品生产	文化教育	景观美学	生物多样性	水源涵养	土壤保持	气候调节	环境净化	灾害防御
林地	4.06	0.00	0.26	0.80	0.68	0.67	0.32	0.51	0.57	0.25
草地	3.77	0.03	0.13	0.92	0.46	0.21	0.25	0.33	0.69	0.75
耕地	1.00	0.23	0.13	0.14	0.05	0.09	0.14	0.08	0.08	0.06
湿地	9.69	1.19	0.19	1.14	0.69	3.05	0.05	1.62	1.44	0.32
水体	6.48	0.16	0.06	0.75	0.51	2.90	0.02	0.21	1.43	0.44
裸地	0.15	0.00	0.03	0.04	0.03	0.01	0.01	0.01	0.00	0.02

(3) logistic-CA 模型的改进

改进后的 logistic-CA 模型(图 5-1)采用外置的灰色校准，并有多情境下的模拟预测功能。

① 元胞、状态、邻域的定义。本研究中元胞大小采用被实践证明精度较好的 30 m×30 m。城市扩展模拟中，元胞状态分为城市用地和非城市用地。城市规划和建设中通常地块设计尺度为 100～200 m，而本研究中元胞大小为 30 m，因此将

邻域大小采用5×5的摩尔型邻域，共24个邻域单元，邻域函数表示为：

$$\Omega_{ij}^{t} = \frac{\sum_{5\times5}\mathrm{Con}(s_{ij} = urban)}{5\times5-1}$$

式中：Ω_{ij}^{t} 表示在5×5邻域中的城市元胞密度；Con() 为一个条件函数。如果 s_{ij} 为城市用地，则 Con() 返回真，否则返回假。转换规则是 *CA* 的核心，它决定了 *CA* 的动态演化过程和结果。

② 转换规则。对逻辑转换规则来讲，如以概率(*P*)作为因变量，则方程可转换为：

$$\ln(P/1-P) = b_0 + b_1x_1 + b_2x_2 + \cdots + b_kx_k$$

式中：b_0 为常量；b_k 为逻辑回归系数；x_k 为一组影响转换的变量。影响城市形态演化的因素多种多样。

通过逻辑回归模型，一个区位的土地开发适宜性可由下式来概括：

$$p_g(s_{ij} = urban) = \frac{\exp(z_{ij})}{1+\exp(z)} = \frac{1}{1+\exp(-z_{ij})}$$

式中：p_g 为全局的开发概率；s_{ij} 为元胞(i,j)的状态；z 为描述单元(i,j)开发的特征向量，$z = b_0 + \sum_k b_kx_k$。

为了使运算更符合实际，反映城市形态发展的不确定性，模型引入随机项：

$$RA = 1 + (-\ln\gamma)^{\alpha}$$

式中：γ 为(0,1)范围内的随机数；α 为控制随机变量影响大小的参数，取值为1～10的整数。本文根据研究区城市规划执行情况，在经过专家咨询后，决定 α 取值为8。

最后将一列约束条件加到模型中，其转换规则可表示为：

$$P_{d,ij}^{t} = [1 + (-\ln r)^{\alpha}] \times \frac{1}{1+\exp(-z_{ij})} \times \mathrm{Con}(s_{ij}^{t}) \times \Omega_{ij}^{t}$$

③ 多情景模拟的逻辑回归系数计算方法。逻辑回归系数(b_k)代表每个影响因子的影响力大小，若对其系数大小进行调整，就可计算出不同情景模拟的回归系数。不同情景的城市形态扩展，具有不同大小的影响因子组合，故应首先找出对应情景的重要影响因子(指对特定情景的城市扩展起重要作用的因子)。本研究假定3种情景影响因子相同，但重要影响因子不同。

假设反映某情景的重要影响因子集合为 *I*，而其中的每个元素记为 x_i'，b_i'是该元素代表的影响因子逻辑回归系数，每个元素 x_i' 都在 x_k 的集合 X 中，即 $I\subseteq X$。对应情景的影响因子回归系数计算步骤为：

第一步，为了突出某情景，需要适当增大重要影响因子 x_i' 的影响，即相对于历史演化趋势增大为原来的 n 倍，逻辑回归系数也就相应增大为 n 倍。则反映某情景重要影响因子的回归系数计算公式为：

$$b_i' = nb_k \quad (i \leqslant k)$$

第二步，计算剩余各影响因子的回归系数绝对值，计算公式为：

$$|b_j'| = \frac{b_j}{\sum |b_k|} \times \left(\sum |b_k| - \sum b_i'\right) \quad j \in (K-I)$$

式中：b_j' 为剩余各影响因子的系数。

第三步，计算剩余影响因子的回归系数，各系数的正负值分别取回归分析中的符号，最终回归系数为：

$$\begin{cases} \text{原系数为正：} b_j' = |b_j'| \\ \text{原系数为负：} b_j' = -|b_j'| \end{cases}$$

(4) 预测结果的灰色校准

元胞自动机模型由于本身的设计缺陷，难以实现准确的数量预测。本研究将不等时距的灰色预测方法嵌入 logistic-CA，把灰色预测数量结果作为 CA 模拟预测的停止条件，实现 CA 模型模拟预测面积的精确性。城市属于典型的灰色系统，而灰色系统理论具有以下优点：预测精确度高，计算量小，不需要大量严格规律性分布的样本，适用于近期、中期、长期的预测。

常用拓灰色预测法解决不等时距的灰色预测。它假设等时距的原始数据客观存在，由于某种原因使其中的一些数据缺失，因而出现了不等时距的原始数列，本研究中得到的数据较符合 $GM(1,1)$ 模型曲线，曲线的离散形式为：

$$\hat{x}^{(1)}(k+1) = \left[x^{(0)}(1) - \frac{u}{a}\right]\mathrm{e}^{-ak} + \frac{u}{a}$$

式中：$c = x^{(0)}(1) - \frac{u}{a}$。设初始时间序列为 0，时间序列为 $T^{(0)}(i) = \{0, t_2, t_3, \cdots, t_m\}$，则有：

$$x^{(0)}(t_i) = c(1-\mathrm{e}^{a})\mathrm{e}^{-at_i}$$

式中：$t_i = t_2, t_3, \cdots, t_m$（$m$ 为原始数列的个数）。

c 和 a 值的求解，通常采用胡斌等、熊和金等提出的方程组：

$$\begin{cases} x^{(0)}(t_i) = c(1-e^{a})e^{-at_i} \\ x^{(0)}(t_j) = c(1-e^{a})e^{-at_j} \end{cases}$$

解得：

$$\hat{a} = \bar{a} = \frac{1}{C_{m-1}^{2}} \sum_{i=2}^{m-1} \sum_{j=i+1}^{m} \frac{1}{t_i - t_j} \ln \frac{x^{(0)}(t_j)}{x^{(0)}(t_i)}$$

把 $\hat{a}$ 代入每个方程都可求出一个 c 值，取平均值：

$$\hat{c} = \bar{c} = \frac{1}{m-1} \sum_{i=2}^{m} c_i\text{。}$$

最后，由 $\hat{c}$ 和 $\hat{a}$ 值便可得到不等时距灰色预测模型：

$$\hat{x}^{(0)}(t_i) = \hat{c}(1-e^{\hat{a}})e^{-at_i}$$

由此即可求出预测值。

7.1.3 研究结果及其分析

(1) 城市扩展的多情景模拟

城市扩展模拟，应首先确定其影响因子。根据相关研究，结合研究区实际，选择空间约束、制度约束、邻域约束三大类 15 个影响因子(高速公路、高速出入口、铁路、火车站、机场、航道、河流、国道、省道、县乡道、市中心影响、城市道路、规划道路、规划铁路、规划布局影响)，并将其标准化为 0～1 的无量纲数据，以确保计算具有可比性。

模拟 2005—2011 年城市扩展，以检验改进后 logistic-CA 模型有效性。首先，从总数据中随机抽取 20%，利用 SPSS 软件建立逻辑回归模型，回归系数均通过了 0.05 显著性检验；然后，将回归系数代入笔者开发的 logistic-CA 模拟软件中，模拟 2011 年城市形态；最后，进行模拟结果精度评价，城市用地模拟面积精度为 99%，Lee-Sallle 指数为 0.98，模拟精度极好。

利用灰色预测校准模型，计算预测年份城市面积。经计算，灰色不等时距预测模型为 $\hat{x}^{(0)}(t_i) = 5\,403.205(1-e^{0.074\,9})e^{-0.074\,9t_i}$，模型平均误差仅 -0.1%。

根据城市发展的动力特点，确定 3 种情景的重要影响因子：情景 A 的各影响因子保持不变；情景 B 的重要影响因子为县乡道、城市道路、市中心影响；情景 C 的重要影响因子为机场、航道、省道、高速出入口。3 种情景的重要影响因子分别增大为：情景 A 为 $n=1$；情景 B 为 $n=1.5$，因其可变性和波动性较小；情景 C 为 $n=2$，因其具有较大的可变性。最终，计算出 3 种情景的逻辑回归系数(表 7-2)。

表 7-2　3 种情景逻辑回归系数

影响因子	情　景		
	A	B	C
高速公路	3.28	2.04	2.67
高速出入口	−1.33	−0.82	−2.65
铁路	0.73	0.45	0.59
火车站	4.34	2.69	3.53
航道	−1.36	−0.84	−2.72
河流	−0.48	−0.30	−0.39
国道	0.43	0.27	0.35
省道	−1.82	−1.13	−3.63
县乡道	−6.25	−9.37	−5.08
城市道路	−11.82	−17.73	−9.62
市中心影响	−4.78	−7.16	−3.88
规划布局影响	1.61	1.00	1.31
机场	−3.83	−2.38	−7.67
规划铁路	0.64	0.40	0.52
规划道路	−10.31	−6.41	−8.39

将 3 种情景的逻辑回归系数分别代入 logistic-CA 模型软件，模拟 2013 年、2015 年、2018 年、2020 年的城市面积，分别为 1 294 km^2、1 503 km^2、1 882 km^2、2 187 km^2。

(2) 生态系统服务功能当量

本研究采用网格法，对生态系统服务功能进行空间量化分析。该方法具有无缝覆盖、体现均衡、可操作性强的优点。

利用 ArcGIS 的空间分析功能，计算 2011 年及预测各情景特定年份的不同土地类型提供的服务功能。具体步骤如下：①将整个滨海地区进行网格划分，每个网格设定为 1 km×1 km，共 3 453 个评价单元；②统计每个网格单元的土地类型及其面积；③将各土地类型的单位功能当量代入，计算每个单元格的功能当量；④利用 Natural Breaks 等级划分方法，将 2011 年生态系统服务功能当量分为 5 个等级，并以此分级为标准，对 2013 年、2015 年、2018 年、2020 年 3 种情景的生态系统服务功能进行空间评估分析（表 7-3）；⑤利用 ArcGIS 统计分析各级生态系统功能服务区的比例，并制图，得到 2011 年生态系统服务功能当量现状图。

表 7-3 生态系统服务功能当量等级划分标准

功能当量等级	提供服务功能情况	阈值
1	很低	0～76
2	较低	77～225
3	中等	226～415
4	较高	416～605
5	很高	>605

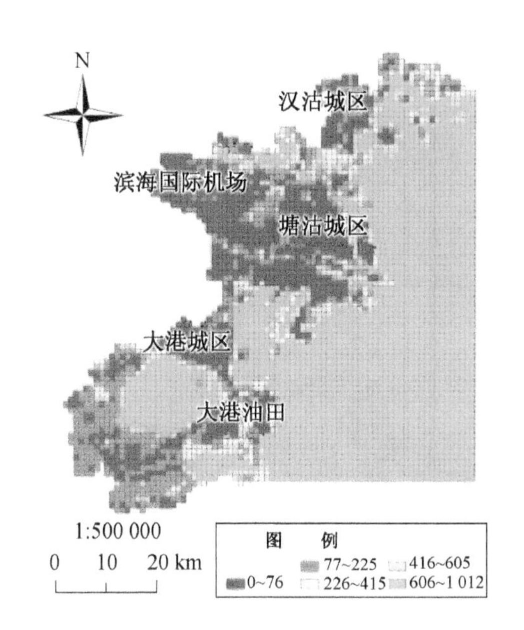

图 7-1 2011 年研究区生态系统服务当量现状

从图 7-1 可以看出，研究区 1、2 级生态系统服务功能区，主要位于滨海国际机场、塘沽城区、大港城区、汉沽城区、大港油田，3、4 级生态系统服务功能区主要位于城区周边，生态系统服务功能最好的地区位于汉沽城区以北、黄港水库、大港水库、南部湿地。2011 年，研究区 5、4、3、2、1 级生态系统服务功能区所占比例分别为 54.3%、5.1%、6.0%、14.3%和 20.3%。

(3) 3 种情景下的生态系统服务功能演化

① 情景 A 空间表现。2011—2015 年，研究区 1、2 级生态系统服务功能区主要围绕塘沽城区、大港城区、滨海国际机场三个地区向外围扩展；而 3、4 级生态系

统服务功能区主要集中在沿海、南部湿地、黄港水库附近,并表现出很强的向海域扩展的特点。从各级生态系统服务功能区面积比重变化来看,1 级逐步增至 26.0%,2 级减少至 12.6%,3 级保持不变,4 级增至 7.9%,5 级降至 46.5%。

2015—2020 年,1 级生态系统服务功能区由大港城区、大港油田、塘沽城区、汉沽城区和滨海国际机场 5 个组团连成一个整体空间,并逐步向外围扩大,最后把大港油田纳入其中,南部塘沽和大港油田间的大量湿地将彻底消失。此外,大港南部将出现大量的低级生态系统服务功能区,将严重影响大港水库的水质安全。从生态系统服务功能区面积比重变化来看,1 级迅速增至 44.0%,2 级减少至 7.4%,3 级降至 4.9%,4 级降至 6.3%,5 级降至 37.5%(图 7-2)。

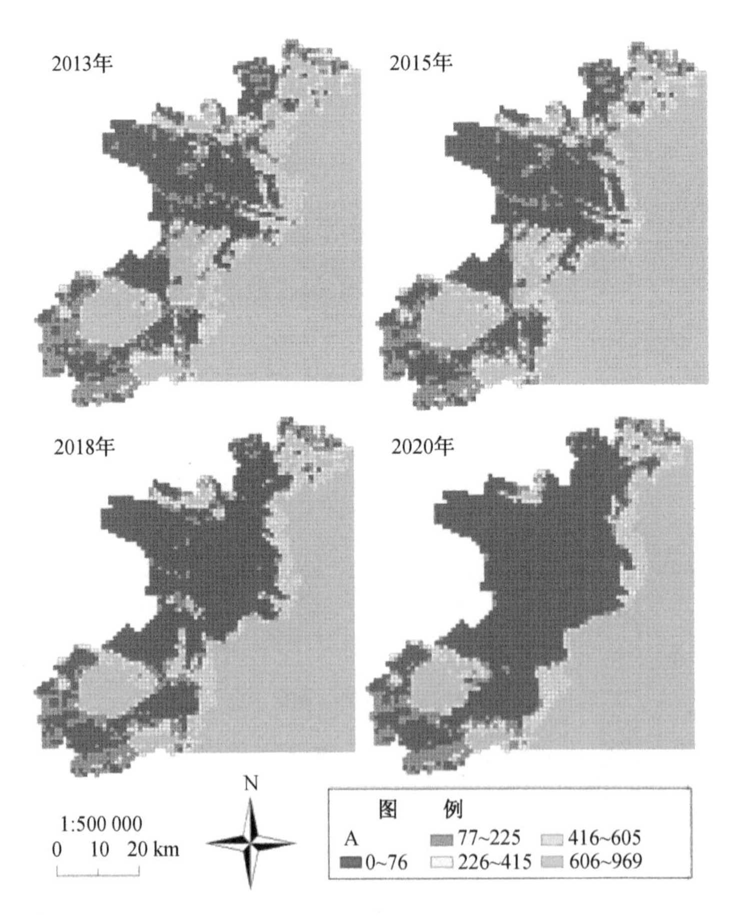

图 7-2 情景 A 状况下生态系统服务功能当量空间演化

② 情景 B 空间表现。2011—2015 年,该区 1、2 级生态系统服务功能区主要围绕塘沽城区、大港城区、滨海国际机场、汉沽城区向外围扩展,主要表现出受城市

建成区影响较大的特点；而 3、4 级生态系统服务功能区，主要集中在沿海、南部湿地、大港油田附近，并表现出较强的向海域扩展的特点。从各等级生态系统服务功能区面积比重变化来看，1 级逐步增至 26.4%，2 级减少至 12.2%，3 级微增至 7.0%，4 级增至 7.2%，5 级降至 47.3%。

2015—2020 年，1 级生态系统服务功能区由大港城区、塘沽城区、汉沽城区和滨海国际机场 4 个组团连成一个整体空间，并逐步向外围扩大，最后，沿滨海大道，穿过南部湿地，把大港油田纳入其中，实现空间一体化。从生态系统服务功能区面积比重变化来看，1 级迅速增至 44.6%，2 级减至 6.5%，3 级降至 4.0%，4 级降至 6.2%，5 级降至 38.8%(图 7-3)。

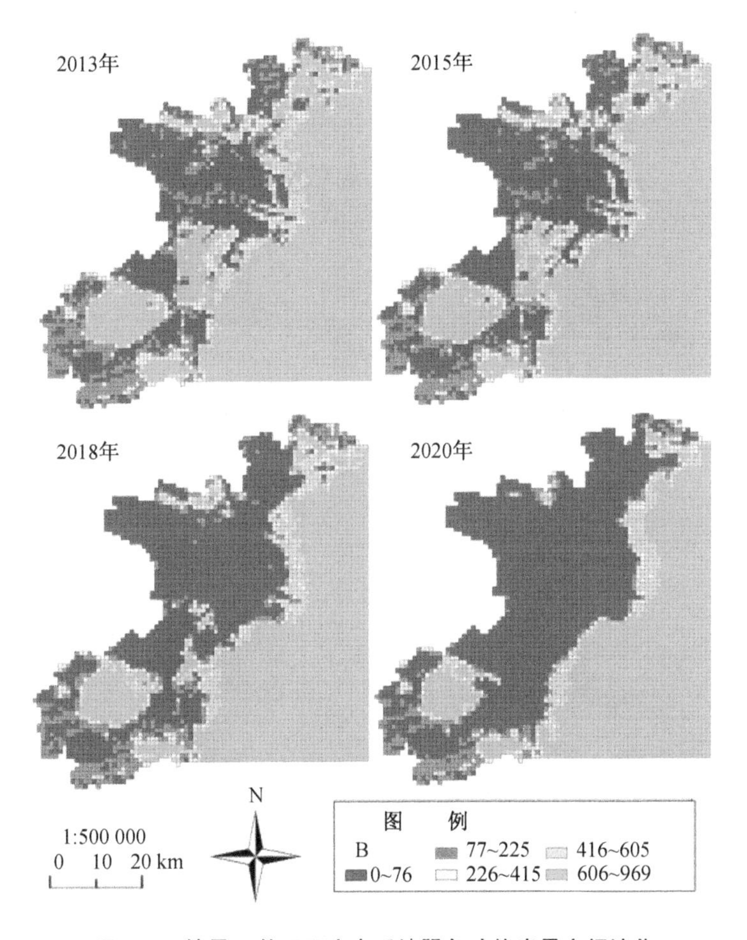

图 7-3 情景 B 状况下生态系统服务功能当量空间演化

③ 情景 C 空间表现。2011—2015 年，研究区 1、2 级生态系统服务功能区主要围绕塘沽城区、大港城区、滨海国际机场向外围扩展，表现出受交通区位影响较

大的特点；3 级生态系统服务功能区，则在海河发展带和大港油田集中；4 级生态系统服务功能区突出表现出强烈的向海域扩展的特点。从各等级生态系统服务功能区面积比重变化来看，1 级逐步增至 27.8%，2 级降至 12.4%，3 级基本保持不变，4 级波动性较大，2015 增至 6.2%，5 级降至 47.6%。

2015—2020 年，1 级生态系统服务功能区由大港城区、塘沽城区、汉沽城区和滨海国际机场 4 个组团连成一个整体空间，并将南部湿地全部覆盖，最后，实现与大港油田的空间一体化。3、4 级生态系统服务功能区，主要集中于塘沽城区和大港油田的海域。从各级生态系统服务功能区面积比重变化来看，1 级迅速增至 45.1%，2 级减少至 8.1%，3 级降至 3.8%，4 级降至 4.7%，5 级降至 38.2%(图 7-4)。

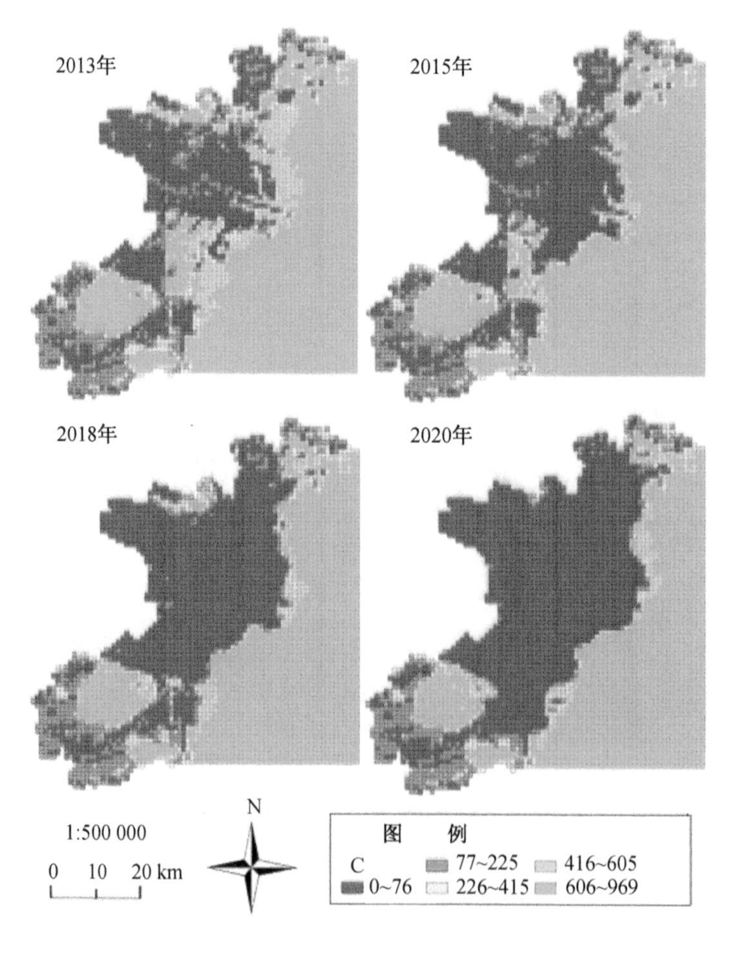

图 7-4 情景 C 状况下生态系统服务功能当量空间演化

④ 情景综合分析。从3种情景的城市形态扩展来看，研究区生态系统服务功能总量的变化曲线均大体一致，情景B模拟期末的生态系统服务功能略高于其他两个情景。但3种生态系统服务功能的空间演化过程差异较大，共同特点是：受城市扩展影响，1级生态系统服务功能以十字形生长，十字形的中心片区位于塘沽城区，扩展主要集中在海河城市发展主轴和沿海城市发展带，并最终形成连片城市建成区。

从各级生态系统服务功能区所占比例的变化曲线来看：1级所占比例逐步上升，情景C在2013年后略高，2020年3种情景格局差别不大，并且所占比例大致相当。2级所占比例逐步下降，3种情景在初期的差别不大，整个过程中情景C所占比例较高。3级所占比例先升后降，2011—2015年情景B所占比例最高，2015—2020年情景A所占比例最高。4级所占比例先升后降，其中，情景C的变化幅度最大，情景B相对稳定，前期2011—2015年情景C所占比例最大，2015—2020年情景A所占比例最大。5级所占比例持续下降，3种情景差别不大，情景B优于其他两种情景(图7-5)。

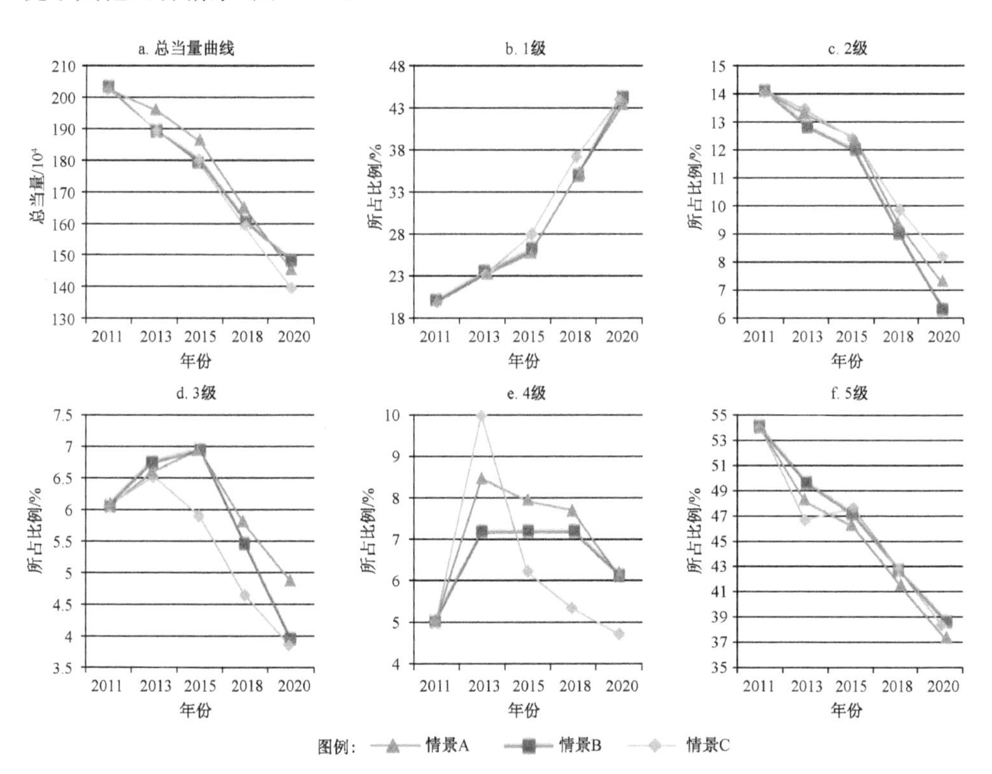

图7-5 各情景生态系统服务功能总当量和各级功能区面积比例的变化

7.1.4 基于研究结果的发展建议

基于改进后的 logistic-CA 模型，本研究模拟了多情景城市扩展影响下，生态系统服务功能的空间演化过程，主要结论如下。

若以情景 A 沿历史发展趋势，2011—2015 年 1 级生态系统服务功能区，在海河发展带以南和大港水库以北集中扩展，2015—2020 年将实现与汉沽城区、大港油田连接成整体空间。低级的生态服务区受塘沽城区、汉沽城区、滨海国际机场、大港城区、大港油田城市扩展组团的影响。

若以情景 B 沿内生发展模式，受原有城市扩展影响的制约，一级生态服务区将主要先围绕塘沽城区、大港城区、滨海国际机场、汉沽城区向外围扩展，最后，沿滨海大道，穿过南部湿地把大港油田纳入其中，实现空间一体化。

若以情景 C 采用外生发展模式，则在交通区位优越的位置，生态系统服务功能的影响将最明显。一级生态系统服务功能区，先以塘沽城区为中心，主要在塘沽城区、大港城区、滨海国际机场向外围扩展，并表现出最强烈的向海域扩展的特点；2015—2020 年，沿海岸扩展首先将南部湿地全部覆盖，实现与大港油田的空间一体化。

3 种情景下，2020 年滨海地区生态系统服务功能总当量均大体相当，生态系统服务功能最低的 1 级功能区空间格局基本一致，但生态系统服务功能的空间演化过程存在重大差异。低等级生态系统服务功能区呈组团状以十字形生长，十字形的中心片区位于塘沽城区，最终形成海河带与沿海十字形片区。

因此建议：城市发展前期 2011—2015 年，采用情景 C 外生发展模式，大力促进塘沽城区、汉沽城区、滨海国际机场、大港城区、大港油田形成与发展 5 个空间增长级；城市发展后期 2015—2020 年，采用情景 B 内生发展模式，以 5 个空间增长级为核心，合理发展城市形态，以形成良好的城市生态环境。

7.2 城市形态扩张对热岛单项生态服务功能的影响

2015 年 5 月 25 日，印度安得拉邦有 852 人死于 47℃的热浪。2016 年 7 月，中国近半数城市人口受到夏季高温“炭烤”，7 月 26 日仅江苏一地累积报告中暑病例超过 120 例，危重症病例近 20 例。全球变暖与夏季高温的叠加，与这些事件的发生存在着密切的联系。全球气温在 1880—2012 年期间只上升了 0.85(0.65～1.06)℃，并非发生该现象的主要原因。上述事件发生在快速城镇化的大城市，城市热岛导致的夏季升温，恶化了城市空间的热舒适度，进而导致了危害人体健康事件的频繁发生。

快速城镇化过程中，城市面积扩张迅速，城市内部土地利用结构更新频繁。原来以植被为主的自然景观，被建筑、硬化地面等人工景观所取代，导致热岛的产生和加剧；而土地利用性质的不断变化，加之大量人为热的排放，使城市热岛效应愈演愈烈。由于城市地表的热导率、发射率、反射率和热容等辐射和热性能的变化，导致了地表能量平衡发生较大变化，这不仅仅导致城市地区的温度高于周边农村地区的现象，更重要的是产生了城市热岛效应在空间的变化和转移，及其导致的对人体舒适和健康综合空间影响。

城市热岛问题已成为城市环保工作面临的新问题之一。夏季热岛对人居环境产生的影响最为严重，降低了人体的热舒适感，增加了城市暴力事件的发生率，带来了一系列的社会问题。城市规划与建设，是应对这一问题的有效途径之一。需要从综合角度，研究长期热岛、热舒适性与城市空间变化等综合相互作用机制。

天津市位于北纬 39°，东经 117°，是全球 Beta(二线)城市，人口规模超过 1 400 万人，建成区面积达到 1 156 km^2。近 25 年，天津与其他世界特大城市空间的长期演变特征相似，具体表现为一、二、三产业在城市中的更替；城市由单中心向多中心发展；与热岛相关的绿化覆盖、建筑高度、建筑密度、硬化地面、天空开阔度等因素的空间变化较大，这些变化导致了不同空间位置的热舒适影响强度发生了较大改变。有鉴于此，本研究以天津市为例，通过建立热岛对热舒适性的影响评价标准，来探究特大热岛对热舒适性影响的空间转移模式特征，以期相关结论可以为城市空间结构的优化调整和微气候的热舒适改善提供科学支撑。

7.2.1 研究现状

全球变暖和快速城市化，已使得城市热环境研究成为全世界范围内具有理论和实践双重意义的研究热点之一。以“城市热岛效应”为主题文献关键词进行检索，利用 Citespace 对 2008—2018 年 web of science 的 900 篇被检索论文进行分析，发现研究方法与过程较少涉及控制样本点数、概念模型、运行机制、同步性、空间典型性、天气情况、地表特征、设备参数等。研究内容主要集中在城市热岛现象(热岛强度、地表温度、大气温度)、产生原因(城市化、土地利用、绿地)、对气候环境的影响等，有 264 篇涉及空间和过程，有 188 篇与热岛影响相关，但只有 12 篇专注于研究健康和舒适(图 7-6)。已有研究表明，城市热岛的产生和空间转移，是多种因素共同作用的结果。城市空间布局的变化改变了局部大气环流、热量吸收和辐射，导致了热岛的空间转移。因此，研究热岛对热舒适性的空间影响，需要从城市空间转移的综合表象入手，借助 GIS/RS 空间统计分析技术，采用适合的分析方法发现空间转移的特征和模式。

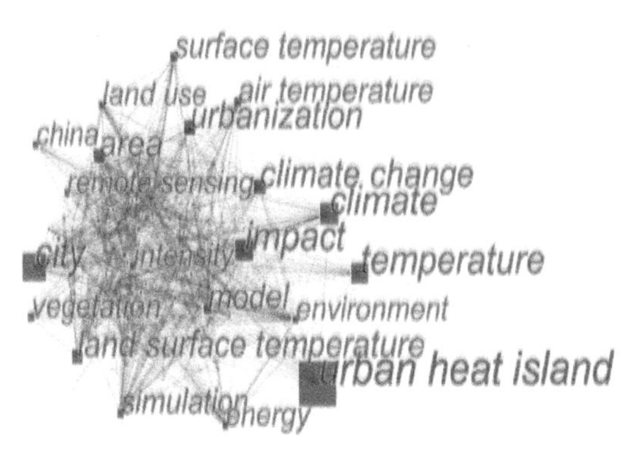

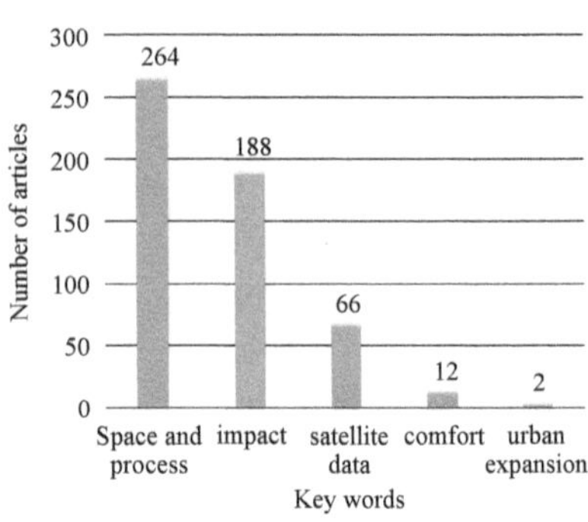

图 7-6 城市热岛效应相关论文 Citespace 软件分析

研究城市热舒适的受影响强度及其在空间的相互转移情况，需要借助遥感技术进行大范围温度场的反演和地物提取。早在 1972 年，Rao 首先应用卫星遥感影像反演城市地表温度，研究了美国大西洋中部沿海城市地表温度分布模式，揭开了利用卫星影像研究大范围城市热环境的新阶段，此后众多学者采用遥感数据对不同研究区做了大量的研究。Dongkun，Yusuf 等利用 Landsat TM 和 ETM+影像提取土地利用模式，研究了城市空间扩展对控制地表热岛的作用，但没有考虑人体影响和强度等级的科学划分标准。Kato 利用遥感研究表明，高度城市化区域比新扩展居住区存储了更多的热量，该研究未对热环境的空间转移进行系统分析。现有利用遥感技术的研究，主要集中于对温度场进行单纯分析，很少关注不同热岛强度等级内部相互转化的特征，更少见与此相关联的城市人体舒适健康的影响研究。此外，研究方法上对热岛的分级分类和标准化均未考虑对人体的影响，没有采用空间相关分析方法和空间的临近效应。

利用地面气象观测点，是城市热岛对热舒适影响研究的另一个模式。Giridharan 研究显示，高密度的高层建筑区大气热岛强度达到 1～1.5℃。笔者在天津市夏季典型天气下进行测试，显示最高大气热岛强度达到 5.7℃，极大地恶化了环境的舒适性。Park 通过对首尔六个街区的绿色空间进行研究，表明热岛强度与三维绿量呈线性关系，随着绿量的增加，热岛强度则会减弱，但该研究难以推广到城市空间的宏观尺度。Jin 采用 27 个监测点，在 8 km^2 的范围内，研究了新加坡城市形态参数与热岛的关系，但研究未涉及人体舒适度。Salata 通过 ENVI-met 模拟罗马大学来研究城市小气候，提出通过城市的屋顶绿化、改善铺装，能够提高热浪期间的热舒适度、降低室外暴露者的健康风险可达 60%；但是该研究范围太小，并不能反映特大城市热舒适性演变的规律特征。Radhi 利用两个固定站点观测巴林的人造安瓦吉岛屿，研究表明，与无人居住的岛屿相比，人工岛降温负荷的增加幅度在14%～26%;但该研究观测点少,不能得出热岛在大范围内如何影响热舒适性的空间变化规律。利用地面气象站点的这类研究观测局限较大,很难对城市空间整体特征进行分析。

本研究从减轻热岛对人体热舒适性危害的宏观角度,在严格控制气象站点观测的条件下,利用多时相遥感影像和适宜的空间统计模型,分析特大城市热岛对热舒适性影响的空间转移规律特征。以典型特大城市天津市为例,采用25年的Landsat遥感影像,反演计算地表热岛升温,进行长时间、多时相温度场和城市空间的变化提取。以人体的高温生理反应为基础,划分热舒适性受影响区,采用空间自相关方法探测夏季热舒适空间影响的转移模式特征,以期为城市空间形态规划布局和生态城市规划提供科学参考。

7.2.2 研究方法

(1) 研究区概况

研究区域为天津市主城区,位于117°13′45″～117°18′50″、39°4′25″～39°10′4″,为典型的半湿润大陆性季风气候,受季风环流支配,是东亚季风盛行的地区,主要气候特征为四季分明,夏季炎热,雨水集中。下半年太平洋副热带暖高压加强,以偏南风为主,气温高,降水也多。北京时间2008—2017年7、8月10:30,天津市城区平均温度为28.5℃。

天津市是亚太区域国家中心城市,是中国四个直辖市之一,是中国三大城市群之一京津冀城市群中的重要城市。在城市化的快速推进中,天津城市空间扩张具有典型性。近20余年来,城市形态面积由1992年的280 km^2,扩张到936 km^2,人口增长了3倍以上。研究区内人口密度高、产业集中,近25年城市建筑也得到了更新,大量的多层、高层建筑相继替代了原来的低层、高密度建筑(1～2层),由此产生的热岛效应和空间影响变化具有典型的代表性。

(2) 基础数据及其处理

研究中的基础数据,主要采用Landsat TM 5、TM 8遥感影像,空间分辨率为30 m,其中热波段分辨率分别为120 m、100 m。卫星过境时间均为10:30左右,是白天工作的最佳时间,非常适合研究夏季热岛对人体热舒适性的影响。根据历年天津气候区特点,研究日期选择每年最热的7月7日—8月17日。所选遥感影像云量均为0,影像拍摄前一天均未降水,当天平均风速在2.35 m/s以下。

1992年国务院发布《关于发展房地产若干问题的通知》后,开始了地产开发和城市改造扩展的新时期。自1992年以来,根据天津市城市规划与建设历史,结合城市建成区在卫星影像的人工目视解译结果,其空间演化可分为典型的三个阶段:1992—1999年、1999—2006年、2006至今。因2013年天津市总规修编,故研究区遥感影像选取典型的5景，分别为1992年7月30日、1999年8月11日、2006年7月21日、2013年7月24日、2017年7月10日，同时配合1992年、1999年、2005年、2013年、2017年地图，1996年、2005年、2013年总体规划图进行数据整理。

数据预处理：首先，将天津市地图、城市规划图、城市现状图等扫描，进行几何精校正，校正误差均小于30 m。然后，将卫星遥感影像和配准图件统一校正到高分遥感影像图，统一投影为WGS_1984_UTM_50N，误差控制在15 m以内，以保持数据的一致性。最后，利用ArcGIS软件，建立文件数据库，并进行提取和统计分析。

(3) 地表温度反演方法

本研究地表温度反演采用基于影像反演算法(IB算法)，该算法简单准确，数据易获得。因每期MODIS卫星影像数据不能完全覆盖研究区，故不能获取相近时间段的大气水分含量，因此研究区无法采用单通道和单窗算法。

首先，依据NASA的数据使用说明进行辐射定标，把像元亮度值(DN)转化成为相应的热辐射强度。然后，计算植被指数(NDVI)及植被覆盖度。接着，采用覃志豪提出的比辐射率计算方法，通过NDVI和植被覆盖度计算出来地表比辐射率。最后，通过LST计算公式，计算出地表温度，公式为：

$$LST = \frac{T}{1 + (\lambda T/\rho)\ln\varepsilon} - 273.15$$

式中，λ为TM6波段的中心波长(11.5 μm)，$\rho = h \times \frac{c}{\sigma} = 1.438 \times 10^{-2}$K（其中，斯特藩-玻耳兹曼常数$\sigma = 1.38 \times 10^{-23}$ J/K，普朗克常数$h = 6.626 \times 10^{-34}$ J·s，光速$c = 2.998 \times 10^{8}$ m/s)。

(4) 空间自相关分析法

空间自相关分析是研究空间模式变化的有效方法。其重点在于分析空间数据之间的相关关系，发现奇异观测值，揭示对象的空间联系、异质性空间模式。它能够提供理解从过去到现在、从现在到未来的空间模式知识，并且通过空间模式时间变化的研究，揭示导致空间模式变化的驱动因子。研究采用Getis-Ord G_i^*和Local Moran's I两个常用指数，分析城市增长过程中热岛对夏季热舒适空间的影响，识别热舒适变化的热点区域，理解空间演化模式的特征。

$$G_i^* = \frac{\sum_{j=1}^{n} w_{i,j} x_j - \frac{\sum_{j=1}^{n} x_j}{n} \sum_{j=1}^{n} w_{i,j}}{\sqrt{\frac{\sum_{j=1}^{n} x_j^2 - (\bar{X})^2}{n}} \sqrt{\frac{n \sum_{j=1}^{n} w_{i,j}^2 - (\sum_{j=1}^{n} w_{ij})}{n-1}}}$$

$$I=\frac{x_i-\frac{\sum_{j=1}^{n}x_j}{n}}{\frac{\sum_{j=1,j\neq i}^{n}\left(x_j-\frac{\sum_{j=1}^{n}x_j}{n}\right)^2}{n-1}-\left(\frac{\sum_{j=1}^{n}x_j}{n}\right)^2}\sum_{j=1,j\neq i}^{n}w_{i,j}\left(x_j-\frac{\sum_{j=1}^{n}x_j}{n}\right)^2$$

其中，x_j是要素 j 的属性值；$w_{i,j}$是要素 i 和 j 之间的空间权重；n 为要素总数。

Getis-Ord G_i^* 和 Local Moran's I 的空间相关性计算结果，需要使用 z 得分和 p 值进行统计显著性检验，以确定是否存在空间集聚和空间结构，证明某些基础空间过程在发挥作用。本文的检验值采用 $|z|>1.96$、显著水平 $p<0.05$、置信度水平 95%的检验标准。

7.2.3 研究结果及其讨论

(1) 热岛计算与热舒适度受影响等级划分

首先，将 1992、1999、2006、2013、2017 年夏季 TM 遥感影像(图 7-7)，利用 IB 算法进行地表温度反演。经 10 个点和固定气象观测站的记录实测对比验证，TM 影像反演温度均接近实际测试气温，平均误差为 0.38℃。

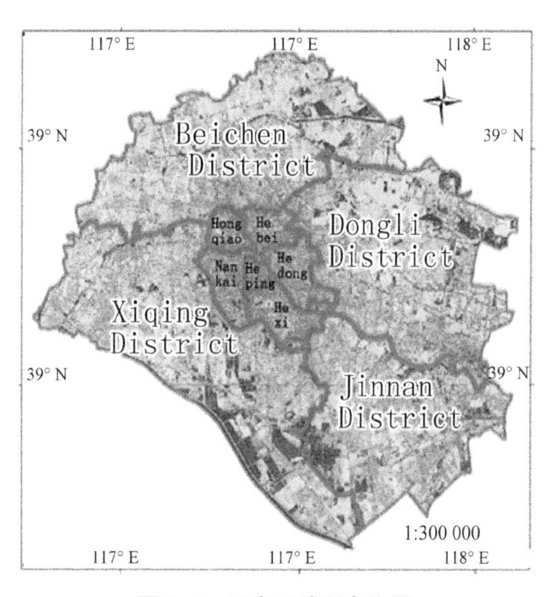

图 7-7 研究区域所在位置

然后，在 ArcGIS 软件计算每个点的热岛强度，计算公式为：

$$\Delta T_{ij}=T_{ij}-\overline{T_R}$$

式中：ΔT_{ij}为空间位置 ij 上的热岛强度；T_{ij}为空间位置 ij 上的地表温度；$\overline{T_R}$为从八个远郊区方向的 80 座村庄平均温度，每个采样点是该村温度的平均值。

最后，根据研究中的影响等级划分方法，计算出各年份夏季的人体舒适健康受影响图(图 7-8)。参照临近地区北京市人体舒适度计算公式与划分标准、感觉程度，和人体对高温的感觉与生理反应情况，将地表热岛对热舒适性的影响分为 5 级(表 7-4)。热舒适度指数计算采用由 Tom 提出、Bosen 修正后的公式：

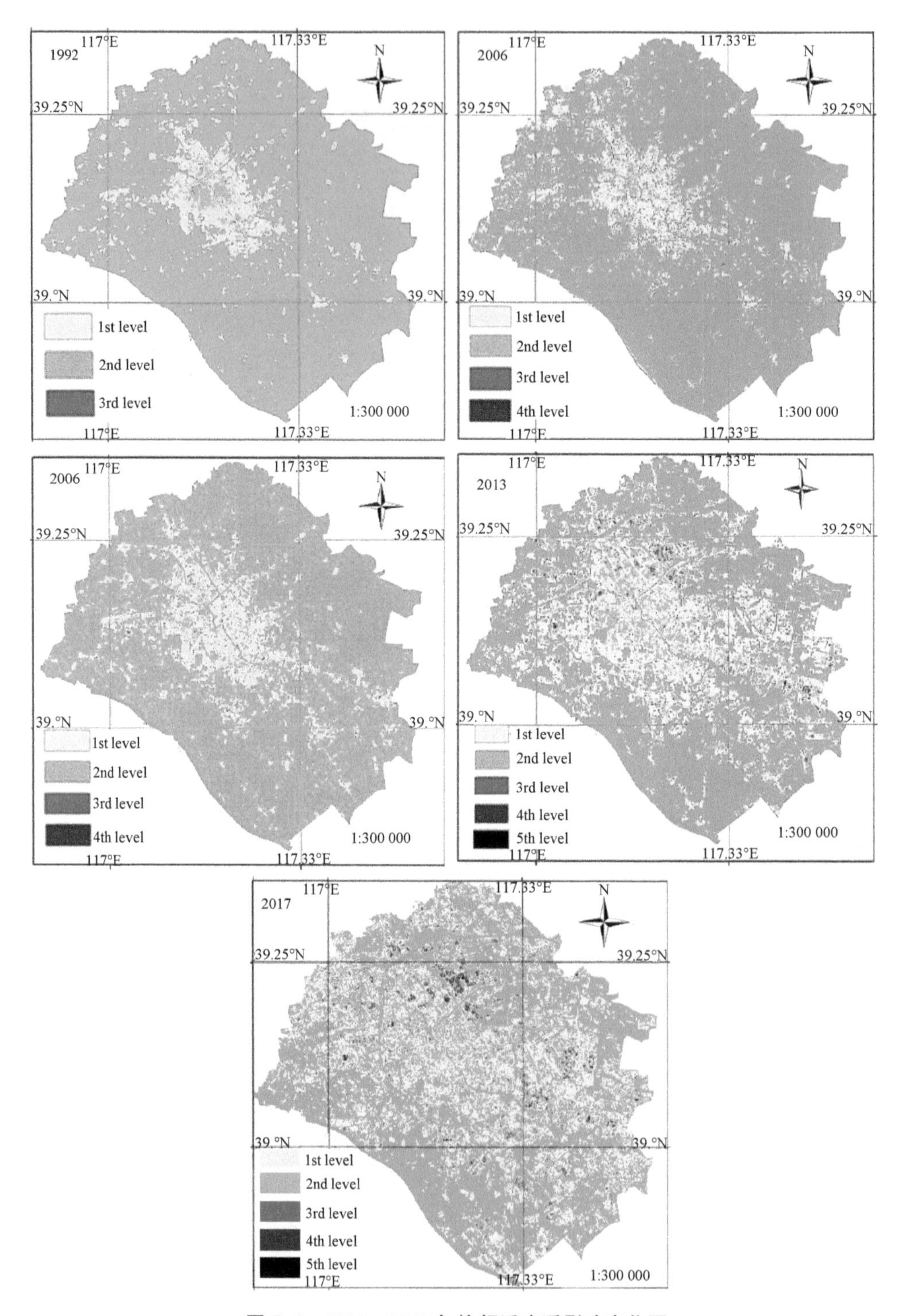

图 7-8 1992—2017 年热舒适度受影响变化图

$$I_L = 1.8T + 32 - 0.55(1 - RH)(1.8T - 26)$$

其中,RH 为相对湿度,取 50%;T 为大气温度(单位℉);I_L 为舒适度指数。从表 7-4 可以看出,热岛温度的升高影响了人体的热舒适感受,在夏季给人类带来了生理和心理的危害,因此可以说热舒适受影响等级的提高是区域环境恶化现象(热岛对热舒适的影响区域,下文简称影响区)。

表 7-4 热岛对热舒适性的影响等级划分

热舒适受影响等级	零级	一级	二级	三级	四级	五级
热岛强度/℃	0	0～2.8	2.8～6.96	6.6～8.9	8.9～11.5	11.5 以上
温度/℃	28.5	28.5～31.3	31.3～35.1	35.1～37.4	37.4～40	40 以上
舒适度指数	76.3	76.3～80	80～85	85～88	88～91.5	91.5 以上
人体热感觉	较舒适	不舒适	很不舒适	不适应	很不适应	无法忍受
生理表现		易出汗	过度出汗	生理开始一级预警、心跳加快、浅静脉开始扩展	生理逐渐开始二级与三级预警,人体排汗已无法保证正常温度调节	开始头晕眼花,甚至发生中暑、休克状况

(2) 1992—1999 年空间转移变化特征

1992—1999 年,新增恶化影响区 92.573 km²,主要为一级影响区升高。改善影响区 90.446 km²,其中 58.55 km² 为一级影响区降为非影响区,二级影响区的 58.64%降为一级以下,三级影响区 73.67%降为二级以下。1999 年,新增四级影响区 0.130 km²,主要散布在郊区(表 7-5)。

表 7-5 1992—1999 年影响区转移矩阵

年份	等级	1999 年				
		零级	一级	二级	三级	四级
1992 年	零级	1 739.907	75.437	2.813	0.142	0.022
		95.688%	4.149%	0.155%	0.008%	0.001%
	一级	58.55	131.812	13.516	0.131	0.009
		28.698%	64.608%	6.625%	0.064%	0.004%
	二级	5.827	25.849	21.859	0.403	0.078
		10.788%	47.854%	40.468%	0.746%	0.144%
	三级	0.014	0.025	0.182	0.058	0.021
		4.667%	8.333%	60.667%	19.333%	7.000%

通过 Getis-Ord G_i^* 和 Local Moran's I 指数分析，发现降温低值集聚区明显多于升温高值集聚区(图 7-9)。高值集聚区向东南方向增长，主要分布在沿海河两岸，北部出现了双口镇斑块。多处较大低值集聚区出现在水上公园、格调春天(高层)、水西园(多层)等小区，城市中心地段的海河两岸进行的旧城改造，拆除了高建筑密度的二层楼房密集区，新建了较多的多层建筑，增加植被、水体以及道路构成通风廊道，打破了二级影响区大面积集中的空间格局，使二级影响区大量减少。这表明在城市内部适当位置进行大面积的旧城改造，使建筑向三维延伸，由高建筑密度集中到适度疏散，增加植被和通风廊道，提高空气质量与流通速度，可使热环境改善区大于实际改造区，使影响产生放大效应。

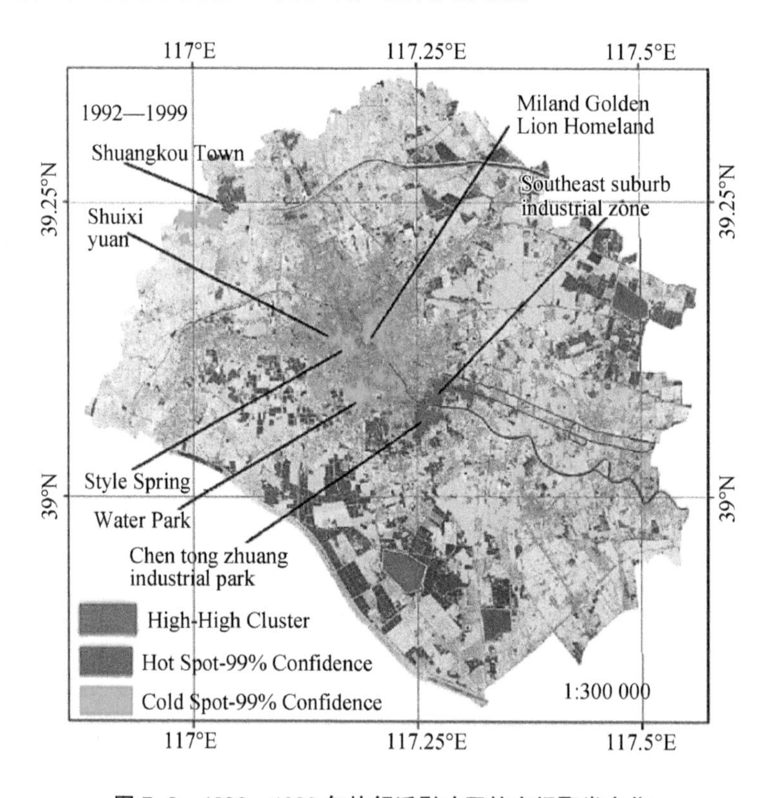

图 7-9　1992—1999 年热舒适影响区的空间聚类变化

(3) 1999—2006 年空间转移变化特征

1999—2006 年恶化的影响区主要源于一级影响区升高为二级影响区。一级影响区新增 66.442 km²，沿中心城市向外圈层扩展。二级影响区新增 35.15 km²，旧城区改造使中心城区的原二级影响区中 46.75%的区域得到改善，最大斑块面积继续减小，并向城市外围转移，原郊区工业集中的二级影响区则呈扩大态势。三级影响区新增 0.13 km²,空间上主要集中于夏利汽车厂、天钢集团公司、玉泉公寓等。四级影响区中 88.89%的区域得到改善,但新增斑块数量较多,导致面积变化不明显;新增斑块主要位于郊区的天穆、勤俭新村、大寺镇三处(表 7-6)。

表 7-6 1999—2006 年影响区转移矩阵

年份	等级	2006 年				
		零级	一级	二级	三级	四级
1999 年	零级	1 647.907	147.499 2	12.484 8	0.057 6	0
		91.148%	8.158%	0.691%	0.003%	0.000%
	一级	53.078 4	139.824	40.363 2	0.057 6	0
		22.749%	59.927%	17.299%	0.025%	0.000%
	二级	5.558 4	12.384	20.116 8	0.316 8	0
		14.484%	32.270%	52.420%	0.826%	0.000%
	三级	0.043 2	0.043 2	0.489 6	0.158 4	0
		5.882%	5.882%	66.667%	21.569%	0.000%
	四级	0.014 4	0.014 4	0.072	0.014 4	0.014 4
		11.111%	11.111%	55.556%	11.111%	11.111%

通过 1999—2006 年 Getis-Ord G_i^* 和 Local Moran's I 指数分析,发现热舒适度的恶化集聚热点区较多,沿主城区和滨海新区的联系方向分布,呈西北—东南走向,有向东南远郊滨海新区方向扩展的趋势(图 7-10)。恶化影响区主要集中在大寺镇、无瑕街道、LG 电子厂,津滨道路沿线初步形成热舒适度恶化的小集聚区。这些热点地区大部分以工业为主,分别是东南郊工业区、白庙工业区、北仓工业区等。热舒适度改善的低值集聚区,出现在鼓楼和三条石,该处有面积超过 4 km² 的旧区改造,极大降低了中心城区热岛对热舒适度的影响等级,减小了影响区的面积。

(4) 2006—2013 年空间转移变化特征

2006—2013 年,影响区新增 433.12 km²,其中二级以上占 177.155 km²,主要是因为城市出现了大量高密度高层和高硬化地面率的景观。一级影响区新增 261.858 km²,继续沿城市外围扩展,扩张模式由圈层扩展转变为团块跳跃式。二级影响区在空间上主要向东北部集中。三级影响区新增 10.184 km²,期末 50.14%的区域降至二级以下,在空间上继续向东扩展迁移。四级影响区新增 1.273 km²,期末 30%的区域降为一级,在空间上也继续向东扩展迁移。五级影响

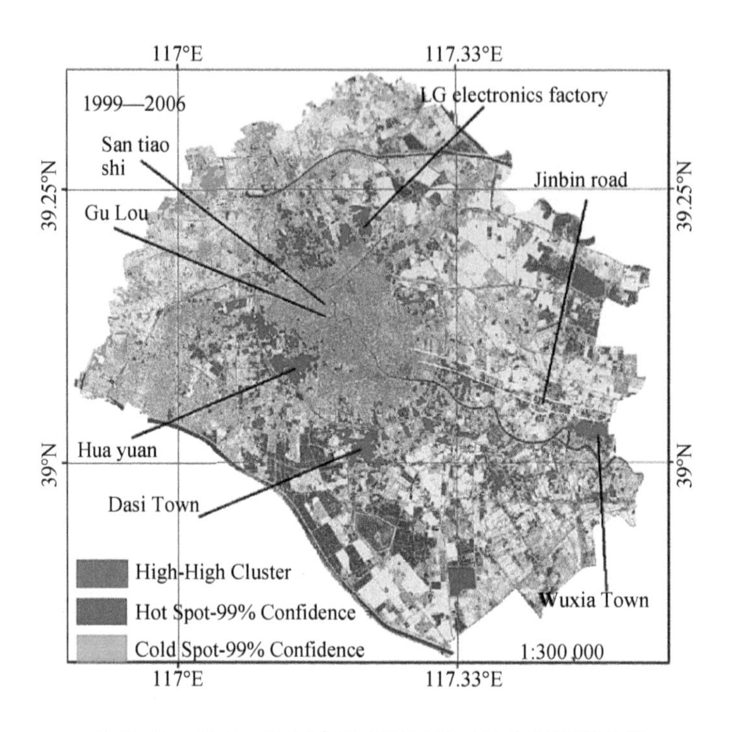

图 7-10　1999—2006 年热舒适影响区的空间聚类变化

区新增 0.075 km^2，在东北部出现了稳定的强影响区，主要原因是该区新建了多家工厂。这一时期突出的特点是二、三级影响区改善，主要原因是城市外围新建开发区和地产项目大范围施工，造成地表裸露，导致了夏季高温；随着项目的竣工，绿化覆盖率逐步提高，热岛对舒适度的影响逐渐降低，具有随时间衰减的特征（表 7-7）。

表 7-7　2006—2013 年影响区转移矩阵

年份	等级	2013 年					
		零级	一级	二级	三级	四级	五级
2006 年	零级	1 248.242	387.209 7	67.445 1	3.007 8	0.380 7	0.024 3
		73.154%	22.693%	3.953%	0.176%	0.022%	0.001%
	一级	22.432 5	157.456 8	117.160 2	2.172 6	0.282 6	0.006 3
		7.490%	52.571%	39.117%	0.725%	0.094%	0.002%
	二级	2.502	16.581 6	49.014	5.501 7	0.459 9	0.023 4
		3.377%	22.383%	66.161%	7.426%	0.621%	0.032%

（续表）

年份	等级	2013 年					
		零级	一级	二级	三级	四级	五级
2006 年	三级	0.009	0.115 2	0.198	0.144 9	0.154 8	0.020 7
		1.401%	17.927%	30.812%	22.549%	24.090%	3.221%
	四级	0	0.005 4	0	0	0.012 6	0
		0.000%	30.000%	0.000%	0.000%	70.000%	0.000%

通过 Getis-Ord G_i^* 和 Local Moran's I 指数分析，热舒适度恶化的热点集聚区主要是空港开发区、开发区西区组团、新立组团、海河中下游工业组团、双街组团（图 7-11）。上述组团多以工业性质为主，在近郊的新立、双街组团兼具居住功能。低值集聚中心在老城区内部呈多处小规模呈现，主要归因于 2005 年后调整城市功能布局与产业结构，提升金融、商贸、科教、信息、旅游等现代服务职能，改善城市生活、生态环境，改善了热舒适度。2005—2025 年总体规划，将城市空间结构定位为

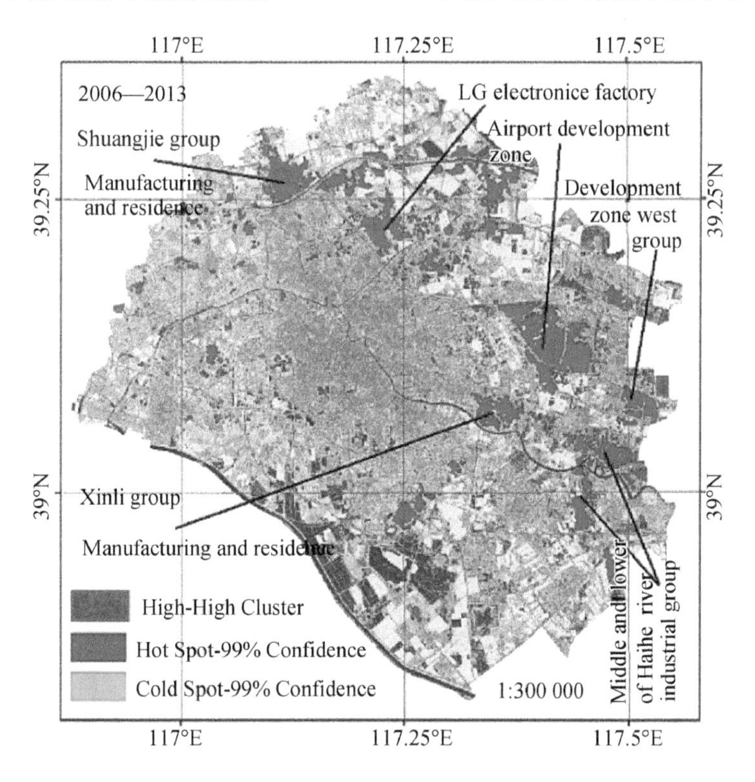

图 7-11　2006—2013 年热舒适影响区的空间聚类变化

“一主、一副”，中心城区作为主中心，滨海新区作为副中心，这使得两个中心的中间地带得到了发展，因此这一时期恶化地区主要处于该地区，在津塘路两侧呈带状东西延伸。由此可见，城市功能结构的调整、城市空间演化模式的改变，与城市环境的热舒适空间变化关系密切。

(5) 2013—2017 年空间转移变化特征

2013—2017 年，影响区新增 142.00 km^2，改善影响区 235.87 km^2，改善区域大于新增影响区。改善影响区主要由一级改善为无影响区。一级影响区主要沿组团中心向外扩展。二级影响区新增 72.47 km^2，城区外围组团二级影响区增加量提高。三级影响区，在小淀组团、LG 电子制造厂等处持续增加。四、五级影响区的改善不大，有 75%以上的区域无改善甚至恶化(表 7-8)。

表 7-8　2013—2017 年影响区转移矩阵

年份	等级	2017 年					
		零级	一级	二级	三级	四级	五级
2013 年	零级	943.624 8	269.883 9	58.706 1	0.880 2	0.089 1	0.001 8
		74.115%	21.198%	4.611%	0.069%	0.007%	0.000%
	一级	181.422 9	294.898 5	83.111 4	1.759 5	0.175 5	0.000 9
		32.318%	52.532%	14.805%	0.313%	0.031%	0.000%
	二级	5.999 4	45.716 4	162.442 8	18.886 5	0.769 5	0.002 7
		2.57%	19.55%	69.47%	8.08%	0.33%	0.00%
	三级	0.137 7	0.286 2	2.005 2	5.364 9	2.929 5	0.103 5
		1.272%	2.643%	18.520%	49.551%	27.057%	0.956%
	四级	0.001 8	0.004 5	0.024 3	0.263 7	0.739 8	0.256 5
		0.139%	0.349%	1.883%	20.432%	57.322%	19.874%
	五级	0	0	0	0.000 9	0.009 9	0.063 9
		0.00%	0.00%	0.00%	1.20%	13.25%	85.540%

Getis-Ord G_i^* 和 Local Moran's I 的指数分析表明，热舒适度恶化的热点位于大张庄、津南新城、空港新城、八里台等(图 7-12)，这些热点区以工业为主兼具居住功能，建筑为高层化特征。植被的裸露是导致该区局部热舒适恶化的一个重要原因：王稳庄地区有大片农田处于裸露状态，导致了热岛效应的加剧。与 2006—2013 年相比，双街组团、双青组团成为影响区等级降低的地区。中心城区的影响等级得到了明显的降低，主要是因为城市更新的进行、旧住宅区的改造、植

被的种植缓解了热岛效应。从整体上看，热舒适恶化区向城市的南北两侧转移，这表明大规模的城市开发已经远离了中心城区，向外扩张。

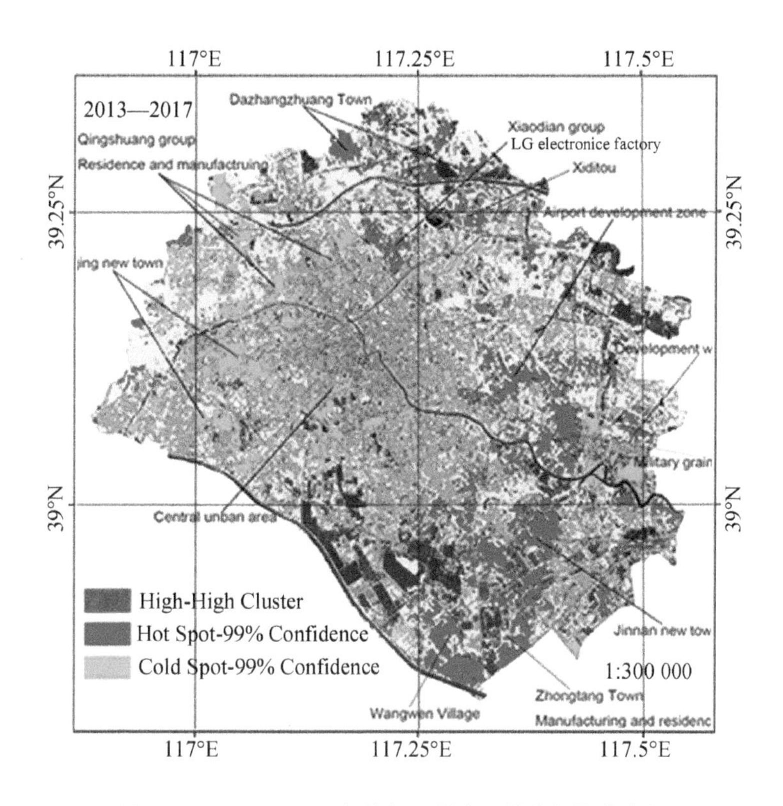

图 7-12　2013—2017 年热舒适影响区的空间聚类变化

7.2.4　城市形态与热舒适度的变化趋势分析

将四个年份的遥感影像，利用本文的城市形态提取方法，计算 SAVI、NDBI、MNDWI 指数并复合叠加原来波段 7、5、4、3、2、1，选取感兴趣区并进行监督分类。数据分类结果显示，生产者精度为 93.86%，用户精度为 95.62%，kappa 系数为 0.93。通过用其他图件对数据进行分类后处理，最终城市形态提取精度达到 93% 以上。城市形态提取如图 7-13。

随着天津市城市空间的扩张，1992 年城市形态面积 280 km^2，2017 年增加到 1 156 km^2，而热岛强度也由 8.55℃增加到 14.22℃，对人体舒适度的影响由三级上升到五级。各级影响区面积出现了较大的变化：一级影响区面积增加了 406.79 km^2；虽然二级影响区只增加了 12.125%，面积却增加了 252.8 km^2；三级影响区面积增加了 26.86 km^2，增加了 90 倍，增速极快；1999 年后出现了四级影响

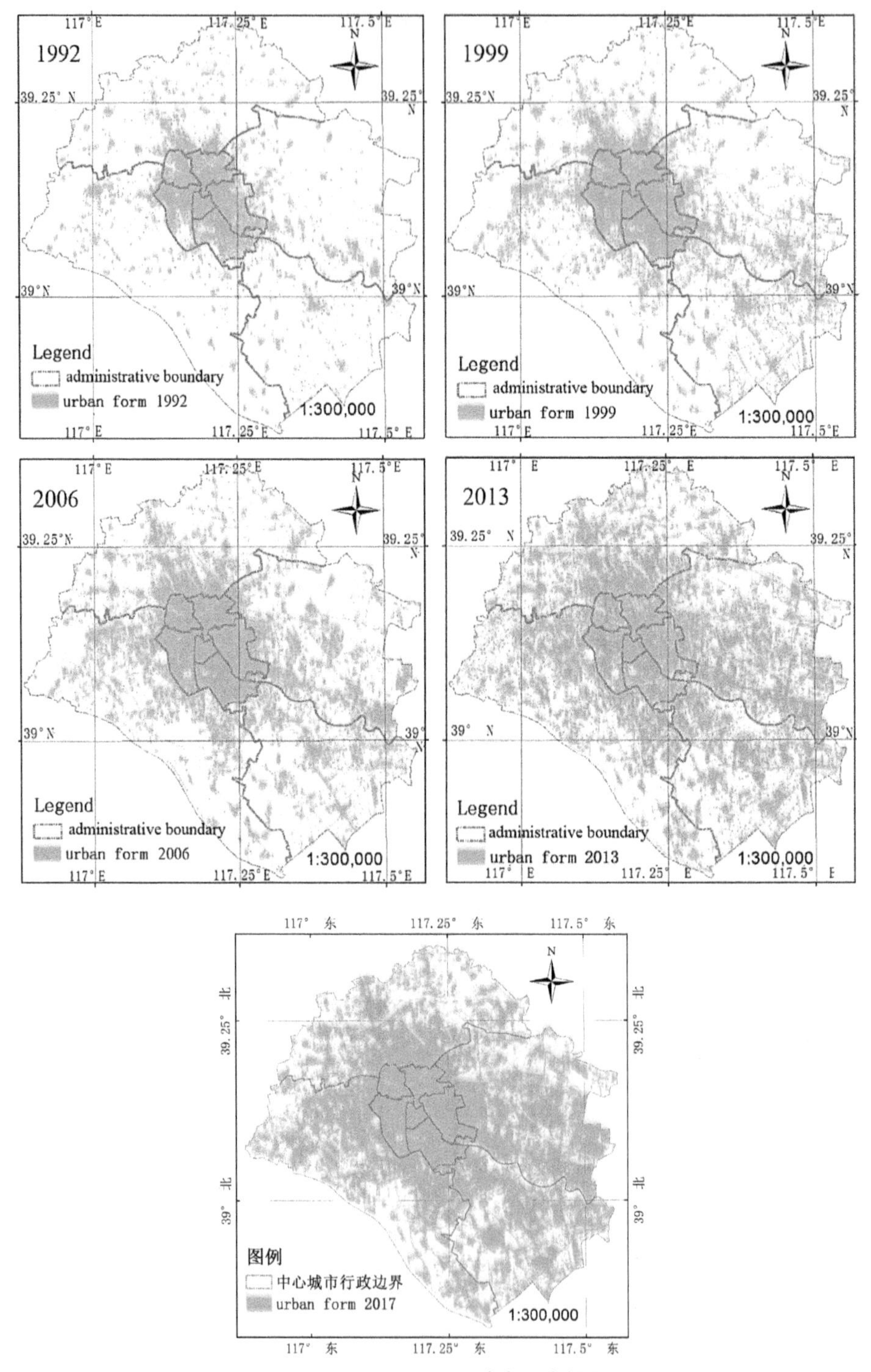

图 7-13　1992—2013 城市形态提取

区，2009 年出现了五级影响区；四、五级影响区出现较晚，面积增长较快，2017 年总面积为 5.13 km^2。

表 7-9 1992—2013 年各影响等级比例

年份	未受影响区	一级影响区	二级影响区	三级影响区	四级影响区	五级影响区
1992	87.582	9.808	2.596	0.014	0.000	0.000
1999	86.901	11.215	1.845	0.034	0.006	0.000
2006	82.012	14.396	3.561	0.031	0.001	0.000
2013	61.194	26.982	11.238	0.520	0.062	0.004
2017	54.380	29.358	14.721	1.305	0.227	0.021

通过研究发现，城市形态面积与热岛强度二者之间具有 S 型曲线关系，方程为 $y = e^{(2.74-173.98/x)}$，$F = 35.12$，显著性为 0.002。随着城市形态面积增加，热岛对热舒适度的影响先是迅速增强，当达到 1 000 km^2 时逐渐平稳，达到 640 km^2 左右时会出现五级影响区。这主要是因为城市化过程中的要素集聚，表现在城市形态上就是面积的增加，导致影响区等级的升高；特别是新建区的高建筑容积率、高硬化地面率带来的严重热岛效应；同时由于新植绿地尚未完全成长，不能有效发挥降温效能，进一步加剧了热岛效应。2006—2017 年，城市具有郊区化开发特征，初始时期热舒适影响区增加，随着时间的推移改善较多，郊区化开始时出现热环境恶化，后趋于改善(图 7-14)。

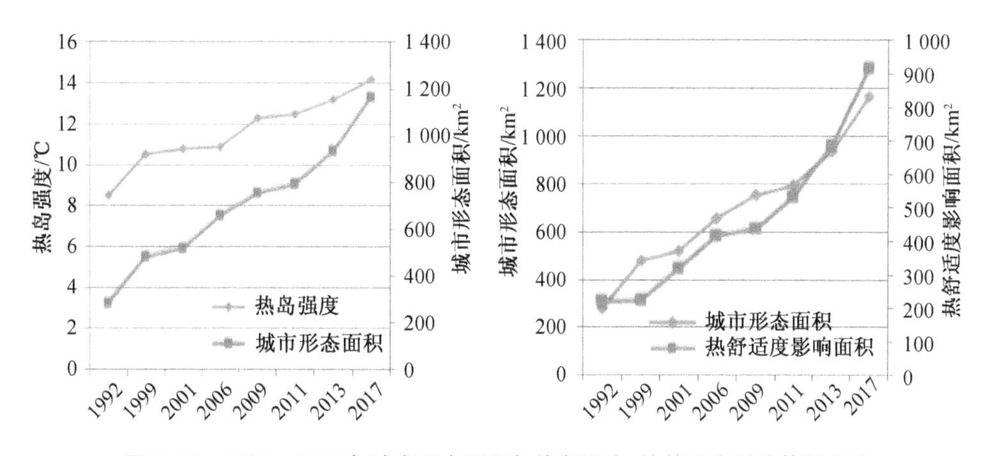

图 7-14 1992—2011 年城市形态面积与热岛强度、热舒适度影响等级曲线

城市形态面积与热环境恶化等级相关系数信度水平都超过 0.01 的检验，这表明城市空间扩展导致的热岛效应，对人体生理健康产生了直接的影响。中国正处

在快速城市化时期，人口大量向城市迁移，特别是天津这样的重点城市，人口、产业、资源的集中，必然带来严重的热岛效应，因此城市形态与影响区等级表现出较强的相关关系。Steeneveld 的研究显示，人口密度与热岛强度具有密切关系，其研究是从内部影响机制解释了这一现象，与本文结果相吻合。

7.2.5 研究结论

本研究基于近 25 年遥感反演温度与地面气象站点实测数据，构建了热岛对热舒适度影响的等级划分标准，利用转移矩阵和空间自相关分析方法，分析热岛对热舒适度空间影响及其响应机制，明确了特大城市夏季热舒适度受影响的空间转移变化特征，提出了热岛空间研究长期忽略对人的影响的问题。本研究得出以下结论。

① 1992—2017 年，城市形态扩张导致了热舒适度影响等级的持续增加，各级影响面积总体不断上升。

② 城市扩张中，影响区的空间转移模式特征具有明显等级差别，高等级的严重影响区固定不变，低等级的影响区向城市外围大面积扩展。一级影响区，扩张模式由圈层扩展转变为团块跳跃式扩展。二级影响区的较大斑块随着时间发展向城市边缘区推移增长。位置固定不变的三级以上影响区主要为工业集聚区域。

③ 热舒适空间转移具有明显的阶段特征，主要受城市主体建筑景观更替过程的影响，分为多层转换、高层转换两个明显的阶段。多层转换阶段：改善影响区呈显著的空间统计冷点；城市内部适当位置的大面积多层小区改造，可产生热环境改善的放大效应影响。高层转换阶段：恶化影响区呈显著的空间统计热点；高层高密度的改造与建设，导致了二级影响区的总面积增加和斑块破碎化，随着新种植植被的成长，恶化影响区得到大面积改善。

④ 城市规划引导下的城市扩张，对影响区空间转移影响较大，是影响热舒适空间变化的重要驱动力。空间统计分析的热点分布表明，城市规划对空间转移特征影响明显。规划通过产业和用地布局，影响城市空间结构的变化和开发建设强度，进而影响热岛强度和空间转移，导致热舒适影响区发生相应变化。

通过本研究，明确了特大城市热岛对热舒适度空间影响转移特征和模式，为减弱不同等级的热岛影响提供了一定的依据，为城市空间结构规划和城市总体用地布局规划的气候影响评价提供一定的研究基础，这对提高人居环境的舒适度具有重要的意义。

研究中也存在不足，今后将在高分卫星影像和高时间分辨率下，开展热岛对人体舒适影响的空间精细化研究，对未来变化趋势做出预测模拟做好基础，对研究区发展规划提出准确有效的建议。

7.3 热岛单项生态服务功能的影响预测

7.3.1 双指标预测热岛强度

城市热岛现象是指城市比周围农村温度高的现象，自 1883 年被英国学者 Lake Howard 提出以来，就一直被国内外学者所广泛关注。随着中国城市化进程的进一步推进，城市下垫面层的性质被不断改变，城市原先以大量植被为主的景观被建筑和硬质材料所取代，加之城市建筑进一步密集、城市能耗激增等因素综合影响，使得城市热岛现象更加明显。城市热岛现象往往带来许多不利影响，严重影响着市民的生产生活。因此研究城市热岛产生的原因和演变趋势，预测热岛发展态势，对于认知城市气候与城市扩张的关系、改善城市气候、保障城市居民身心健康、降低城市能耗都有十分积极的意义。

国内已有学者使用灰色系统对热岛的发展态势进行预测，并取得了一些有价值的研究成果。陈志等运用灰色关联度分析法，对影响西安城市热岛效应的因子群进行了贡献测度分析；韦海东等运用灰色关联度分析法，对影响兰州市城市热岛效应的因子群进行了贡献测度分析，之后通过改进 $GM(1,1)$ 模型，拟合预测了兰州市城市热岛效应；何萍等选取楚雄市 8 项综合指标作为城市热岛效应因子，运用灰色关联度分析法，对影响楚雄城市热岛效应的因子群进行了贡献关联度分析。以上研究大多仅仅使用单一的灰色系统模型对城市热岛进行预测，可能导致研究数据准确性出现偏差，并不能精确预测城市热岛的发展趋势。此外研究大都只对最高热岛强度变化趋势进行分析预测，没有对热岛升温总量进行考量，因为不同规模大小的城市不具有可比性，已有对热岛趋势预测的研究显得并不全面，这直接导致研究结果的准确性和科学性受到影响，难以体现城市发展特征与热岛变化趋势之间的关系。

针对以上问题，本节提出了采用双指标预测热岛强度，选取 1992—2018 年 25 年左右的 7 期数据，同时计算了天津市夏季热岛的最高升温和升温总量，以保证数据的全面性；基于灰色系统和 SPSS、Matlab 构建 19 种线性和非线性模型，择优拟合预测城市热岛强度变化趋势；以期得出特大城市热岛变化规律，为城市的规划建设提供科学参考。

7.3.2 研究区概况

本研究区天津，位于华北平原的北部地区，地处海河下游，横占海河南北两岸，其世界坐标为东经 116°43′～118°04′，北纬 38°34′～40°15′，位于北温带，中纬度亚欧大陆的东岸，常年受季风环流的影响，其主导季风气候属性是温带半湿润季风性气候，因此天津是东亚季风盛行的地域。天津年平均降水量为 360～970 mm；年平均气温约 14℃，一年中 7 月的平均气温最高，达到 28℃。天津的现有地形 93% 为平原，除城北部地区与燕山南侧接壤之处多为山地外，其余都为平原(图 7-15)。

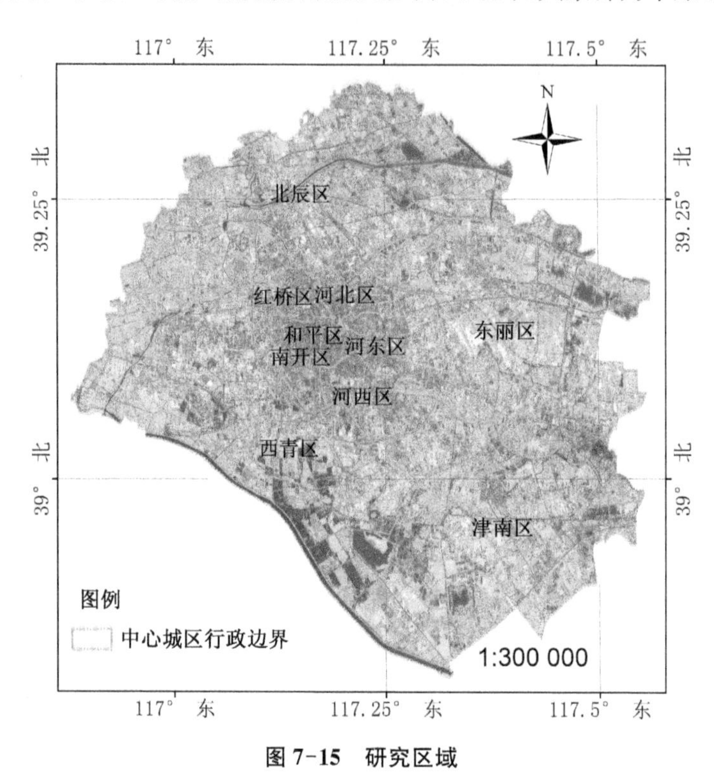

图 7-15 研究区域

天津市为我国北方的经济重镇，在过去的 30 多年间经历了快速的城镇化进程，因此天津的城市发展在世界城市中具有典型性。本节将天津城镇化速率较快、具有典型性的市内六区与环城四区作为研究对象，研究区总面积 2 080 km^2。

7.3.3 相关理论与方法

(1) 热岛强度定义

热岛强度是用来表示城市温度高于乡村的程度；通常城市热岛强度定义为城市中心区温度与郊区的温度差值，但是这一定义只是反映了局部中心点与乡村的温度差别，却不能反映出热岛效应给城市总体带来增热量多少的问题。因此本节提出最高热岛强度和热岛升温总量的双指标热岛强度定义。

最高热岛强度：将市中心最高温度与郊区平均温度之差作为热岛强度指标之一，显示热岛效应带来的城市最高上升温度。其计算公式为：

$$\max\Delta T_{ij} = T_{ij} - \overline{T}_R$$

式中：ΔT_{ij} 为空间位置 ij 上的热岛强度；T_{ij} 为空间位置 ij 上的地表温度；$\overline{T}_R$ 为从八个郊区方向平均抽取的 32 个点的平均温度。

热岛升温总量：它反映一定空间分辨率下，热岛效应给城市总体带来的增温量多少。其计算公式为：

$$T = \frac{a \times \sum_{j=1}^{m} \sum_{i=1}^{n} x_{ij}}{10\ 000}$$

其中，T 是热岛升温总量，单位是℃ · ha；x_{ij} 为空间位置 ij 上的局部热岛强度，a 是每个栅格的面积。

（2）灰色系统方法

灰色系统是一种非确定性系统，该系统同时含有已知信息与未知信息。在城市研究中，城市系统也可以被看作为典型灰色系统进行研究。灰色系统理论具有很多优点，系统需要的样本数量小；样本不需要有严格规律性分布；系统计算量小；有较高的灰色预测精确，可用于近期、中期、长期的预测。本研究主要利用灰色系统理论中的不等时距灰色预测模型，结合卫星影像反演的温度数据、人口与城镇化率等数据进行热岛强度双指标的预测。

所谓数列预测，是对某一指标发展变化的情况做出的预测。其基础是基于累加生成的数列建立 $GM(1,1)$ 模型。设 $x^{(0)}(1)$，$x^{(0)}(2)$，$\cdots x^{(0)}(M)$ 为所要预测的原始数据；有时由于某些原因，导致一些原始数据的缺失，因而出现了不等时距的原始数列，得到的数据较为符合 $GM(1,1)$ 模型，曲线的离散形式为：

$$\hat{x}^{(1)}(k+1) = \left[x^{(0)}(1) - \frac{u}{a}\right]\mathrm{e}^{-ak} + \frac{u}{a}$$

式中：$x^{(0)}(1) - \frac{u}{a}$ 为 c 值。还原后原始数据估计值：

$$\hat{x}^{(0)}(k+1) = c(1-\mathrm{e}^{a})\mathrm{e}^{-ak}\ (k = 1,2,\cdots,n-1)$$

实际 a 可以通过下式求得：

$$a = \frac{1}{t_i - t_j}\ln\frac{x^{(0)}(t_j)}{x^{(0)}(t_i)}$$

得出的 a 为 $a_{i,j}$。算出 c_{m-1}^{2}个 $a_{i,j}$，取平均值：

$$\hat{a} = \bar{a} = \frac{1}{c_{m-1}^{2}}\sum_{i=2}^{m-1}\sum_{j=i+1}^{m} a_{i,j}$$

进一步得：

$$\begin{cases} x^{(0)}(t_2) = c(1-\mathrm{e}^{\hat{a}})\mathrm{e}^{-\hat{a}t_2} \\ x^{(0)}(t_3) = c(1-\mathrm{e}^{\hat{a}})\mathrm{e}^{-\hat{a}t_3} \\ \cdots\cdots \\ x^{(0)}(t_m) = c(1-\mathrm{e}^{\hat{a}})\mathrm{e}^{-\hat{a}t_m} \end{cases}$$

这样，上式只有 c 是未知数，每个方程都可求出一个 c 值，取平均值：

$$\hat{c} = \bar{c} = \frac{1}{m-1}\sum_{i=2}^{m} c_i$$

最后，由 $\hat{c}$ 和 $\hat{a}$ 值便可得到不等时距灰色预测模型：

$$\hat{x}^{(0)}(t_i) = \hat{c}(1-\mathrm{e}^{\hat{a}})\mathrm{e}^{-at_i}$$

原始数据的还原值与其实际观测值之间的残差值为：

$$\varepsilon^{(0)}(t) = x^{(0)} - \hat{x}^{(0)}(t)$$

相对误差值为：

$$q(t) = \frac{\varepsilon^{(0)}(t)}{x^{(0)}(t)} \times 100\% q$$

如果在允许的范围内，则可以计算预测值，否则采用残差建模法进行修正。

(3) 城市化规律——“诺瑟姆曲线”公理

“诺瑟姆曲线”公理是 1979 年由美国地理学家诺瑟姆(Ray M. Northam)提出的关于城市化进程的公理性曲线，该曲线共分为四个阶段：第一个阶段城市化率在 30%以下，城市人口占比很小，城市化速度比较缓慢；第二阶段城市化率在 30%～70%，城市化加速发展，城市劳动人口快速增长，城市化速度快，城市问题增多；第三阶段一个阶段城市化率达 70%以上，资本的有机构成提高，劳动力逐步向第三产业转移，第三产业发展加速；第四阶段城市规模在达到 90%以后趋于饱和，达到一个停滞阶段(图 7-16)。

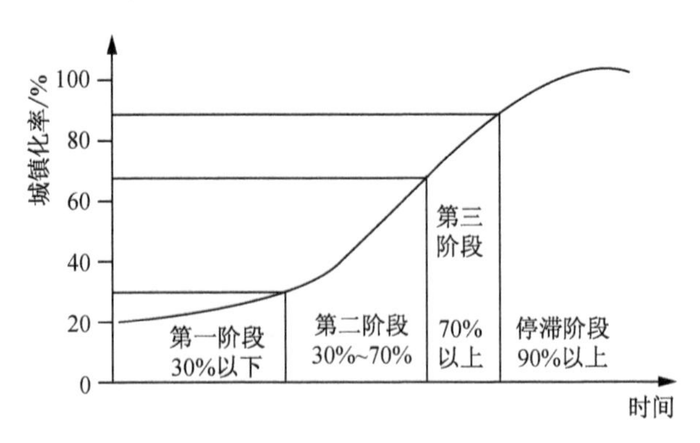

图 7-16　诺瑟姆曲线

城市与区域存在相互联系、相互促进的关系。中国城市实行的是广域型市制、城区型与地域型相结合的行政区划建制模式。城市与所辖区域形成了密切关系，影响中心城市的城市化及其城区环境。由于快速城市扩展，人口和产业要素向城市集中，导致了城市向郊区和外围地带迁移。城市化过程中，城市扩展的速度及其环境影响与城市化进程有着不可分割的联系。“诺瑟姆曲线”可以很好地表达出城市发展的速率，可一定程度上反映与城市环境存在的联系。本研究以诺瑟姆曲线作为理论研究方法，研究城镇化进程与城市热岛发展之间所存在的联系。

7.3.4 分析过程及研究结果

(1) 基础数据及其处理

本研究采用的基础数据为:《中国统计年鉴》(1949—2017 年人口数据),《天津市统计年鉴》(1993—2017 年),《天津城市化进程近代以来实录》中的人口数据, Landsat 5、7、8 卫星影像 1992 年 7 月 30 日、1999 年 8 月 11 日、2001 年 7 月 7 日、2006 年 7 月 21 日、2011 年 8 月 20 日、2013 年 7 月 24 日、2017 年 6 月 1 日。

首先,以 1∶50 000 地形图为基准(投影 Pulkovo_1942_GK_Zone_20),对 1992 年、1999 年、2001 年、2006 年、2011 年、2013 年、2017 年的 TM 遥感影像进行几何精校正。校正过程采用二次多项式,并用 3 次卷积法进行灰度插值,校正误差均小于一个像元。然后,采用影像反演算法(IB 算法)反演地表温度,根据前文最高热岛强度和热岛升温总量计算公式计算双指标热岛强度。最后,在 ArcGIS 环境下,利用叠置分析功能,获得各年份城市热岛区的面积数据,并分别提取分析各个时期的最高热岛强度和热岛升量(图 7-17、7-18)。

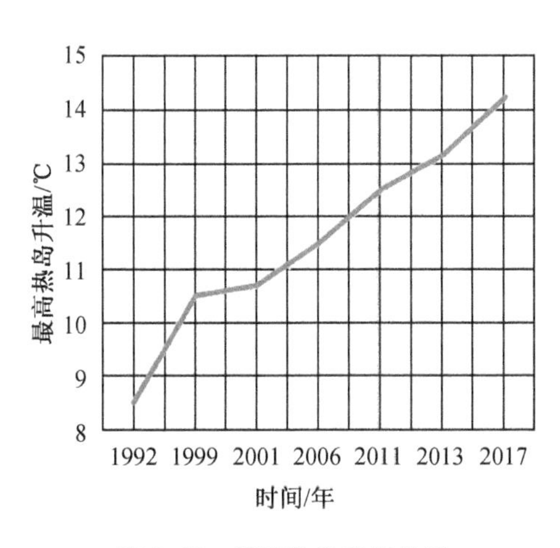

图 7-17 最高热岛升温曲线

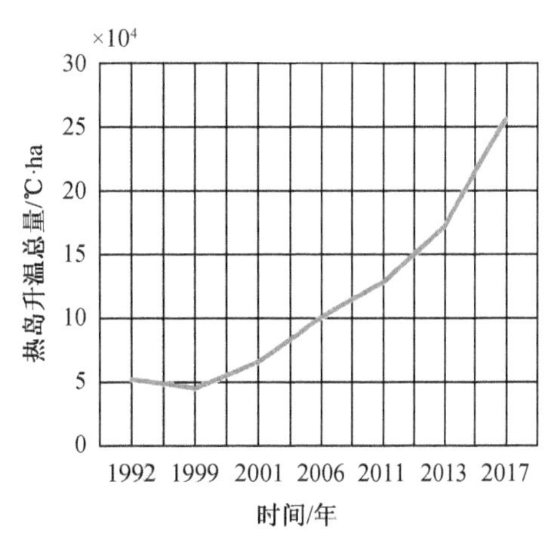

图 7-18 热岛升温总量曲线

（2）灰色预测分析

① 灰色关联分析。相关分析主要是针对线形相关因素进行分析，而灰色系统的关联分析则可应用于线形和非线性，对于数据要求不高。天津市是京津冀城市群中的重要城市，是国家城镇化布局的重要组成部分，承担国家城市化的重要战略，城镇化进程受国家层面城镇化的影响；同时天津市城镇化也是天津市域城市空间发展的反映。城市热岛与城市形态、人口、国家城镇化速度等具有密切的关系。因此，构建 7×7 灰色关键矩阵，计算城市热岛强度与全国城镇化率、天津市城镇化率、市域常住人口、市区人口等的灰色绝对关联度、灰色相对关联度、灰色综合关联度，计算结果如表 7-10。

灰色绝对关联度反映了变量之间的曲线相似程度，结果显示最高热岛升温与全国城镇化率的曲线具有较好的相似性，而热岛升温总量与五个变量均不具有明显的相关性。

灰色相对关联度反映了变量之间的曲线变化速率接近程度，结果显示热岛升温总量与全国城镇化率具有最高灰色相对关联度，这表明全国城镇化发展速度与天津市热岛升温总量的变化速率密切相关。最高热岛升温与市域常住人口具有最高灰色相对关联度，这表明最高热岛升温的上升速度与常住人口密切相关。

综合关联度反映了热岛升温曲线与相关变量曲线相似和变化速率接近程度的复合关系，计算结果显示全国城镇化率与热岛强度的双指标均存在最强的关系，这表明全国城镇化对天津市热岛影响最密切。

表 7-10　灰色关联度结果

	因子	市域常住人口	户籍人口	天津市城镇化率	市区人口	全国城镇化率
绝对关联度	最高热岛升温	0.506 6	0.522 2	0.534 1	0.543 9	0.599 3
	热岛升温总量	0.502 8	0.500 8	0.500 0	0.500 4	0.500 2
相对关联度	最高热岛升温	0.893 7	0.705 5	0.813 2	0.697 7	0.844 2
	热岛升温总量	0.695 2	0.601 9	0.655 3	0.598 0	0.860 0
综合关联度	最高热岛升温	0.700 2	0.613 8	0.673 6	0.620 8	0.721 8
	热岛升温总量	0.599 0	0.551 3	0.577 6	0.549 2	0.680 0

② 最高热岛升温预测 。由 1949—2017 年城市化率看出，城市热岛强度在快速城镇化过程中，为非震荡数据序列(图 7-19)。以此构建灰色系统模型，以 1992 年的热岛强度为第一年数值，则 1992 年、1999 年、2001 年、2006 年、2011 年、2013 年、2017 年 7 个时期城市热岛强度可表示为 $x^{(0)}(1)$，$x^{(0)}(8)$，$x^{(0)}(10)$，$x^{(0)}(15)$，$x^{(0)}(20)$，

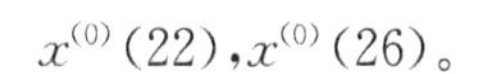
$x^{(0)}(22)$，$x^{(0)}(26)$。

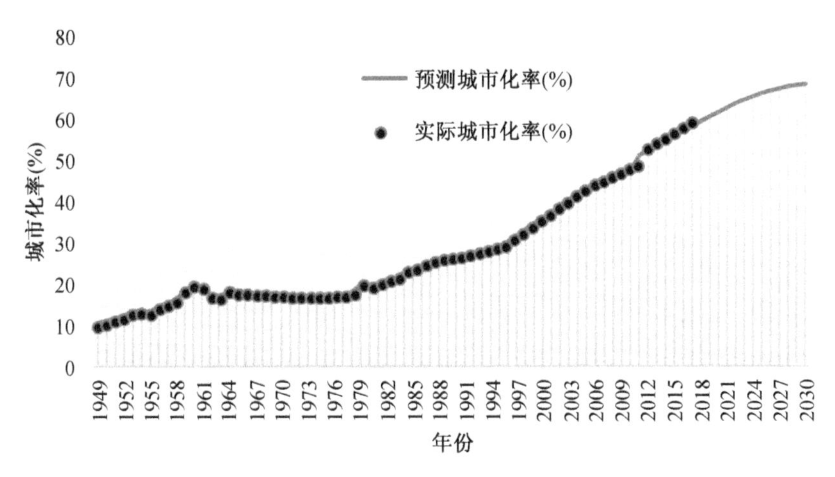

图 7-19　中国城市化进程的预测曲线

利用不等时距建模方法，可求得不等时距灰色预测模型 $\hat{x}^{(0)}(t_i)=502.870\,9(1-e^{0.017\,922})e^{-0.017\,922t_i}$ 和 $\hat{x}^{(0)}(t_i)=230\,112(1-e^{0.095\,324})e^{-0.095\,324t_i}$。由于第一个信息为灰色系统基础信息，不参与预测，利用预测模型预测 1999 年、2001 年、2009 年、2011 年、2013 年、2017 年城市热岛强度(表 7-11)，并验证模型的模拟预测精度。由表7-11 可知最高热岛升温预测精度很高，均误差达－0.01％，因此该模型精度高，可以用于预测。利用该预测模型分别计算出 2020 年、2025 年最高热岛强度分别为 14.8℃和 16.2℃。而灰色模型对热岛升温总量预测误差较大，因此不采用灰色模型预测此指标。

表 7-11　热岛强度灰色预测模型精度

年份	1992	1999	2001	2006	2011	2013	2017	2020	2025
预测值/℃	—	10.33	10.69	11.65	12.70	13.14	14.08	14.83	16.16
实际值/℃	8.80	10.50	10.70	11.50	12.50	13.16	14.22	—	—
误差	—	1.60％	0.05％	－1.35％	－1.63％	0.09％	0.95％	—	—
预测值	—	44 853	54 273	87 414	140 791	170 362	249 441	—	—
实际	51 572	44 594	65 542	100 278	127 708	171 465	255 116	—	—
误差	—	－0.58％	17.19％	12.83％	－10.24％	－0.64％	2.22％	—	—

(3) 预测结果

① 中国城市化进程预测。全国城镇化率与天津市城市热岛强度具有明显的相关关系，因此需要研究全国城镇化率未来的变化趋势，分析热预测热岛强度变

化。以1949—2017年全国城市化率数据为基础，采用Matlab和SPSS软件进行曲线拟合。经对比分析，以国际城市化发展的经验为参照，四次函数预测具有较高精度。曲线拟合为：

$$y = -0.000\,008\,61x^4 + 0.001\,387x^3 - 0.061\,08x^2 + 1.156x + 9.061$$

其中$R^2 = 0.995$，均方根误差RMSE $= 0.977\,2$，信度水平大于95%。预测结果与其他学者的研究结果一致。预测2025年城镇化率将达到66.5%，城镇化率增长速度将有所减缓。

② 热岛升温总量预测。灰色分析结果表明，热岛升温总量与全国城镇化率具有明显的相关性，同时也与时间变化存在明显的相关性，因此热岛升温总量预测可以综合考虑两个相关因素。计算以1992—2017年热岛升温总量数据为基础，利用SPSS和Matlab软件拟合，结果表明热岛升温总量与时间、全国城镇化率具有明显的二次函数关系，曲线拟合R^2均超过了0.96，具有较好的可靠性。将两个曲线复合，热岛升温总量的增长曲线为：

$$y = (4\,631t^2)/20 - 2\,419t + 1\,414\,000x^2 - 914\,000x + 200\,905$$

其中$t =$ 年份 -1991，x为城镇化率；其中$R^2 = 0.97$，均方根误差RMSE $= 15\,350$，信度水平大于95%。与采用灰色系统相比，预测精度提高了1.7%。模型精度较高，预测2020年、2025年热岛升温总量为301 551.2℃·ha和403 826.95℃·ha，升温速度仍将持续快速增加(图7-20)。

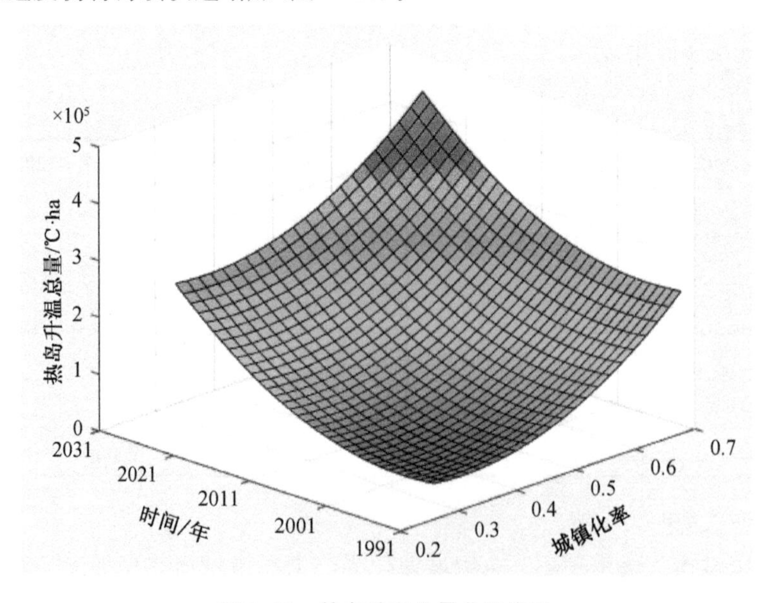

图7-20 热岛升温总量曲线模型

7.3.5 研究结果分析

(1) 双指标的变化趋势

热岛强度双指标,综合全面地反映了城市热岛的强度大小,具有较好的代表性,既考虑到了局部时空的极端值,也考虑了城市大小所带来的面源总热量上升。以往的研究单纯采用最高热岛强度,忽略了热岛强度双指标对城市能源的消耗、环境影响、人体健康等的综合影响。

最高热岛升温和热岛升温总量,均是随着时间快速上升;但是二者具有明显的差别,热岛升温总量与最高热岛升温,变化率呈相反特征。最高热岛升温变化较快,热岛升温总量变化较为缓慢;最高热岛升温减缓,热岛升温总量呈快速上升。这与城市建设有关,在1992—2006年城市改造和城市形态以同心圆扩展期间,城市新建土地少、更新多,升温总量减小。在郊区化的组团逐渐扩展期,新扩展土地较多,集聚效应减小,最高热岛升温下降,热岛升温总量反而上升(图7-21、7-22)。

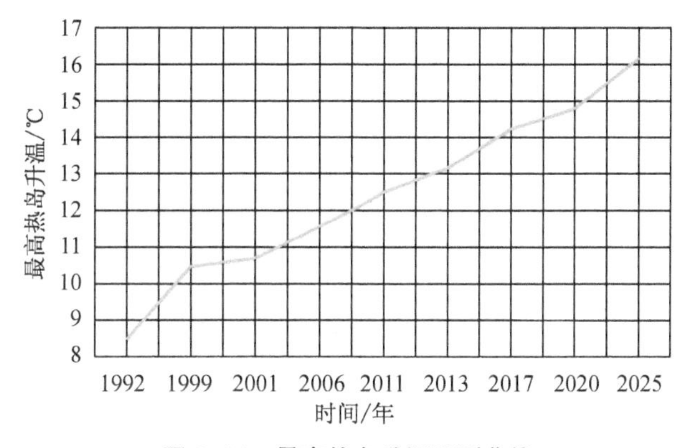

图7-21 最高热岛升温预测曲线

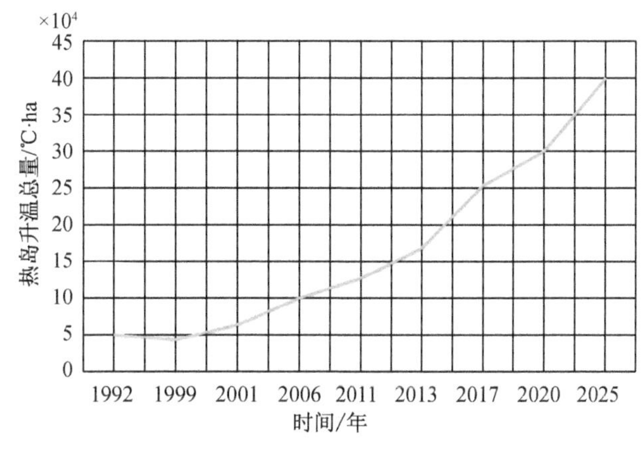

图7-22 热岛升温总量预测曲线

(2) 预测模型的适宜性

本节采用灰色系统与其他曲线综合预测,与单纯采用灰色系统相比,提高了预测精度,能够为城市规划做出准确的参考。城市系统是典型的灰色系统,本研究选用不等时距的灰色预测法是较为理想可行的方法。采用灰色系统预测,可以反映城市发展过程中的政策等不确定影响因素。同时利用其他曲线,反映与热岛直接相关城市变化趋势,城市化进程影响下的城市人口预测作为协变量,替代城市空间扩展长期趋势特征。

热岛模拟预测结果分析显示,热岛强度双指标宜采用不同的方法预测。最高热岛升温采用灰色系统;而热岛升温总量采用复合模型,考虑时间与全国城镇化率的变量影响,使得模型加入了驱动力变化机制的影响,具有较突出的优势,更能准确刻画热岛强度的变化趋势。

(3) 热岛强度与城市化

灰色相关分析表明,全国城市化率与天津市热岛强度具有极强的综合相关度。主要是因为天津市位于中国三大城市群之一的京津冀城市群,城市的发展体现了全国城镇化进度,也是国家城镇化的主要战略空间。城市化率是综合指标,涵盖了人口、用地、产业随着城市化的发展变化。城市化率所处的阶段、快慢、大小,都与其所导致的城市问题以及严重程度密切相关,例如快速城镇化阶段,城市规模的扩大、经济增长、生态问题严重。在高度城镇化中后工业化阶段,城市生态问题得到重视。相关研究指出,城市化所带来的建筑集群化、城市能耗增加、下垫面层类型改变,以及温室气体的大量排放,这些都会导致城市热岛的进一步加剧。这恰恰表明了城市化与城市热岛之间的紧密联系,所以城市化率在研究城市热岛的过程中是一项不可或缺的指标。

根据模型预测和相关学者研究成果,未来中国城镇化将以每年0.8%~1%的速度持续增加。天津市城市发展未来10年内将保持强劲动力,相关城市问题仍不可忽视,城市热岛问题未来10年将持续增加,但增势会进一步放缓。

7.3.6 相关结论

本研究以天津市为例,基于遥感等多种方法,利用SPSS、Matlab软件构建了热岛效应的模拟预测模型,通过研究得出结论如下。

第一,最高热岛升温与特大城市热岛强度曲线相似性和变化率都与国家城镇化率的变化相一致,主要受国家城市化空间格局影响。

第二,最高热岛升温采用灰色预测模型,具有较高的模拟精度;热岛升温总量预测,采用时间和中国城镇化率复合四次函数模型,具有较高的精度,模拟结果与实际城市热岛效应的现状及其发展趋势具有较好的一致性。

第三，模拟结果显示，2025 年天津市城市最高热岛强度持续升温 16.1℃，升温总量为 403 826.95℃ · ha，热岛升温进一步加强，但趋势大大减弱，预计 2025 年达到顶峰。

第四，特大城市热岛与国家城镇化进程密切相关，因为特大城市是国家城市化战略的主要空间，担负国家城市化的重要职能，热岛效应在特大城市的反映具有典型性。

7.4 城市扩展中公园游憩服务可达性分析

随着中国城市化进程的进一步加深，大量原先的绿地被改造成以硬质地面为主的住宅和商业区。然而随着社会发展，城市居民的精神文化需求日益增长，对具有自然景观元素和休闲游憩场所城市公园的需求与日俱增。这使得城市的快速发展与居民对于休憩娱乐绿色空间的需求之间产生了巨大的矛盾。在此背景下，在以人为本的规划思想和景观生态学方法视角下，对于城市公园绿地规划的功能指标研究显得格外重要，而公园可达性的研究则是其中的重要指标之一。早在 20 世纪 50 年代末，Hansen 便提出了可达性概念，他认为可达性是相互作用机会的潜在能力，影响克服空间分隔的愿望与能力。一般认为，人们参与活动的便捷程度可以被理解为“可达性”。可达性是反映社会资源分配公平性的重要指标，居住地与公园之间的空间距离、时间距离和经济距离被认为是影响公园可达性的主要因素。国内外已有许多学者采用最小邻近距离法、缓冲区分析法、费用阻力法、网络分析法、累计机会法和引力模型法等方法，对不同城市的公园可达性进行了研究，并得出不少有价值的研究结果。然而现有研究人口数据多为一定面域上的人口总数，如人口普查街道水平、行政区水平等，这类数据的人口聚居区尺度较大，所产生的聚集误差大，可达性精度低。尹海伟等结合城市地形图比例尺和人口普查数据，建议在我国城市绿地可达性研究中，选择房屋和居住小区尺度。由此看来，这些研究由于数据代表未能全覆盖研究区域，导致结论也相应出现了偏差。

因此，本节以北京市六环以内的城市公园作为研究对象，基于已获得的北京市基础设施大数据，提取出路网数据、建筑数据、人口数据等基础大数据，并通过遥感解译，绘制出北京市六环以内的公园分布情况。然后运用 GIS 网络分析法，对北京市不同环线内城市公园的可达性以及服务状况进行研究，以期通过更加精确全面的基础数据进行多种可达性指标研究，得出能够代表北京市公园可达性现状的研究结论，为类似城市公园布局优化提供科学参考。

7.4.1 研究区域概况与研究方法

(1) 研究区域概况

北京坐落于东经 115.7°～117.4°、北纬 39.4°～41.6°,中心位于北纬 39°54′20″、东经 116°25′29″,地形呈西北高向东南逐渐降低趋势。北京市平均海拔43.5 m,气候为典型的北温带半湿润大陆性季风气候,夏季高温多雨,冬季寒冷干燥,春、秋短促。北京在改革开放以后城市面积迅速扩张,用地资源矛盾尤为突出。笔者选取北京人口最为集中的六环以内地段进行研究,研究总面积 2 257.01 km^2,其中涵盖了城区、朝阳区、海淀区、丰台区、石景山区等多个行政区域(图 7-23)。

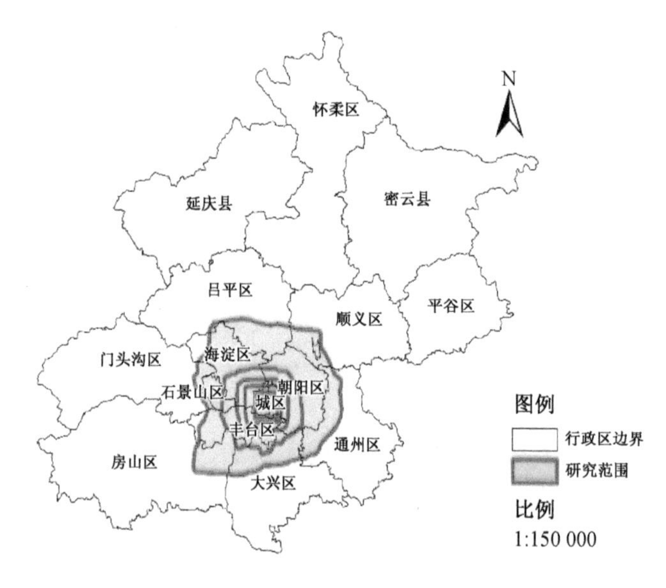

图 7-23 研究区域

(2) 研究方法

① 网络分析法。网络分析(Network Analysis) 是对地理网络、城市基础设施网络进行地理化和模型化,其理论基础是图论和运筹学,主要用于资源的最佳分配、最短路径的寻找等。该方法以道路网络为基础,计算按照某种交通方式(步行、自行车、公交车或自驾车)城市公园在某一阻力值下的覆盖范围。网络分析法以市民进入公园的实际方式更准确地反映市民进入公园这一过程,克服了直线距离不能识别可达过程中的障碍,和费用加权距离法对分类城市景观赋以相对阻力所产生的阻力衡量误差。计算过程基于矢量数据,克服了费用加权距离法由于栅格数据所产生的粒度效应。

② 评价指标。根据《国家园林城市标准》《公园设计规范》《城市绿地设计规

范》以及城市设计规划相关原理和技术要求，大于 0.5 ha 的公园是城市居民重要的游憩场所，城市居民一般采用步行或骑车的交通方式到达。因此本节研究中公园可达性主要从步行与自行车两个方面考虑。根据相关学者的调查研究，城市居民到达公园花费时间的日平均容忍阈值为：自行车行驶时间小于 18 min；步行时间小于 30 min。本研究根据此指标，结合相关文献数据，采取自行车时间 0～15 min，行车速度 200 m/min；步行时间 0～30 min，步行速度 60 m/min，以此作为计算北京公园城市可达性的指标。研究中提出了公园步行可达面积比与公园自行车可达面积比、公园步行服务人口比与公园自行车服务人口比 4 项指标，结合以下公式对北京城市公园可达性进行分析。

$$\text{公园步行可达面积比} = \frac{\text{公园步行可达面积}}{\text{研究区总面积}} \times 100\%$$

$$\text{公园步行服务人口比} = \frac{\text{公园步行可达人口}}{\text{研究区总人口}} \times 100\%$$

$$\text{公园自行车可达面积比} = \frac{\text{公园自行车可达面积}}{\text{研究区总面积}} \times 100\%$$

$$\text{公园自行车服务人口比} = \frac{\text{公园自行车可达人口}}{\text{研究区总人口}} \times 100\%$$

③ 数据来源。本研究的城市道路数据为 1∶2 000 北京市六环范围以内 shp 格式矢量地图，由城市主干道、次干道、支路、园路等组成，基于该地图结合 0.3 m 高分卫星高清影像，采用人工目视解译法，利用 ArcGIS 10.5 软件绘制公园范围，建立北京城市公园数据库，数据库中包含公园面积、周长、园路等基础数据。居住人口数据使用北京市 969 202 个建筑大数据分布点，结合百度地图爬取的 10 786 条 shp 格式居住区 POI 数据，筛选出居住区建筑点 135 485 个，而后根据《北京统计年鉴》(2016)中北京市人均居住面积，结合居住区基地面积、建筑高度等基础大数据反推得出。

7.4.2 研究结果及其分析

(1) 六环内公园整体可达性

本研究通过 GIS 建立可达性交通网络，结合北京市道路数据、居住区数据、人口数据等基础大数据，运用网络分析法计算北京市六环内公园步行与自行车可达面积，并使用 ArcGIS 软件进行可视化表达，结果见图 7-24、7-25。

公园步行与自行车可达性总面积分析结果如表 7-12 所示：公园步行可达面积总计为 807.09 km^2，公园自行车可达面积总计为 1 205.71 km^2，分别占研究区面积的 35.76%和 53.42%。六环内近 65%的行政区范围无法在 30 min 内到达较大的城市公园，近 46%的行政区范围无法在 15 min 骑行时间内到达城市公园。分析结果表明，六环范围以内北京城市公园的整体可达性并不理想，城市公园的总面积、分布合理程度都有较大的提升空间。

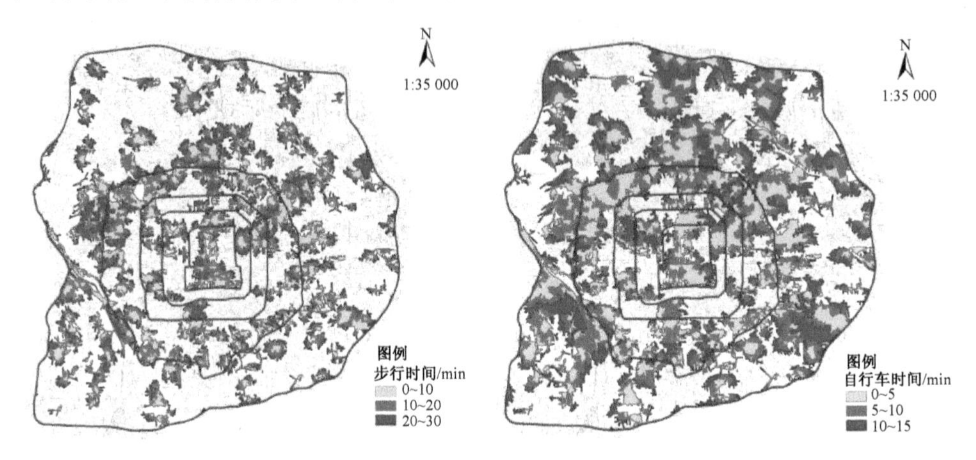

图 7-24　公园步行可达性分布　　　　图 7-25　公园自行车可达性分布

以最短出行时间为基准进行分析，步行 10 min 可达面积与自行车 5 min 可达面积为 187.79 km² 和 465.62 km²（表 7-12），仅占研究区域面积的 8.32%和 20.63%。这表明北京市六环以内的城市公园，仅少部分可以为城市居民提供最为便捷的服务，大量城市公园需要通过 30 min 左右的步行或 15 min 自行车行驶才可到达，城市公园的便捷服务能力仍需加强。

从步行与自行车可达面积的对比上来看（表 7-12），自行车 5 min、10 min 可达公园面积（465.62 km²、421.92 km²）远高于步行 10 min、20 min 可达公园面积

表 7-12　公园可达性面积指标

研究区域	出行类型							
	步行/km²				自行车/km²			
	10 min	20 min	30 min	合计	5 min	10 min	15 min	合计
二环以内	9.25	13.46	11.10	33.81	17.12	13.45	11.86	42.43
二环至三环	8.90	13.16	13.16	35.22	15.50	15.05	15.60	46.15
三环至四环	12.74	28.76	32.39	73.89	22.00	25.18	21.10	68.28
四环至五环	54.74	68.03	71.41	194.18	90.37	89.34	67.95	247.66
五环至六环	102.16	149.22	218.61	469.99	320.63	278.90	201.66	801.19
合计	187.79	272.63	346.67	807.09	465.62	421.92	318.17	1 205.71

(187.79 km^2、272.63 km^2);而自行车 15 min 则与步行 30 min 可达公园面积大致相似。这表明在短时间的行程中采用自行车前往公园更加便捷;而在稍长的行程中,步行与自行车两种交通方式则区别不大,步行 30 min 可达公园面积(346.67 km^2)略高于自行车 15 min 可达公园面积(318.17 km^2)。该结果显示,自行车出行是提升研究区域内公园可达性较为便捷的途径,在对城市公园进行优化布局调整时,应多考虑自行车出行的交通方式。

(2) 不同环线可达性比较

由于北京市城市建设发展因素导致城市环线之间面积逐级扩大,所以单纯比较不同环线公园可达面积无法得出合理的研究结论。因此本研究通过前文公园步行可达面积比和公园自行车可达面积比计算公式,结合已计算出的公园可达面积,求得不同环线之间城市公园可达面积比,对不同环线内公园可达性进行比较。

由步行与自行车可达面积综合评价看出,北京市二环内与四环至五环的地区公园可达性最好,二环以内地区公园步行可达面积比与公园自行车可达面积比,分别达到了 54.10%与 67.89%,而四环至五环地区则达到了 54.54%与 69.57%(表 7-13)。这主要是由于这两个区域保留有明清时期遗留的皇家园林,并落成有新建的大型公园。二环内有北海公园、景山公园等皇家园林遗址改造而成的大型公园,四至五环之间保留有圆明园、颐和园等皇家园林旧址,并新建有朝阳公园与奥林匹克公园等大体量公园。由于皇家园林在位置、规模、建造时间等方面是现代公园不可复制的,加之新建公园的补充,使得二环内与四环至五环的公园可达性优于其他环区。

表 7-13 公园可达性面积比指标

研究区域	出行类型							
	步行				自行车			
	10 min	20 min	30 min	合计	5 min	10 min	15 min	合计
二环以内	14.80%	21.54%	17.76%	54.10%	27.39%	21.52%	18.98%	67.89%
二环至三环	9.26%	13.69%	13.69%	36.65%	16.13%	15.66%	16.23%	48.02%
三环至四环	8.88%	20.06%	22.59%	51.53%	15.34%	17.56%	14.71%	47.62%
四环至五环	15.38%	19.11%	20.06%	54.54%	25.38%	25.10%	19.09%	69.57%
五环至六环	6.39%	9.33%	13.67%	29.39%	20.05%	17.44%	12.61%	50.11%
合计	8.32%	12.08%	15.36%	35.76%	20.63%	18.69%	14.10%	53.42%

由公园步行可达面积比分析,二环至三环与五环至六环之间综合公园可达性较差,二环至三环之间公园步行可达面积比仅为 36.65%,而五环至六环仅为 29.39%。这样的结果与北京市建环时代以及环线扩张面积不无关系。三环始建

于20世纪80年代，处于我国经济腾飞的初始阶段，此时城市建设者对人居环境的重视程度不高，不可避免地导致二环至三环之间公园在数量和分布均匀程度上存在不足。而五环至六环可达性不足则与其规划范围较大有关，由于五环至六环之间规划范围较其他环线出现猛增，环内虽有不少大面积公园，但为了保持较为均匀的公园分布，相互之间拉开了较长的间距，许多公园位置偏僻，靠近环线外侧，依靠步行抵达公园较为困难。

由公园自行车可达面积比分析，除优势较明显二环以内与四环至五环外，二环至三环、三环至四环、五环至六环公园自行车可达面积比分别为48.02%、47.62%和50.11%，三者十分接近。对比公园步行可达面积比可以发现，二环至三环、五环至六环公园在更大的活动范围中可达性较好。而三环至四环公园自行车可达面积比低于公园步行可达面积比，证明三环至四环之间公园规模较小，使得覆盖范围更大的自行车可达面积没有发挥出优势。

(3) 六环内公园服务人口分析

根据国家统计局2015年发布的人口调查报告，三环至六环间聚集了北京市57.1%的人口。这表明北京市六环内人口分布并不平均，单纯使用公园可达面积与公园可达面积比，不能准确反映六环内公园的服务状况。因此本节采用北京市人口数据与公园可达面积进行叠加分析，利用前文公园步行服务人口比、公园自行车服务人口比计算公式，得到公园可达人口数据，以达到综合反映六环内公园服务状况的目的。

根据表7-14统计结果，六环内城市公园以步行30 min作为出行指标，可以服务423万人，约占居住人口的35.66%；以自行车15 min作为出行指标，可以服务626万人，约占居住人口的52.79%。这与公园步行可达面积比35.76%、公园自行车可达面积比53.42%的分析结果较为一致。而每一环区内服务人口比则与可

表7-14　公园服务人口比指标

研究区域	出行类型			
	步行(30 min)		自行车(15 min)	
	服务人口/万人	服务人口比/%	服务人口/万人	服务人口比/%
二环以内	37.91	44.59	56.69	66.67
二环至三环	59.94	22.18	81.5	30.16
三环至四环	88.76	41.58	122.47	57.37
四环至五环	109.03	48.94	145.35	65.25
五环至六环	127.57	32.27	220.47	55.77
合计	423.21	35.66	626.48	52.79

达面积比有一定差距，例如二环至三环两项数值差距较大，这是由于各环区居住人口并不是完全均匀分布的。但各环区之间比例变化趋势差异不大。总的来说，公园可达面积比、公园服务人口比指标，二者都可以作为反映北京市六环内城市公园整体可达性与服务状况的指标，而在每个环区中则以公园可达面积比反映公园整体可达性较为准确，以公园可达人口比反映公园服务状况较为准确(图 7-26、7-27)。

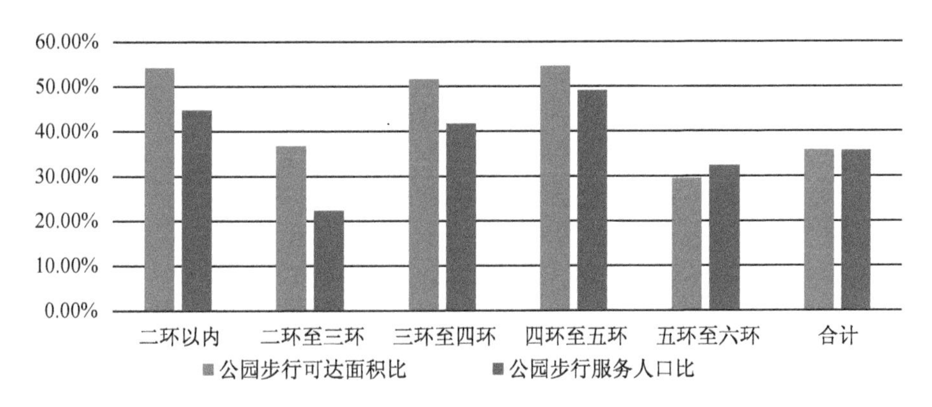

图 7-26 公园步行可达性指标对比

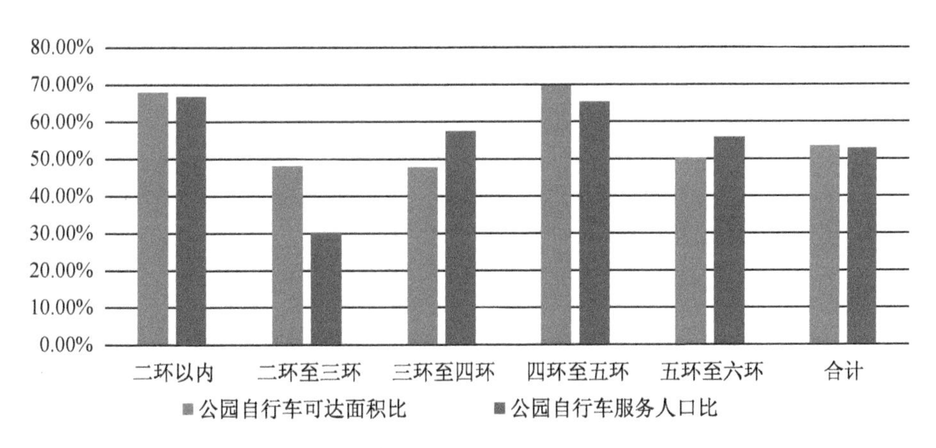

图 7-27 公园自行车可达性指标对比

7.4.3 研究结论

本节首先通过人工目视解译法绘制出北京市六环以内公园分布情况，然后通过 ArcGIS 软件，结合北京市道路网及人口数据，运用网络分析法，探究了北京六环以内公园的空间可达性和服务状况，得出结论如下。

① 整体上，公园步行可达面积比为 35.76%，公园自行车可达面积比为

53.42%。总体来说，六环内公园分布状况、数量、面积大小均未达到理想状态，公园可达性水平与城市居民对公园游憩功能需求之间的矛盾仍很严重，公园可达性与服务范围仍有较大提升空间。

② 二环以内与四至五环地区公园步行与自行车可达性最好；二环至三环与五环至六环公园步行可达性最差；二环至三环、三环至四环、五环环至六环公园自行车可达性较为接近；北京市各环线之间的可达性差异，与不同环线的建设时期及环线建设扩张程度存在密切联系。

③ 公园可达面积比与公园服务人口两个指标，可作为评价城市公园整体可达性与服务状况的指标。在城市各环区之间，采用公园可达面积比评价公园整体可达性，采用公园可达人口比评价公园服务状况。

本研究构建了北京市公园可达性评价指标；探究了北京市六环以内城市公园步行与自行车可达性与服务情况，研究结果可为北京市人居环境改造与公园布局的优化调整提供一些参考。但研究仅仅分析了面积较大的城市市级公园与区级公园，忽略了对于城市居民更易到达的街头游园等休憩场所的分析，因此可能会低估北京市公园的可达性。同时在人口计算上只考虑了北京市常住人口，导致人口总量计算偏小。如何进一步精确北京市公园可达性研究，总结出北京市公园布局的改进方法等，仍需要进一步探讨。

7.5 基于地理设计的城市形态扩张优化研究

7.5.1 研究现状

近年来我国城市化快速发展，产生了一系列生态环境问题。当前城市化问题已成为学界的研究热点，而如何缓解城市扩张与生态环境保护之间的矛盾则是其中一个重要的问题。近年来，城市扩张的速度加快、规模加大，长期快速、粗放式的扩张，也导致城市生态资源锐减、生态环境被破坏、动植物的生存受到威胁等不良的后果，严重威胁了生态安全。

基于地理设计的方法论，可以从生态安全格局着手，开展城市扩展模拟，进行扩张格局优化研究。生态安全格局是某一类存在于景观之中的潜在格局，这类格局由一些至关重要的局部、点以及位置关系所组成，它对于某些生态过程的控制和维护有着不可或缺的作用，无论这种景观是何种元素构成，这便是所谓的生态安全格局。

不少学者和规划专家尝试寻求更为合理的城市扩张方式，俞孔坚引入了“反规划”理论，旨在针对传统以“供需平衡”为主的规划方法提出改进方案，主张以生态过程视角对城市空间布局进行分析，倡导将重视生态过程作为城市扩张的优先法则。生态敏感区保护的基本思路由发达国家较早提出，并尝试在城乡规划中纳入生态制图部分，相应的规划决策技术主要集中在土地生态适宜性评价等方面，但研究很少基于城市扩展模拟与生态安全格局。本研究基于地理设计的方法论，以生态安全格局为基础，探讨更加合理的城市发展模式，以天津滨海新区为例，基于 logistic-CA 模型，对城市形态扩张至 1 710 km^2 时进行三种情景的预测，通过 GIS 等叠加个单因子生态安全格局而得到综合生态安全格局，进而比对三种扩张模式的利弊，最终得到相对合理的城市扩张方式。通过本研究，以期为城市扩张提供科学参考，为协调城市化进程中城市与生态的关系及构建生态型城市提供新的思路。

7.5.2 地理设计的方法论

地理设计是一种把规划设计活动，与实时的(或准实时的)以地理信息系统为基础的动态环境影响模拟，紧密结合在一起的决策支持方法论。哈佛大学 Carl Steinitz 所著《地理设计框架》(*A Framework for Geodesign*)是最早系统论述这一方法论的著作，书中说："地理设计即有意地改变地理。"

地理设计是一个设计框架，该框架包含了配套的地理信息技术，保证专业人员(设计师)在设计时严格遵循自然系统。地理设计并非是一个新的学科，而是一种新的理念，是在技术上借助地理信息系统，整合并协调诸如城市规划、风景园林、建筑设计等传统学科的一种集成的尝试。地理设计为改善甚至拯救环境提供了有效的手段，是多学科及业界多年延续发展、社会及环境需求和技术进步的结果。以地理位置为基础的规划设计是地理设计的基础。

地理设计通过为设计者提供强大工具，快速评估设计的影响，把地理学与设计结合起来；也为设计带来科学的手段和以价值为基础的信息，从而帮助设计师、规划师以及利益相关者做出更明智的决策；它不仅能联接基于科学和特定价值的设计系统，还可以权衡利弊，提供从多学科角度高屋建瓴地看待问题，提供解决冲突的框架。

地理设计中包含四类人群：一是本地居民或工作人员，他们提出地理设计变化需求，审核最终决定将对该区域带来的影响；二是地理科学家，即自然和社会科学家，包括：地理学家、水文家、生态学家，以及一些经济和社会学家；三是设计人员，包括建筑师、规划师、风景园林师、土木工程师，银行家及律师等；四是信息技术人员，如计算机人员、地理信息系统应用专家等(图 7-28)。

整个地理设计由六个步骤、一至多个循环组成。六个步骤分别对应回答六个问题，依次为：问题①如何在内容、空间和时间上描述所研究的区域？此问题由表达模型来回答，其数据是该区域所依赖的。问题②该区域如何运作？其要素间相

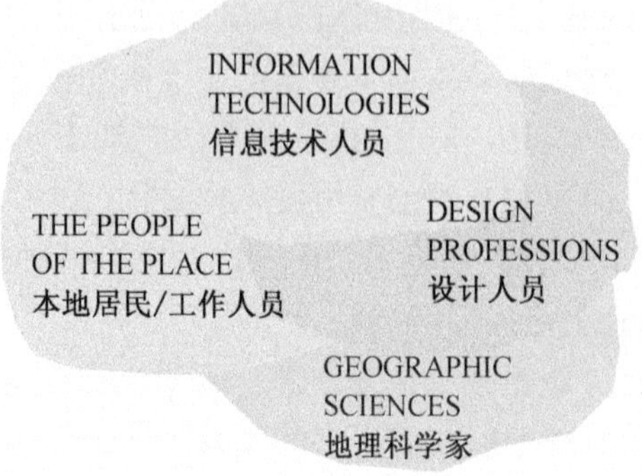

INFORMATION
TECHNOLOGIES
信息技术人员
THE PEOPLE
OF THE PLACE
本地居民/工作人员
DESIGN
PROFESSIONS
设计人员
GEOGRAPHIC
SCIENCES
地理科学家

图 7-28　地理设计的人群构成

互的结构和功能关系如何？这一问题由运作模型来回答，该模型为若干评估分析研究提供信息。问题③该区域是否运作良好？此问题由评估模型回答，该模型依赖于可做决策的利益相关者的文化知识。问题④可以怎样改变该区域？通过什么政策和行动？何时？何处？此问题的回答在于变化模型。此模型是通过地理设计研究来发展和比较的。此过程可产生用于表达未来状况的数据。问题⑤以上变化可以带来哪些不同？此问题是由影响模型来回答的，其评估结果是由输入变化条件的运作模型产生的。问题⑥该区域应该如何被改变？此问题的解答在于决策模型(图 7-29)。同评估模型一样，决策模型取决于决策者的文化知识。整个地理设计的过程，第一个循环正方向从问题①至⑥，主要是回答为什么要做此研究；第二个循环反方向，从问题⑥至①，回答怎样做此研究；第三个轮回再次从问题①至⑥，

1 景观应该如何描述？
描述模型
数据
2 景观是如何形成的？
过程模型
信息
3 景观效果好么？
评价模型
知识
评估
4 景观如何改变？
变化模型
数据
5 这些变化会造成怎样的不同？
影响模型
信息
6 景观应该被改变吗？
决策模型
知识
调节

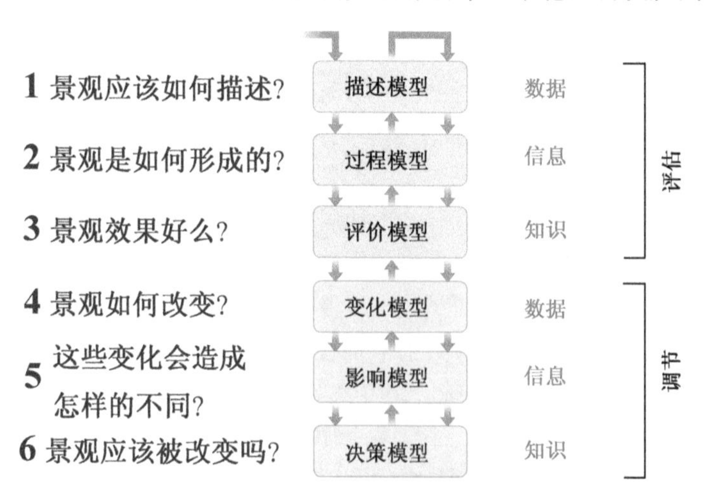

图 7-29　地理设计的框架

是回答什么、哪里以及何时的问题。当然,每个地理设计都不一样,有的只需要一个轮回,有的需要 4～5 个,一般需要 2～3 个轮回。

7.5.3 研究方法

(1) 研究区概况

本节研究范围囊括全部汉沽区、塘沽区、东丽区和大港区以及部分津南地区,位于天津市滨海新区,市域总面积 2 270 km^2,气候为半湿润温带季风性气候,是包含 153 km 海岸线的陆地与海洋生态系统复合区域,位处天津东部地区,与渤海湾毗邻。区域内湿地具有高度的多样性,拥有发达的河网,主要汇入大海;主地貌类型包括潟湖、滩涂以及滨海平原。该地区生物量小,自然植被类型少,植被覆盖率低。具有服务功能的林地面积较少;草地零星分布在湿地附近,面积较小(图 7-30)。

图 7-30 研究区域

天津城市结构特点属于典型的"一条扁担挑两头"布局特征,本研究区域属京津唐地区土地规划范围内的着重开发地区,拥有国家综合配套改革试验区和国家新区,是天津市重点工业开发区。该地区在多年的发展中积累了雄厚的经济基础和完善的基础设施,集中了经济技术开发区、保税区、天津港和滨海国际机场等重要区位和交通设施。2005—2017 年间，城乡建设用地从 689 km^2 增加到 1 576 km^2。

（2）城市扩张情景设定

情景是指未来可能发生某种合理和不确定事件的假设。本研究基于改进 logistic-CA 模型，对天津市滨海地区城市扩张形态在 2020 年的情况，结合三种情景进行预测，即历史外推情景下、内生发展模式下和外生发展模式下。历史外推情景：反映城市延续历史发展趋势。内生发展情景：反映城市的内部发展模式，即通过社会情况、城市人口、城市环境、城市基础设施、文化、自然等方面的资源所运行的内部机制来实现城市发展。外生发展情景：反映城市的外部发展模式，即通过区域交通设施、社会、自然等方面的资源所运行的内部机制来实现城市发展。

（3）改进 logistic-CA 模型

改进 logistic-CA 模型以模拟面积为计算停止条件，这种方法能够了解城市扩展的空间过程。logistic-CA 模型同样由四个部分组成，分别是：元胞、状态、邻域、规则，可以用下式表示：

$$S_{ij}^{t+1} = f(s_{ij}^{t}, \Omega_{ij}^{t}, Con, N)$$

其中，f 是转换规则函数，元胞 ij 在时间 t 和 $t+1$ 的状态以 s_{ij}^{t} 和 S_{ij}^{t+1} 来表示，Ω_{ij}^{t} 是在位置 ij 上邻域的空间发展状况，总约束条件为 Con，元胞大小为 30 m，N 是元胞数目 24 个。

转换规则采用逻辑二元回归方法，逻辑转换规则可表示为：

$$P_{d,ij}^{t} = [1 + (-\ln\gamma)^{\alpha}] \times \frac{1}{1+\exp(-z_{ij})} \times \mathrm{con}(s_{ij}^{t}) \times \Omega_{ij}^{t}$$

其中，区位的土地开发适宜性用 $\frac{1}{1+\exp(-z_{ij})}$ 描述，z 是描述单元 (i,j) 开发的特征向量，$z = b_0 + b_1x_1 + b_2x_2 + \cdots + b_kx_k$，$b_0$ 是一个常量，b_k 是逻辑回归系数，x_k 是一组影响转换的变量。$1 + (-\ln\gamma)^{\alpha}$ 为随机项，γ 在经过专家咨询后，决定 α 取值为 8。

7.5.4 研究结果及其讨论

（1）多情境城市扩展模拟

将使用开发的 logistic-CA 模型软件分别带入三种情景的逻辑回归系数，设置为 200 次为迭代次数，城市扩张形态模拟至 1 710 km^2。将河流、高速出入口、高速公路、各级铁路、各级航道、国家级道路、省级道路、县乡级道路、城市火车站、城市机场、城市道路、规划布局影响、规划铁路、市中心影响等共计 15 个要素作为影响因子。三种情景逻辑回归系数如表 7-15；模拟结果见图 7-31。

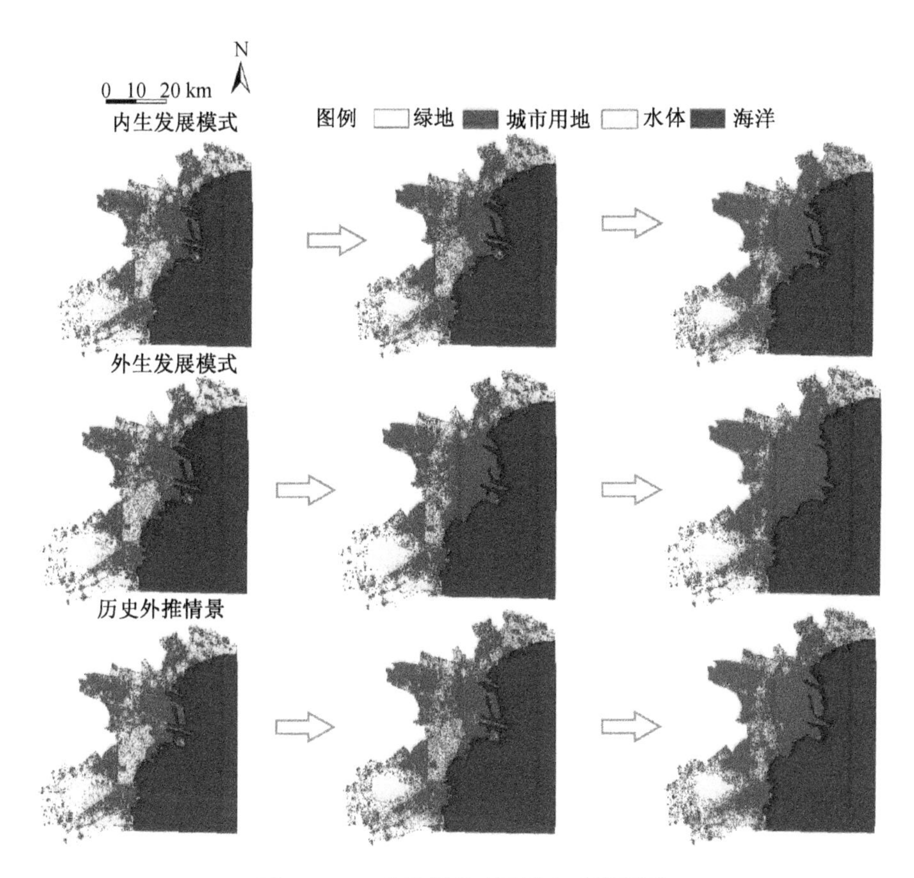

图 7-31 三种情景模式下城市扩张预测

表 7-15 三种情景逻辑回归系数

情景	b1	b2	b3	b4	b5	b6	b7	b8	b9	b10	b11	b12	b13	b14	b15
A	3.28	−1.33	0.73	4.34	−1.36	−0.48	0.43	−1.82	−6.25	−11.82	−4.78	1.61	−3.83	0.64	−10.31
B	2.04	−0.82	0.45	2.69	−0.84	−0.30	0.27	−1.13	−9.37	−17.73	−7.16	1.00	−2.38	0.40	−6.41
C	2.67	−2.65	0.59	3.53	−2.72	−0.39	0.35	−3.63	−5.08	−9.62	−3.88	1.31	−7.67	0.52	−8.39

（2）生态安全格局分析

① 单因子安全格局。本小节分别对水生态安全、大气安全、生物保护安全、历史文化安全四个安全项，通过各自影响因子进行叠加，得到单因子安全格局。

通过对河流廊道宽度、水库保护及汇水线保护等因子的叠加，可得相应数据，对数据进行标准化处理，以 0～10 评分，进行水生态安全格局评价（图 7-32、7-33）。根据不同区域大气净化能力，将其由低到高划分为 5 级，并将其标准化为 0～10。根据天津市的主导风向及区域净化能力的差异，确定主要绿地、河流的通风廊道，从而评价大气安全格局（图 7-34）。选取 200 m 为界，建立生物保护廊道，作为生物安全格局核心指标（图 7-35）。通过应用 ArcGIS，生成文物古迹安全格局图及风景区安全格局图（图 7-36、7-37），对其生态安全格局进行评分：0～100 m 为环境协调区，评分为 5；100 m 以外的城市建设项目对于文物古迹影响不大，评分为 0。对于风景区，半径 200 m 内建立核心保护区，评分为 10；200～400 m 为界建立环境协调区，评分为 5；400 m 以外评分为 0，由此得到历史文化安全格局。

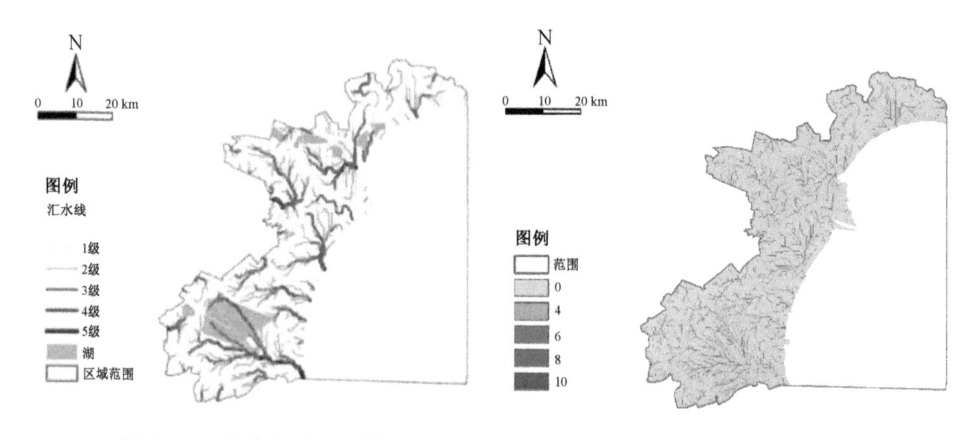

图 7-32　地表径流分析图

图 7-33　水生态安全格局

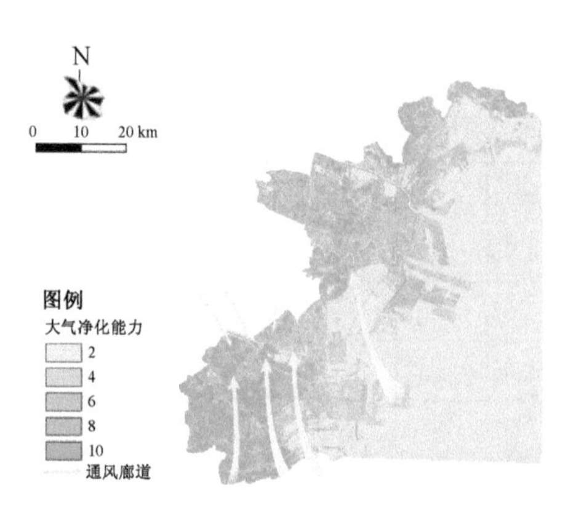

图 7-34　大气安全格局

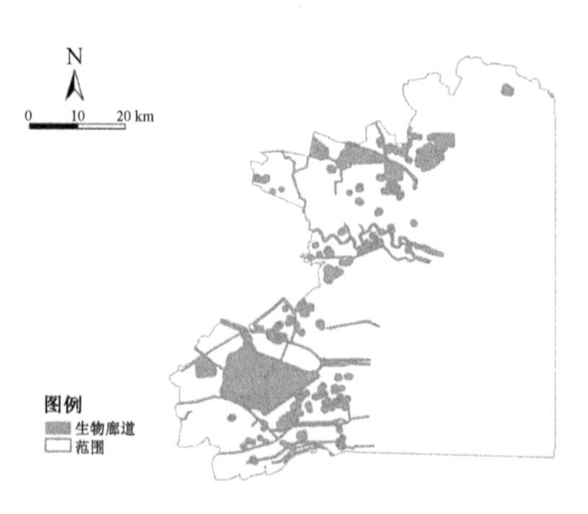

图 7-35　生物保护安全格局

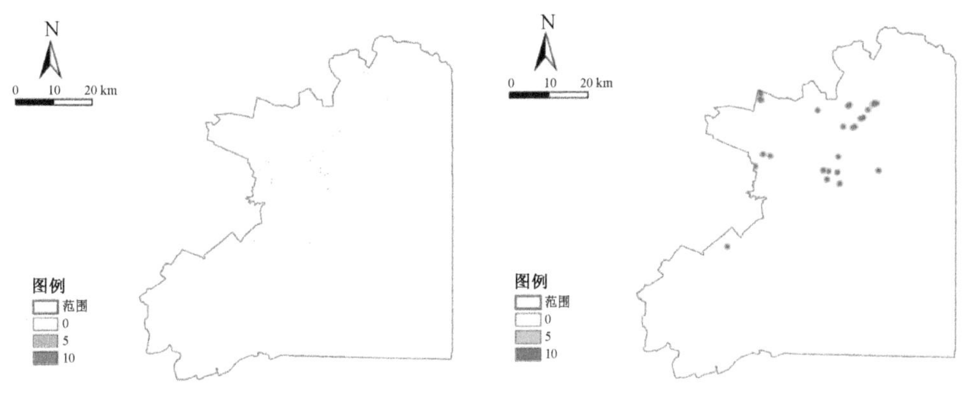

图 7-36 文物古迹安全格局

图 7-37 风景区安全格局

② 综合生态安全格局。等权重叠加水生态安全、大气安全、生物保护安全、历史文化安全四个单因子安全格局，对天津市滨海新区综合生态安全格局进行构建(图 7-38)。对生态安全格局进行分级，最终可得到最高安全格局区域面积 917.55 km^2，占总面积的 37.53%；较高安全格局区域面积 663.69 km^2，占总面积的 27.16%；中等安全格局区域面积 465.09 km^2，占总面积的 19.03%；较低

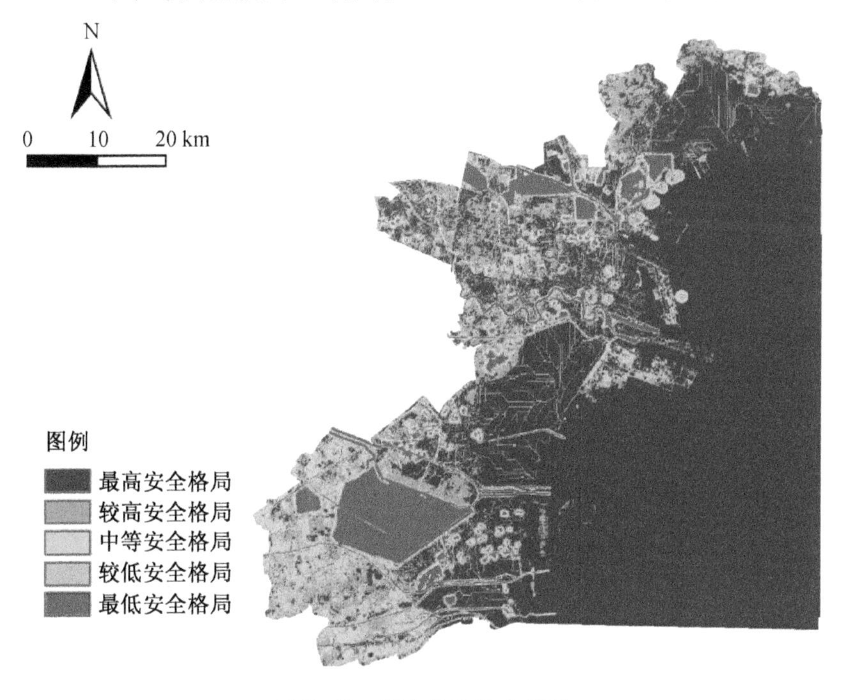

图 7-38 综合生态安全格局

安全格局区域面积 264.97 km²，占总面积的 10.84%；最低安全格局区域面积 132.68 km²，占总面积的 5.43%。其中，高生态安全格局是城镇系统与自然生态系统物质与能量集中与交互的地区，属于生态安全格局中的"试验区"，可以进行有限制性的开发建设；中等生态安全格局是围绕基本生态安全格局的"缓冲区"，应归入受限制建设区域；低生态安全格局是生态系统的重要源头和组成的关键区域，是生态安全格局的"核心区"，是城市生态保护不可挑战的底线，应归入城市规划的禁止或限制建设区域。

(3) 城市扩张合理模式分析

本小节通过模拟三种不同发展模式下，研究区在未来扩张至 1 710 km² 后的城市发展状况及生态安全格局，分析三种不同发展模式对城市发展与生态安全格局造成的影响。

"历史外推情景"下，建设用地以"摊大饼"的形式沿主要交通线路扩张，各城镇和街道建设用地相继连片开发，削弱了生态服务功能。由图 7-39 可见部分集聚的城市扩张位于低生态安全格局的河流湖泊周边，影响了水动力、水生态安全，导致正常陆地冲刷削弱，土壤盐碱化加重。影响了生物的迁徙及生物多样性保护，并且易产生大气污染，对城市的生态安全有较大威胁。

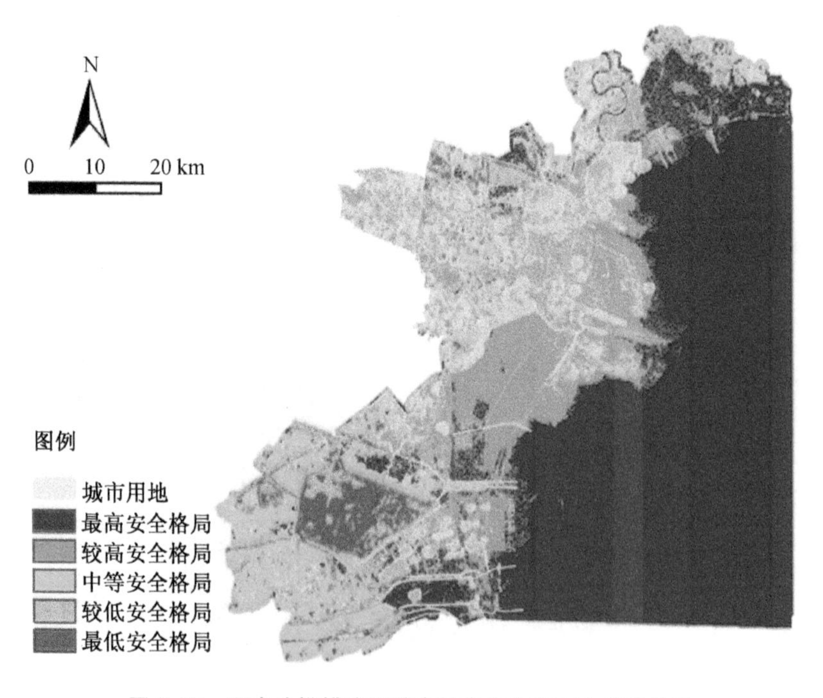

图 7-39 历史外推模式下城市扩张与生态安全格局关系

"内生发展模式"下，通过内部机制的运行实现城市发展，对城市老城区的依赖大，所以中北部地区建设用地依然连片发展，主城区在现代高密度建设的同时，绿地和自然生态环境斑块变得十分有限，严重离散化的斑块对城市景观空间格局带来不利影响。由图 7-40 可见，在内生发展模式下，在低安全生态格局区多形成集聚的城市，对水、大气、生物多样性等均有不良影响，降低生态服务功能。

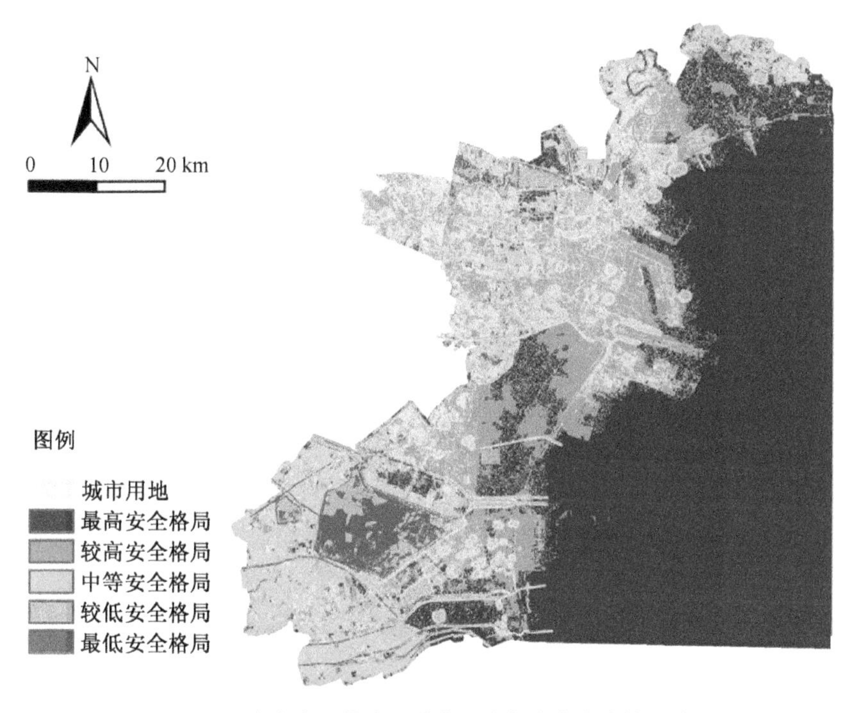

图 7-40 内生发展模式下城市扩张与生态安全格局关系

"外生发展模式"下，城市主要依靠区域的交通设施等，在扩张过程中，生态功能保持较好，能够有效阻止老城区"摊大饼"式的无序蔓延。城市建设用地和生态保护区域之间有着良好的缓冲与过渡，生态用地得到较好的保护，但各区域之间的城市相互联系较弱，需要强有力的交通连接。由图 7-41 可见，此种发展模式下，城市扩张区域多位于较高安全格局中，对生态环境破坏相比较而言较少，生态安全威胁最小。

7.5.5 城市扩张的合理优化途径

(1) 优化城市空间结构

以人口、资源、环境容量为约束条件，结合城市空间扩张过程模拟结果，确定城

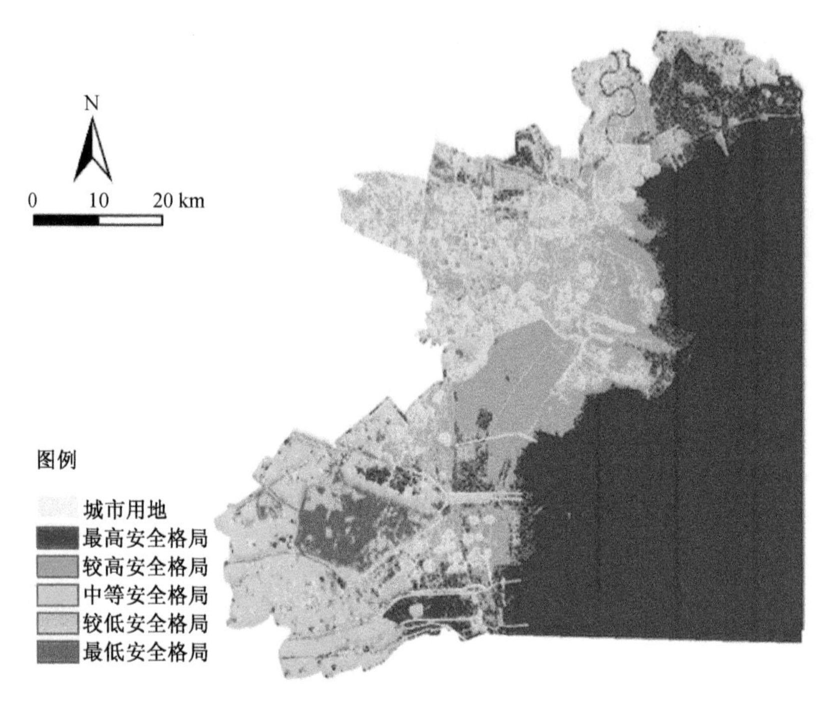

图 7-41 外生发展模式下城市扩张与生态安全格局关系

市总体结构优化路径——引导城市构建多中心结构，构建以生态城、航空城、大港城三个片区为核心的三个公共服务中心，发挥特大城市在国土空间布局的带动功能。统筹汉沽城区、航空城、高新区、开发区西区，并由生态城统筹发展，形成一体发展格局；加强大港城与油田生活区联动发展，完善公共服务设施配置。

（2）交通合理引导

城区向外扩展，主导沿着交通干线发展。因此在城市发展时注重外围交通发展，使外围交通发挥支撑作用。加强中塘、大港、主城几个核心之间的交通联系，通过主城区周边城镇的发展和道路系统的建设，城市形态将从单一的向心结构发展为城市群形态。将城市规划建设的环路绿色廊道系统，和城郊公路网绿地系统相融合，使主城区与周边城镇自然联系在一起。

（3）建设永久生态绿地

在城市不断扩张过程中，必须因地制宜地建设城市绿地系统，完善提升城市生态服务功能。天津市可依托北部“大黄堡—七里海”湿地周边的郊野公园和南部“北大港水库—团泊洼水库”湿地，以及生态绿环、城市绿楔，共同形成“城在绿中”的生态绿地空间布局，避免城市绵延发展，遏制城市热岛效应，强化南北生态要素联系。同时，依托高速绿化带，规划海河中游绿廊，形成南北通达的三条湿地生态廊道，完善城市生态廊道的主体骨架。

(4) 严格三区划定与监管

推进新型城镇化,依据主体功能区划定位,以环境质量、人居生态、自然生境等要素,进行三区划定与分类保护。严格划定禁建区、适建区与限建区,禁建区内原则上禁止与生态保护和修复工程无关的城乡开发建设行为;适建区内的开发建设活动,按照城镇开发边界的相关要求进行;城市开发建设活动应避让限建区。通过调控土地出让价格,改善城市扩张在一些区域集聚的现象,促进城市扩张相对分散,在生态脆弱的区域提高土地价格。

(5) 工业的迁移引导

引导产业有序集聚,依托现有产业集聚区优势,集中建设新型生态的工业区组团,使得建设用地以更为高效、紧凑、集约的方式扩展。形成紧凑、合理的建设用地布局,并使产业发展有利于充分合理利用滨海资源、土地资源、森林资源、湿地资源和耕地资源,形成城乡一体的网络型开敞式复合生态系统,充分保障城乡生态系统的安全和健康。

(6) 划定城市增长边界

以安全和谐的生态环境保护格局为基础,尊重自然、顺应自然、保护自然,保持人口、资源、环境的均衡,以生态环境资源承载力为基础,划定城市增长边界、保护生态红线,用最严格的政策对城市增长边界进行限制。规划时需要严格控制城镇开发边界外的各项建设活动,除重大交通设施、必要的市政公用设施、旅游设施和公园外,原则上不得在城镇开发边界外安排城镇用地指标、作出建设用地规划许可(图 7-42)。

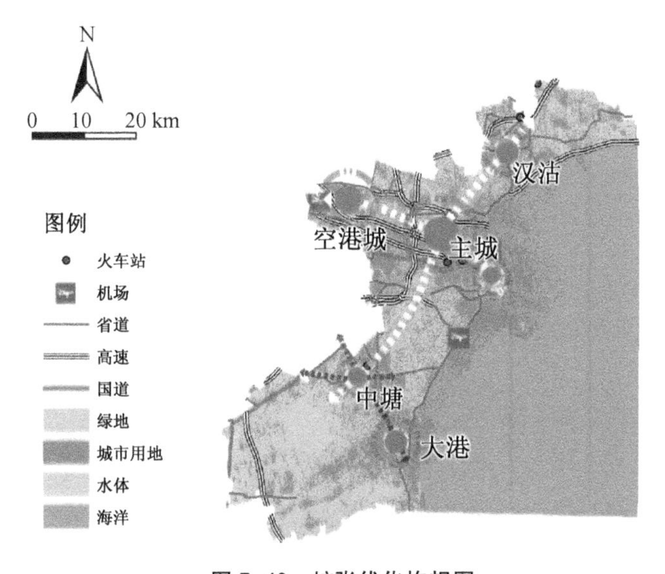

图 7-42 扩张优化构想图

7.5.6 总结

本研究运用改进 CA 模型与 GIS 空间分析，通过生态安全格局体系构建与多情境的城市扩张模拟分析，得出了城市空间扩展的优化路径。通过研究得出结论如下：

① 城市扩张不同模式与生态安全格局在扩展过程中存在较大差异，可充分利用历史惯性扩张情境的特征进行优势发挥，依靠外生发展模式分散城市巨大集聚力带来的生态安全问题，有效缓解城市扩张与生态安全之间的矛盾。

② 对城市扩展的模式进行优化，可从优化城市空间结构、交通引导、建设永久生态绿地、工业的迁移引导、城市增长边界的划定方面着力。

③ 在进行城市景观格局与扩张程度的研究时，采用地理设计的方法论，可以清晰地反映二者之间的矛盾与联系，便于达到研究目的，得出准确的研究结论。

本研究也为天津市滨海新区城市规划发展提供参考与依据，并为建设生态型城市提供了思路。研究的不足之处：在对研究区进行生态安全格局分析时，选取的单项因子不全面，以及选取的三种情景的扩张方式不能完全模拟现实情况下城市的扩张，在此情况下的分析具有一定的局限性。

8　城市形态扩张模拟预测与生态服务功能协调优化研究的总结与展望

8.1　研究结论

8.1.1　方法和方法论结论

第一，改进后 logistic-CA 模型，充分发挥了 CA 自下而上模拟多情景城市空间过程的优势；灰色系统方法的引入，实现了模型在数量上较为准确地预测既定年份的城市形态面积。通过检验改进后的模型模拟预测精度极高，实现了定量模拟预测城市形态多情景演化的目标。

第二，基于遥感影像，应用 NDVI、建筑指数和 Landsat 7、5、4、3、2、1 波段共同分析提取城市形态，基于 GIS 进行城市形态动态监测与分析。采用等扇分析法、等圆环分析法，分析扩张强度、扩张速度、分维数、紧凑度等，测度城市形态的发展动态和可持续性，具有较好的识别性和指示性。

第三，基于不等时距的灰色预测方法，对城市空间扩展的整体特征与各向特征进行分析，预测效果需要区分对待。在相对封闭的系统中进行预测，具有较好预测精度，例如延吉市预测结果较为准确。但是在一个开放系统中，比如与全国城镇体系紧密相连的天津市，灰色预测受全国偶然因素影响较大，预测结果可作为参考之一，需要其他方法校核。

第四，通过基于地理设计的方法论，以生态服务功能的提升为出发点，提出了城市空间扩展的优化路径。对城市扩张的不同情境进行模拟，提前预判生态安全格局，客观把握生态服务功能的空间支持，对城市扩展的模式进行优化。

8.1.2　实证结论(类型)

第一，天津市核心区城市形态，已由双核结构转变为现在的“一根扁担挑两头”模式，中间海河连接带发展充分，中心城区和滨海新区“一主一副”的空间格局，转变为双城发展的格局。城市空间扩展中，交通、经济、规划与政策综合作用是其主要驱动力。根据弗里德曼的核心边缘理论，天津市核心区的城市空间扩展已进入工业化成熟阶段。

第二，滨海新区城市形态模拟表明，不同的情景下空间扩张过程具有一定的差异性。其共性特征是必然以十字形生长，十字形的中心片区位于塘沽城区，扩展主要集中在海河城市发展主轴和沿海城市发展带，并最终形成连片城市建成区。总的来看，发展前期，海河城市发展主轴扩展较为稳定；发展后期，沿海城市发展带则变得迅猛，后期塘沽城区南部盐田将全部消失。滨海新区城市形态可从优化城市空间结构、交通引导、建设永久生态绿地、工业的迁移引导、城市增长边界的划定等方面着力。

第三，延吉市的发展，近 41 年城市形态经历了从团块状向星状发展的历程。扩展强度不断加快，扩展的方向主要集中在沿布尔哈通河东西两向，以及沿烟集河的北部三个条带。延吉市城市空间扩展的原因，除经济因素外，地形制约作用较大，交通起到了促进作用。

8.1.3 理论结论

第一，海港城市形态演化经历四个时期：①单核生长，在港口交通优越的区位首先集中扩展；②组团扩展，港区工业集聚带动城市次优区位组团扩展；③轴带扩张，源于交通的带动、工业体系与配套设施完善；④区域填充，城市功能与城市形态自我发展。

第二，城市空间扩展受多种影响因素的制约，改变扩张的方式，将带来不同的空间扩展响应。例如，2010—2017 年，滨海新区城市扩展改变了过去高土地消耗的模式，8 年间共节省土地面积 171 km^2。

第三，城市扩展对生态系统服务功能的空间演化过程影响明显。在城市空间扩展中，生态空间转为建设用地的较多，特别是在有限的土地空间中，生态系统服务功能的空间演化过程存在重大差异。例如滨海新区的内生、外生、历史惯性情境扩张对生态服务功能的影响。

第四，城市扩展对单项生态服务功能具有明显的影响。城市形态扩张导致了热舒适度影响等级的持续增加，影响区的空间转移模式具有明显等级差别，热舒适的空间转移具有明显的阶段特征，主要受城市主体建筑景观更替过程的影响。城市扩展中，特大城市的最高热岛升温与国家城镇化率的变化相一致，主要受国家城市化空间格局影响，与国家城镇化进程密切相关。城市公园游憩服务受城市空间扩展的影响，公园可达性与服务范围存在空间的不平衡性，主要与不同环线的建设时期及环线建设扩张程度存在密切联系。

8.2 由研究得出的城市发展相关建议

第一,城市形态演化中应高度重视交通的影响,促进形成"双城"多中心空间体系。依托海河两岸的城镇和交通发展廊道,推进北部廊道产城融合发展。核心区城市空间扩展中,应优化区域交通地位,进一步强化发挥天津港战略资源优势。对城市空间扩展形成的若干次级核心区域,应注意改善其与主城区的交通联系,既有利于减少交通压力,又利于交通引导城市空间有序扩展。

第二,核心区的城市空间扩展中应注意扩散效应,在城市空间布局若干组团应遵循城市空间扩展的客观规律。积极利用工业化成熟阶段的城市空间扩展规律特征,在中心区周围打造次级核心组团,遏制主城区的"摊大饼"式扩展,优化城市环境,减弱城市热岛和雨岛效应。

第三,根据不同城市扩展的阶段性特征,协调城市扩展与生态服务功能。不同城市扩展模式下,生态系统服务功能的空间演化过程存在重大差异,抓住影响城市形态的火车站、城市道路、县乡道、航道、省道等关键驱动力,进行城市形态的优化协调。加强城市空间扩展的环境影响研究与治理,尤其是对水环境的影响和由此而带来的城市生态环境影响。保护核心区城市生态安全基础设施,注意陆地水体功能性水质问题,关注湿地减少和填海造地的环境影响。

第四,进行专项研究和分析,科学制定城市规划,更好地发挥城市规划对城市形态演化的引导作用,顺应城市形态演化的规律。真正做到"运用形态变化的规律,从现实出发,科学地预测未来的发展,提出规划方案措施;能动地从历史变化中得出它变化的规律,对城市形态上的合理性和不合理性、城市功能与经济合理性做出比较正确的估计"。

8.3 研究展望

限于时间和目前的研究水平,研究成果有待进一步优化。未来将在以下方面进一步拓展。

第一,转换规则。合理的规则是提高模型效果的关键,在 CA 模型中,规则是针对抽象空间划分单元的,反映了单元间局部的相互作用。这个局部规则与传统的宏观规律既有联系,也存在差别。它的产生有时靠的是直觉和经验,而且找到一个确切的规则难度相当大,这是影响 CA 实用性的一个重要因素。CA 应用于城市系统模拟时,必须扩展模型构造规则,才能增强模型模拟的真实性。

第二,空间尺度敏感性问题。元胞自动机是建立在离散、规则的空间划分基础上的，如何确定合适的空间尺度，是CA在应用中面临的一个难题。在城市系统模拟中，不同土地利用类型有着不同的空间尺度，如何确定一个统一的空间分辨率，考察其行为变化，对于城市CA建模非常困难。如水体单元较小，较为分散、破碎；而城市形态单元则较大，且一般组结成团，连绵成片。在空间划分时，如果分辨率过高，土地单元过小，则对有些用地失去意义；相反，元胞分辨率过小，土地单元过大，同样并不合适。

第三，本书城市演化模拟模型对土地利用分类较粗，未来将采取较精细的城市用地分类标准。演化的研究主要集中在非城市用地向城市用地转换，采用的土地利用分类标准是大尺度范围的分类；如果能在小尺度的城市内部范围内进行考察，采取更精细的城市建设用地分类标准，研究城市形态的演化无疑将更有意义。

附录　天津市基本情况及发展简介

1　城市概况

1.1　地理位置

天津市地处太平洋西岸环渤海湾边的华北平原东北部，位于北纬 38°34′～40°15′，东经 116°43′～118°04′，东临渤海，北依燕山，西靠北京。交通便捷，不仅是北京的海上门户和华北、西北等省区的重要出海口，还是东北亚地区通往欧亚大陆桥铁路运输距离最近的起点城市。

1.2　行政区划

天津是中国四大直辖市之一，现辖 16 个区，共有 124 个镇、3 个乡、118 个街道，3 680 个村委会和 1 645 个居委会。市辖区包括：滨海新区、和平区、河北区、河东区、河西区、南开区、红桥区、东丽区、西青区、津南区、北辰区、武清区、宝坻区、静海县、宁河区、蓟县（图 1）。

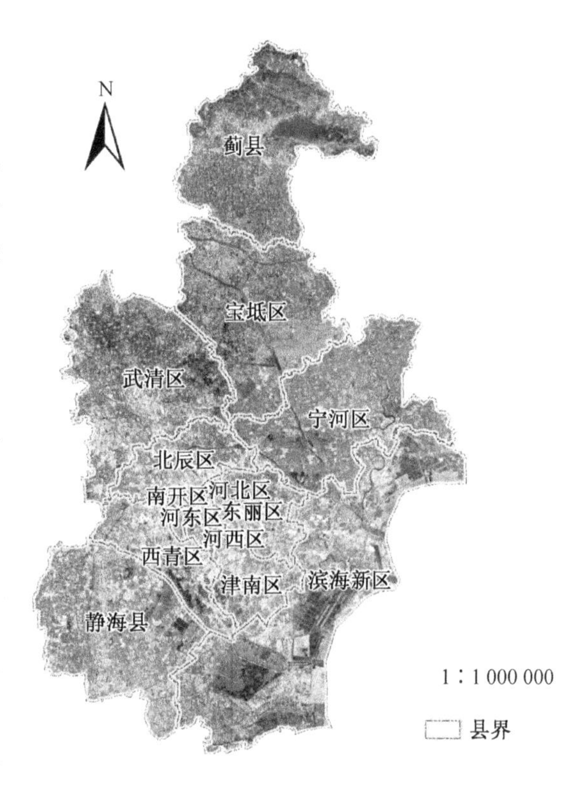

图 1　天津市域图

1.3　自然及资源条件

1.3.1　地形地貌

天津地势北高南低，地貌类型可划分为山地、丘陵、平原、洼地、海岸带和滩涂等。大部分地区地势平坦，海拔高程平均在 2～10 m。

全市只有北部有部分山区，属燕山山脉，最高峰为蓟县和兴隆县交界处的九山顶，海拔 1 078.5 m。

1.3.2 气候

天津位于中纬度欧亚大陆东岸，面对太平洋，季风环流影响显著，冬季受蒙古冷高气压控制，盛行偏北风；夏季受西太平洋副热带高气压影响，多偏南风。天津气候属暖温带半湿润大陆季风型气候，有明显由陆到海过渡的特点：四季明显，长短不一；春季多风，干旱少雨；夏季炎热，雨水集中；秋季天高气爽；冬季寒冷干燥少雪。年平均降水量为 550～680 mm，夏季降水量约占全年降水量的 80%。

1.3.3 土地资源

天津土地总面积 11 917.3 km^2，城乡建设用地占 41%。全市的土地，除北部蓟县的山地、丘陵外，其余地区都是在深厚沉积物上发育的土壤，其中褐色土是耕性良好的肥沃土壤。

表 1 天津市土地资源统计(2016)

大类	小类	面积(km^2)	比例(%)
农用地	耕地	4 371	36.68
	园地	302	2.53
	林地	551	4.62
	其他农用地	1 757	14.74
	小计	6 981	58.8
建设用地	居民点及工矿用地	3 276	27.49
	交通用地	283	2.37
	水利设施用地	533	4.47
	小计	4 092	41.2
未利用地		844	7.08
合计		11 917	100.00

1.3.4 海洋资源

天津的海岸线长 153.669 km(其中大陆岸线长 153.2 km，海岛岸线长 0.469 km)，海洋资源丰富，主要有海盐、石油和鱼类等。中国最著名的海盐产区长芦盐场就在这里，原盐年产量 240 多万 t。渤海海底蕴藏着大量的石油和天然气，是华北盆地上的胜利、大港、辽河等油田向海洋延伸部分。渤海油田目前已形成一定规模，中国与日本合作开采的海上油井日产量达 1 000 多 t。海洋生物资源种类繁多，达 495 种，海洋产业较发达。

1.3.5 水资源

天津位于海河流域下游，历史素有“九河下梢”之称。海河由北运河系（包括蓟运河、潮白河）、永定河系、大清河系、子牙河系和南运河系（包括漳河、卫河）等 5 大水系及其干流组成，上述 5 大水系经永定新河、独流减河、海河干流入海。流经天津市域的一级河道有 19 条，总长度为 1 095.1 km，骨干排沥河道 79 条（二级），总长为 1 363.4 km。其中有 6 条人工河道，包括子牙新河、永定新河、潮白新河、马厂减河、独流减河和还乡新河。海河干流贯穿中心城区和滨海新区核心区。蓟运河、潮白新河、大清河、北运河、永定新河、海河、独流减河、子牙河和子牙新河是天津的主要泄洪河道。

1.4 社会经济发展情况

截至 2017 年末，天津市常住人口 1 556.87 万人，比上年末减少 5.25 万人；其中，外来人口 498.23 万人，占全市常住人口的 32.0%。常住人口中，城镇人口 1 291.11 万人，城镇化率为 82.93%，与上年持平。全市户籍人口 1 049.99 万人。2017 年，第一产业增加值 218.28 亿元，增长 2.0%；第二产业增加值 7 590.36 亿元，增长 1.0%；第三产业增加值 10 786.74 亿元，增长 6.0%。三产业结构为 1.2∶40.8∶58.0。

2 发展条件

2.1 区域地位优良

天津是东北亚地区的重要港口城市和制造业基地。天津市东临渤海，隔海与日本、朝鲜半岛相望，在东北亚经济区中居于中心位置。日、韩等国家与天津的经济有着密切的联系，天津的制造业已经与韩国、日本、美国等国家紧密相连。电子信息、生物医药工程、新能源、新材料等被确定为重点发展领域和天津工业的新支柱产业。未来的天津应是我国北方与东北亚、全球联系的重要枢纽，是东北亚地区重要的制造业基地和欧亚大陆桥重要的桥头堡。

天津是我国北方重要的综合交通枢纽。天津港是我国北方最大的国际贸易港和重要的集装箱运输枢纽港，是太平洋西岸重要的航运枢纽，是欧亚大陆桥陆路运输距离最近的起点。天津港是华北、西北地区最重要的出海口，腹地总面积达 400

多万 km^2，人口 2 亿多。天津港已基本建成为国际化、多功能、综合性的现代化深水大港，是我国北方重要的航运中心，已跻身世界港口 20 强。

完善的国家干线铁路和公路网络，使天津成为沟通华北与东北、西北、华东地区重要的交通枢纽，也是东北与华东地区联系最便捷的通道。随着国家关于进一步加快滨海新区对外开发开放战略、西部大开发战略，以及振兴东北老工业基地战略的相继实施，东中西部地区的交流与合作进一步加强，东北、西北与华东地区之间的联系将会不断发展，天津陆路交通枢纽地位将更加突出。

天津是环渤海地区的经济中心，也是我国北方重要的经济中心。从城市规模和综合实力比较，天津是我国北方地区第二位城市，特别在进出口贸易、港口物流、制造业等许多方面处于优势地位，已经成为环渤海地区和我国北方地区重要的经济中心。

随着天津滨海新区积极推进高水平的现代制造和研发转化基地、我国北方国际航运中心和国际物流中心的建设，外向型度高、综合功能大、全面现代化的新区势必更好地带动天津的大发展，天津作为环渤海经济中心和我国北方经济中心城市，将更大地发挥服务、辐射和带动区域的作用。

2.2 港口优势明显

天津港是我国北方最大的综合性国际贸易港，是首都北京和西北、华北重要的出海门户，对外与 170 多个国家和地区的 300 多个港口通航，已成为我国北方重要的国际集装箱枢纽港。随着港口服务功能的日益增强，与国际交往领域的不断扩大和腹地范围的不断拓展，天津港将在区域中扮演更加重要的角色，成为城市最重要的持久发展动力。

2.3 土地等自然资源丰富

天津自然资源丰富，这在国内外大城市中并不多见，为经济发展和城市建设提供了必要条件。天津处于华北平原，地势平坦，沿海地区分布大量盐碱荒地和适于填海造陆的滩涂，可以作为城市拓展用地的空间很大。

天津还拥有丰富的石油、天然气等矿产资源，海洋资源和地热资源。渤海海域石油资源总量 98 亿 t，已探明石油地质储量 32 亿 t、天然气 1 937 亿 m^3；原盐年产量 240 多万 t(约占全国的 15%)；地下热水资源总储量达 1 103.06 亿 m^3，是我国迄今最大的中低温地热田。

2.4 生态资源优越

天津有丰富的生态资源，在众多的生态要素中，湿地资源最为突出，全市有七里海湿地、北大港湿地、团泊洼湿地、东丽湖和官港湿地等主要湿地，总面积 1 718 km^2，占全市陆地面积的 14.4%，有利于创建良好的生态环境，保障城市可持续发展。北部的山区地带具备良好的生态植被条件，拥有盘山风景区、八仙山自然保护区、中上元古界自然保护区、国家地质公园、九龙山国家森林公园，是天津重要的生态屏障和旅游资源。

表 2　进入"中国湿地自然保护区名录"的天津湿地

保护区名称	地理位置	面积(ha)	保护对象	级别
团泊洼鸟类自然保护区	静海县	6 000	鸟类、野生动物及湿地生态系统	市级
东丽湖自然保护区	东丽区	2 200	水生生态和水生生物	县级
天津古海岸与湿地自然保护区	宁河、大港、津南等五区县	48 910	贝壳堤、牡蛎滩古海岸遗迹和滨海湿地生态系统	国家级
于桥水库水源保护区	蓟县	23 557	内陆湿地、水域生态系统	市级

2.5　文化积淀深厚

天津 600 年来城市发展历程，从北方内陆河口型商贸、卫戍城镇，逐步演变成面向海洋经济的国家重要港口城市、工业基地和北方经济强市，对国家和地区的发展做出了重大贡献。天津是中国近代北方开放的前沿和"洋务"运动的基地，在铁路、电报、电话、邮政、近代教育、司法等方面均开全国之先河。天津历史遗址多，出土文物丰富，有 37 处国家级和市级重点文物保护单位。另外，天津拥有包括张学良、梁启超、袁世凯、张自忠等一大批著名历史人物的名人故居；城市建筑既有雕梁画栋、典雅朴实的中国古建筑，又有众多新颖别致的西洋建筑，因此天津被称为"万国建筑博览会"。"泥人张""杨柳青年画""魏记风筝""刻砖刘"等四大民间艺术历史悠久，驰名天下。厚重的文化底蕴展现了"近代中国看天津"的历史文化名城特色。

2.6　科教事业发达

天津市科技教育综合竞争力居全国第 4 位，有南开大学、天津大学等高等院校 37 所，自然科学和社会科学研究机构 150 多个，各类专业技术人才近 50 万人。已拥有一大批国家级和市级的科研机构、创新孵化器、企业研发中心和博士后工作站，多层次的科研创新体系和科技人才创新基地均已初具规模。2017 年末博士后流动站 77 个、工作站 252 个,在站博士后 1 200 余人。发达的科技教育事业为天津提高城市创新能力和城市竞争力提供了有力保障。

3　城市规划沿革

天津的城市发展大致经历四个历史阶段:早期产生—1404 年、1404—1949 年、1949—1978 年、1978 年至今。

3.1　早期城镇的产生和发展

天津平原的早期开发由北向南,随着农耕、牧渔的定居生产、生活,聚落渐稠密,渔盐、屯垦、漕运、驻防之利促进了初期城镇的产生。

3.2　第二阶段:1404—1949 年

由于漕运的发展,1404 年以前天津(海津镇)已成为南北交通的重要中转码头。1404 年天津设卫筑城(图 2),在政治经济和军事上的地位越来越重要。1860 年,天津被迫开商埠,设九国租界(图 3)。到 20 世纪 30 年代初,天津已经具备金融、贸易等商业功能,工业强盛,逐步形成华北水陆交通枢纽、中国北方多功能的经济中心。

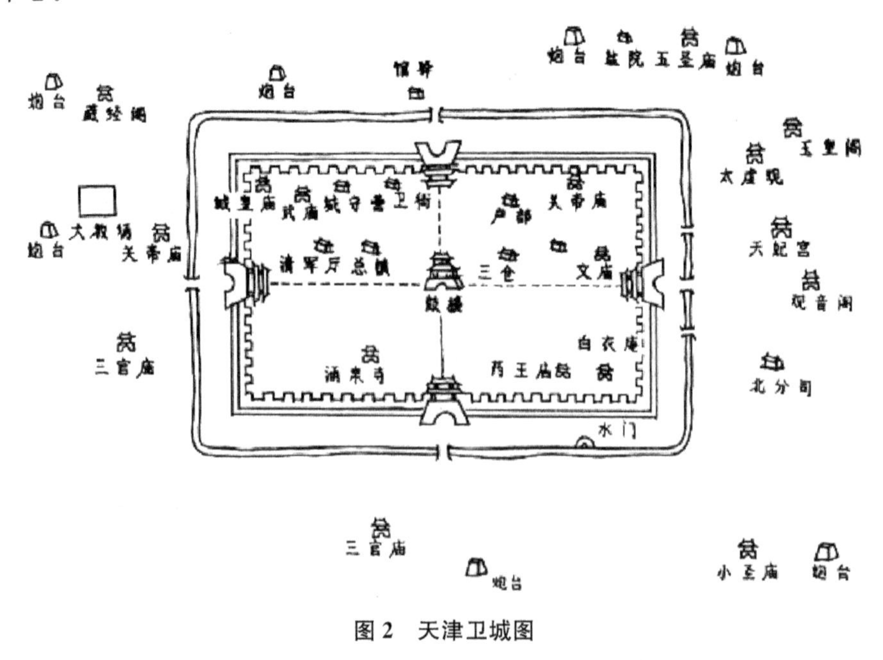

图 2　天津卫城图

明代，设制建卫，城镇军事、漕运、商业枢纽功能加强，天津的航运、商贸职能进一步加强，逐步演变为繁荣的内陆河口型商贸城市，同时军事防卫功能和行政管理职能更加突出，军事防卫和港口商贸成为城市发展的主要动力。

近代，天津的城市空间形态由三岔河口沿海河扩展，呈现明显的带状形态，设租界后用地迅速扩张。此时市区与周边城镇间联系薄弱，处于孤立分散状态，但港口已有初步发展。

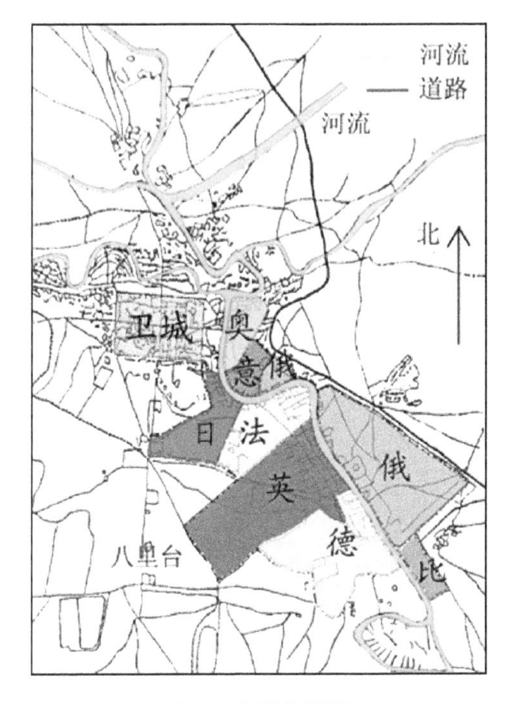

图 3　九国租界图

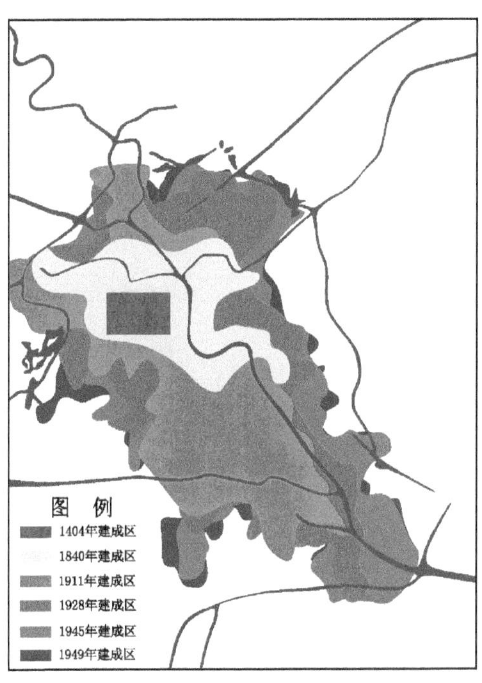

图 4　市区空间扩展历史过程图（1404—1949 年）

1930 年梁思成、张锐编制了《天津特别市物质建设方案》，提出天津作为华北的大商埠，应独立生产，培植工商业，促进本市繁荣，收回租界，统一规划。1939 年前后日军占领期间编制了《天津市都市计划大纲》，规定城市性质是："天津市将来可为华北一大贸易港……最重要之商业都市与大工业用地……通华北及蒙疆之大门户。"与塘沽结合，形成子母城关系；建设外环河道，修筑运河以充分利用天津地区的航运能力；规划工业区和住宅区。人口规模 1969 年达到 300 万，城市用地扩展到 250 km^2。此阶段的规划侧重于功能分区和道路组织，比较粗糙，没有系统的规划方案（图 4、5）。

图 5　大天津市都市计划大纲(1939 年前后,颜色为后加)

3.3 第三阶段:1949—1978 年

新中国成立初期,天津作为我国第二大工商业城市,有着雄厚的工业基础。在这一阶段,中国正处于迅速工业化过程中,因此天津城市定位强调依托其工业基础,建设成为综合性的工业基地城市,具有当时的时代背景特征(图 6)。

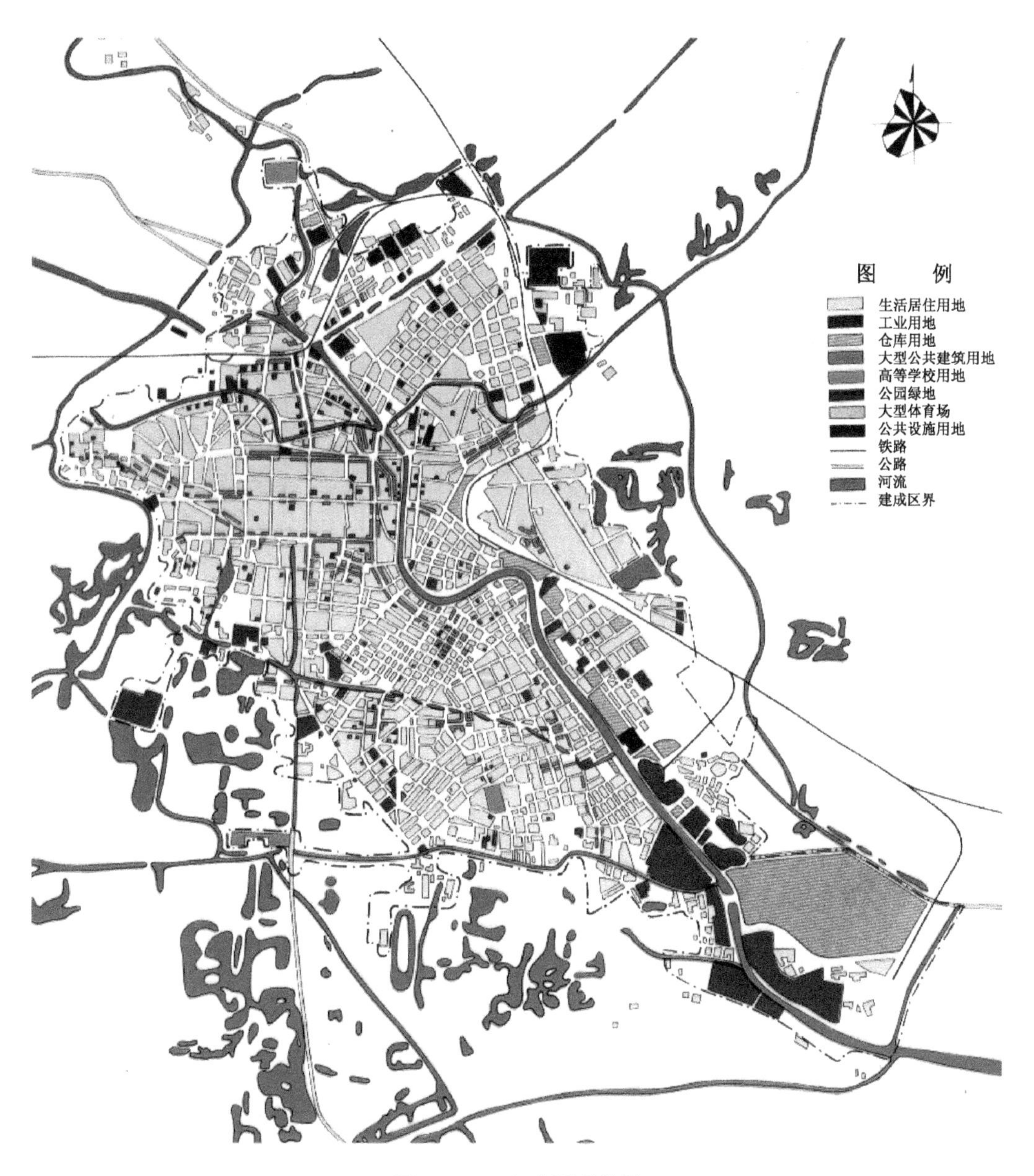

图 6 1949 年市区现状图

这一阶段城市沿海河两岸向纵深地带扩展，城市形态结构由带状向块状演变，工业区建设向外围点状扩散，近郊开辟卫星镇（大南河、杨柳青、军粮城和咸水沽），城镇间的经济联系仍然有限。

城市发展与国家经济建设密切相关，“一五”时期：综合性工业城市、南北水陆要冲、华北水陆交通枢纽。“二五”时期：以机电工业与海洋化学工业为主的综合性工业城市、华北水陆交通枢纽。“五五”“六五”时期：以石油、石油化学工业和海洋化学工业为特点的、先进的综合性工业基地。

1953 年 1 月，天津市城市建设委员会提出第一个城市初步规划方案。该方案主要目的是将租界型的城市布局向社会主义城市转变，城市路网确定为三环十八射的环行放射式，初步确定了现代天津主城区的同心圆结构。规划期限 20 年，人口规模 250 万人，用地规模 186.5 km^2。按照中共中央 1953 年 9 月《关于城市建设中的几个问题的指示》，在 1954 年 12 月前方案进行了 5 次不同程度地修改与充实，年底提出《天津市城市规划要点》和《天津市城市规划草案》，确定天津为工业城市，城市建设必须为工业生产服务，在城市外围规划工业组团。规划期限 20 年，人口规模 300 万人，用地规模 230 km^2。

1957 年《天津市城市初步规划方案》确定城市的性质是综合性工业城市、南北水运要冲、华北水陆交通城市，城市布局继续加强同心圆结构。规划期限 15 年（1953—1967），人口规模 300 万人，用地规模 158.82 km^2。

1959 年《天津市城市规划简要说明》确定城市性质是以机电工业与海洋化学工业为主的综合性工业城市、华北水陆交通枢纽。针对工业用地供给不足的矛盾，从市辖区、县大范围内统筹分布生产力，采取“大分散、小集中”的方式安排工业用地。规划期限 15 年（1958—1972），人口规模 400 万～450 万人，用地规模 370 km^2。

1960 年的《天津城市规划初步方案说明》《天津市区域规划草案》明确提出将天津由单一城市改造为组合性城市，建设卫星城镇。并提出“压缩改造旧市区，严格控制近郊区，积极发展县镇工业点”。人口规模 270 万～280 万人，用地规模 316.8 km^2（图 7）。

1962 年 3 月至 1965 年 12 月，随着国民经济调整形势的发展和市辖区域的变化，城市规划进行多次修改，人口规模在 300 万人左右，用地规模在 300～370 km^2 几次浮动。具体布局有所调整，城市总体布局原则、城市性质等均无大的变化。

1972 年，修编城市总体规划，对塘沽和天津铁路枢纽规划进行了修订。

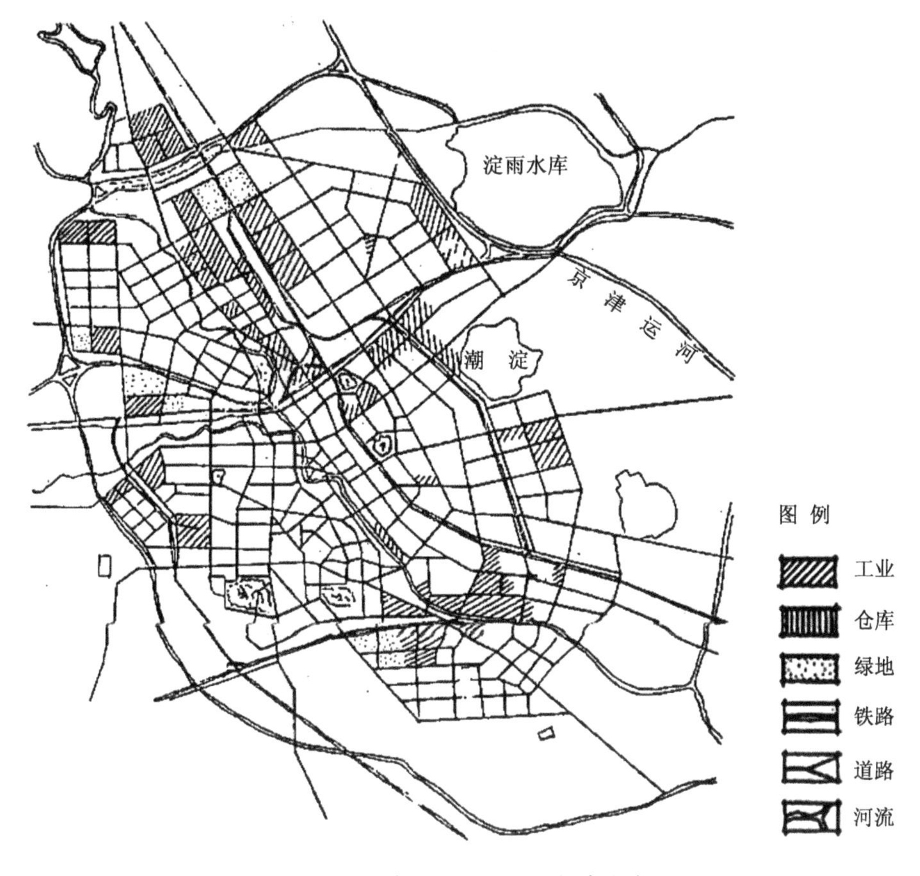

图 7　1960 年天津城市规划初步方案

3.4　第四阶段:1978 年至今

1978 年《天津市城市总体规划纲要》结合抗震救灾、恢复家园工作,提出将天津建设成为一个现代化的、工农业协调发展的、城乡结合的社会主义新型城市,建设以石油、石油化学工业和海洋化学工业为特点的、先进的综合性工业基地。2000 年人口规模控制在 250 万人,用地规模控制在 166 km^2。

1982 年《天津市城市总体规划》确定未来天津作为我国北方的经济中心,发挥其作为一个工业基地、外贸出口基地和科学技术基地的作用,提出将天津港建设为现代化综合性海港。规划期限到 2000 年,市辖区人口规模为 830 万人,市中心区城市用地规模为 250.64 km^2(图 8)。

1983 年 3 月、1984 年 1 月和 8 月对城市规划成果进行了修订,着重对城市性质、人口规模、总体布局、城市内外交通等几个有关全局性的问题,从历史、现状和

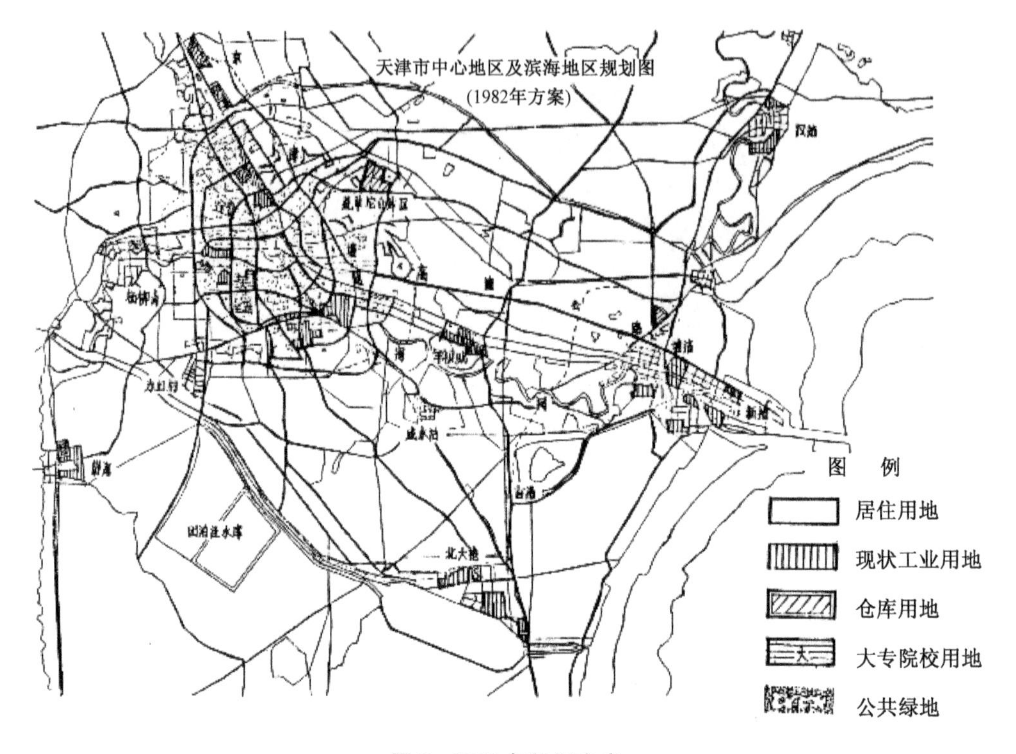

图 8　1982 年规划方案

适应城市今后发展做了反复论证。

1984—1985 年，编制《天津市城市总体规划方案(1986—2000)》，于 1986 年 8 月 4 日经国务院批复，原则同意作为指导天津城市发展和建设的依据。该规划确定天津的城市性质为"拥有先进技术的综合性工业基地，开放型、多功能的经济中心和现代化的港口城市"。以海河为轴线，市区为中心，市区和滨海地区为主体，与近郊卫星城镇及远郊县镇组成性质不同、规模不等、布局合理的城镇网络体系。工业用地东移，重点发展滨海地区工业建设，为形成全市新的经济增长点和良好的发展格局打下了基础。到 2000 年，全市常住人口控制在 950 万人左右，城市用地规模为 330 km^2(图 9～11)。

1996 版的《天津市城市总体规划》自 1994 年开始修编，于 1999 年 8 月经国务院批准实施，规划期限是 1996 年到 2010 年。1999 年 8 月 5 日，《天津市城市总体规划(1996—2010 年)》经国务院正式批复，确定了天津城市发展的目标：环渤海地区的经济中心，要努力建设成为现代化港口城市和我国北方重要的经济中心。空间布局结构深化了"一条扁担挑两头"的城市布局结构，继续实施工业布局战略东移。沿京津塘高速公路和海河作为城市发展的主轴，沿津围公路和津静公路作为

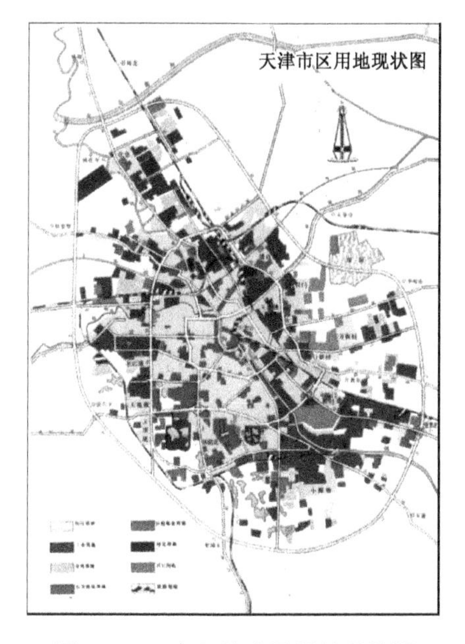

图 9　1984 年天津市区用地现状图

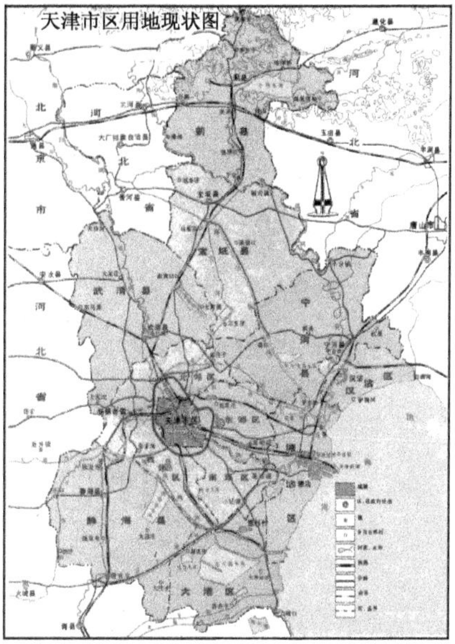

天津市区用地现状图

图 10　1984 年天津市用地现状图

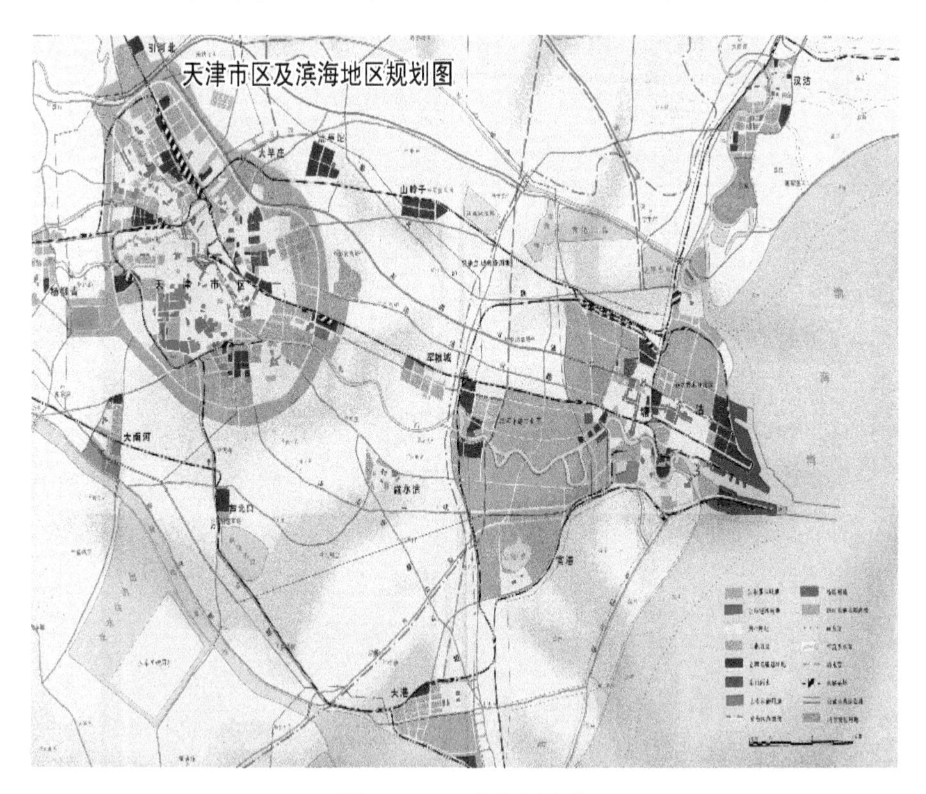

图 11　1986 年规划方案

城市发展的次轴。其余中小城镇均采取沿主要交通走廊分布，形成以中心城区和滨海城区及多个组团为中心的放射型城镇网络。到 2010 年，全市常住人口控制在 1 100 万人，城市用地规模为 736 km²（图 12）。

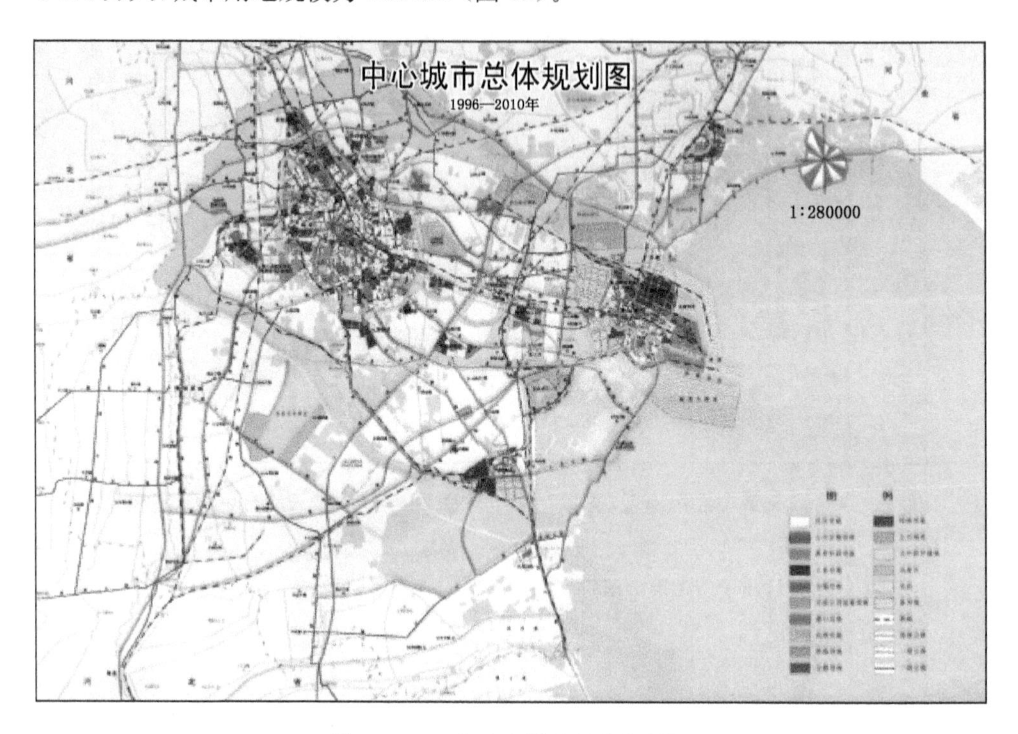

图 12　1996 年中心城市总体规划图

规划提出中心城区增强城市主导功能，积极发展金融、商贸、信息、科研、文化、教育和高新技术产业，形成以科技为先导，金融、商贸为基础，第三产业为主导，城市功能完善，生活服务设施齐全，立足环渤海地区，面向我国北方的重要经济中心。滨海城区作为新的经济增长点，依托港口，重点发展现代工业、交通、能源和外向型产业，形成以港口为龙头，开发区、保税区为基础，外向型经济为主导，基础设施完备，服务功能齐全，面向 21 世纪的高度开放的现代化新区。

4　城市发展制约因素

4.1　城市的区域中心地位不突出

天津社会经济虽然取得了持续快速的发展，但其在国内的地位相对下降，GDP 排名已经从以前的国内“三甲”下降到 2004 年的第五位，2017 年《中国城市竞争力报告》中天津仅名列第七。因此，天津还需强化作为区域经济中心城市的职能，进一步提高城市辐射影响力。

4.2　交通枢纽地位下降，区域之间缺乏密切合作

天津区位条件优越，处在沟通华北、东北、华东地区的枢纽位置，但目前天津综合交通枢纽作用并未完全发挥。天津机场的旅客吞吐量长期徘徊，和天津作为经济中心的地位极不相称。由于目前机场在全球经济一体化中占据非常重要的作用，天津机场的发展已经成为制约天津快速发展的瓶颈之一。

天津港的集装箱吞吐量取得了较快的发展，但仍落后于全国的增长速度。近10年总量增长和增长速度缓慢。天津的地理位置决定了天津是沟通东北和华东的"Y"型枢纽，天津与北京之间通过基础设施的合作，联系得到了逐步加强；京津冀经济一体化进程已经起步。但是，与珠江三角洲和长江三角洲相比，天津与周边城市的联系与合作有待进一步加强，包括交通、产业、港口、旅游等方面。

4.3　城市空间发展滞后

目前，天津面临的核心问题是作为经济中心城市的集聚力和辐射力不强，尚未充分发挥经济中心城市的作用。

天津近郊地区的区县社会经济发展严重滞后于中心城区和滨海新区，与长江三角地区、珠江三角地区经济发展水平高的城市相比差距更大。郊区土地和劳动力资源丰富，但缺乏自下而上的成长机制，管理水平、城镇建设水平也不高，对投资、就业和居住的吸引力不足，工业化、城市化水平低，基础设施落后，城乡二元化结构特征明显，对城市总体发展贡献不够，影响了天津整体水平的提升。

4.4　生态环境问题凸显

水环境污染形势严峻。于桥水库饮用水水源地2015年水质为Ⅳ类，总磷和化学需氧量分别超过地表水Ⅲ类标准0.52倍和0.08倍，饮用水安全存在隐患；生态用水短缺，入境水量不足，上游来水水质较差，跨界河流污染矛盾突出，污泥处置、再生水利用设施，以及城郊和农村环境基础设施建设相对滞后，水环境质量状况总体不佳且改善压力巨大。近岸海域环境污染仍较严峻，2015年，近岸海域功能区达标率仅31%。

生态资源保护压力较大。经济高速发展及城镇化建设导致湿地面积减少，自然岸线人工化，自然生态系统功能退化，生物多样性受到威胁。森林资源"西多东少"，造林树种单一，林业生态系统不稳定。

5 城市空间布局的影响要素分析

5.1 区域经济联系

城市空间的发展需要适应区域经济联系的主导方向;天津区域经济联系的主要方向为京津方向和沿环渤海方向。随着京津冀地区城市发展的提速,城市之间的联系不断增强,整体协作、协调发展的趋势已日渐明显。京津关系日益密切,区域协调势在必行;环渤海经济圈是我国重要的城市与产业发展基地,环渤海高速公路圈、铁路圈的建设将会加强环渤海地区城市间的相互联系。天津作为环渤海地区经济中心城市地位将会不断提升,在区域城市合作与发展中起到重要作用。因此在空间上需要重视京津发展轴带、沿海发展轴带,同时需要加强交通等基础设施建设,加强天津同腹地的经济联系,扩大天津的区域影响范围。

5.2 周边城市发展影响

为了实施天津城市发展目标与战略,天津必须构筑面向区域发展的城市空间布局结构,充分考虑环渤海地区其他城市发展、西部大开发和振兴东北老工业基地的战略对天津城市发展的影响。京津之间增建两条高速公路等交通设施、北京调整部分重型工业、空间战略确立的东部发展轴线等举措,对天津城市发展都将产生巨大影响。2008 年北京举办奥运会为京津两城市联合发展创造了良好机遇;首都第二机场的选址、通往西部腹地的铁路建设,以及唐山钢铁工业、港口的发展等都将对天津的城市空间布局产生重大的影响。天津需要在空间上高度重视港口、京津发展轴带的建设。

5.3 城市用地条件

5.3.1 耕地保护要求

天津人均耕地较少,农业耕作区主要分布在市域中部和南部,包括宝坻、武清、宁河、静海所在区域,和蓟县除北部山地、丘陵农业区以外的地区。根据《天津市国土规划》调查,全市约有 4 200 km^2 的土地不同程度地受到盐渍化、沙化和污水灌溉的影响,耕作条件较差。其中盐渍化耕地约有 1 900 km^2,各区县均有不同程度的盐渍化耕地;沙化耕地约有 271 km^2,主要分布在蓟运河、潮白河、青龙湾河、永定河流域;以南排污河、北排污河及北京排污河为主要污染源的三大污灌区,分布在中心城市和武清区以及宝坻、宁河部分地区,面积约 2 340 km^2。在确定城市发展用地时,应优先选择利用不适宜耕作的土地,保护宝贵的耕地资源。

5.3.2　工程地质评价

天津市中心城市跨越了冀中坳陷、沧县隆起、黄骅坳陷三个地质构造单元，区内包括沧东断裂、海河断裂等壳断裂，还有大寺断裂、天津断裂、汉沽断裂、山岭子断裂等盖层断裂，以及其他一般性断裂。全区为第四纪松散沉积物覆盖，第四纪底界埋深 400 m 左右，为河流相、湖沼相和海相沉积，岩性主要为黏性土与粉沙、细沙互层，沿海地区浅部埋藏有淤泥质土。汉沽、宁河、天津经济技术开发区、天津港保税区以及向南至子牙新河的沿海地区，场地土类型为软场地土，其他地区为中软场地土。中心城市的汉沽、天津经济技术开发区、天津港保税区、向南至子牙新河的沿海地区为Ⅳ类场地，其他地区为Ⅲ类场地。

综合各地质要素，对中心城市进行土地利用适宜性分区如下。

一类地区：主要位于大港城区东南部、东丽区大毕庄镇以东至军粮城镇以北、武清区西黄花店—大王古庄镇。这些地区地壳稳定性较好，桩基综合工程质量评价良好，无明显的不良地质环境问题存在。

二类地区：主要位于武清区西部石各庄—高村乡一带，卫南洼农场—八里台乡，军粮城镇北—天津经济技术开发区，宁河镇—汉沽城区一带。这些地区天然地基条件较好，除宁河镇—汉沽城区外，其他地区基本无沙土液化现象，较适合进行荷重较轻的轻工、电子工业生产。

三类地区：位于滨海新区核心区南侧。该地区原为盐田，属典型的盐渍土，同时该地区软土厚度超过 10 m，地基土工程性质较差。

四类地区：位于北大港水库地区、官港水库地区、黄港水库地区和杨村镇北—下武旗镇地区、海河河道带、蓟运河河道带。北大港水库地区、官港水库地区、黄港水库地区现已是湿地生态保护区，另外这些地区也将成为应急地下水水源地。杨村镇北—下武旗镇地区沙土液化分布较广，同时出现地面裂缝，地面稳定性较差，桩基条件一般，考虑到该地区地处中心城区的上风向，不宜作为主要的建设区。海河河道带、蓟运河河道带沙土液化现象较多，古河道较发育，地面稳定性较差，不宜作为主要的建设区。

五类地区：位于军粮城—万家码头的狭长地区。该地区地处沧东断裂，沧东断裂属壳断裂，是沧县隆起和黄骅坳陷两大地质构造单元的分界线，第四纪以来仍有活动的迹象，考虑建设安全，该地区不宜建设。

5.3.3　气象条件影响

从天津市气象总体条件来看，污染系数较大的区域都在西南和东南方向。在重点保护区的西南、东南和西北方向不宜设立污染源；不宜在塘沽区和大港区正东向、汉沽区的正南向设立污染源。

天津市在冬季和秋季容易在污染源附近造成高浓度污染；春季有利于污染物

输送，在一定条件下可造成远距离污染；夏季不易造成污染。

5.3.4 蓄滞洪区影响

天津市境内共有12个分洪、滞洪区和沙井子行洪河道。蓄滞洪区的总面积2 952.25 km^2，蓄洪总量55.48亿 m^3。其中城市防洪规划涉及的蓄洪区共7个，总面积1 681.3 km^2。根据防洪要求，在蓄滞洪区内如需开发建设，需要进行洪水灾害评价，采用必要的防洪工程措施和防灾保险等非工程措施。

5.3.5 生态适宜性分析

在对水系、土壤生产力、土壤退化、环境污染、土地利用现状等因子进行综合评价的前提下，结合自然要素，把天津土地生态适宜性分为四个不同等级，分别为最不适宜自然区、不适宜自然区、基本适宜自然区和适宜自然区。

对于适宜自然区，生态敏感性高，应当作为自然发展的优先用地，该地区应采取严格的生态保育措施，禁止各种破坏生态环境的建设活动。对于基本适宜自然区，应加强对自然资源和生态网络的保护，对生态格局影响较大的斑块、廊道进行保护和修复。而对于最不适宜自然区，其生态条件较差，生态敏感度低，区内一般有一定的开发基础，比较适合城市建设，但该区域同时要注重生态环境的建设。天津不同等级土地生态适宜性区域的分布见图13。

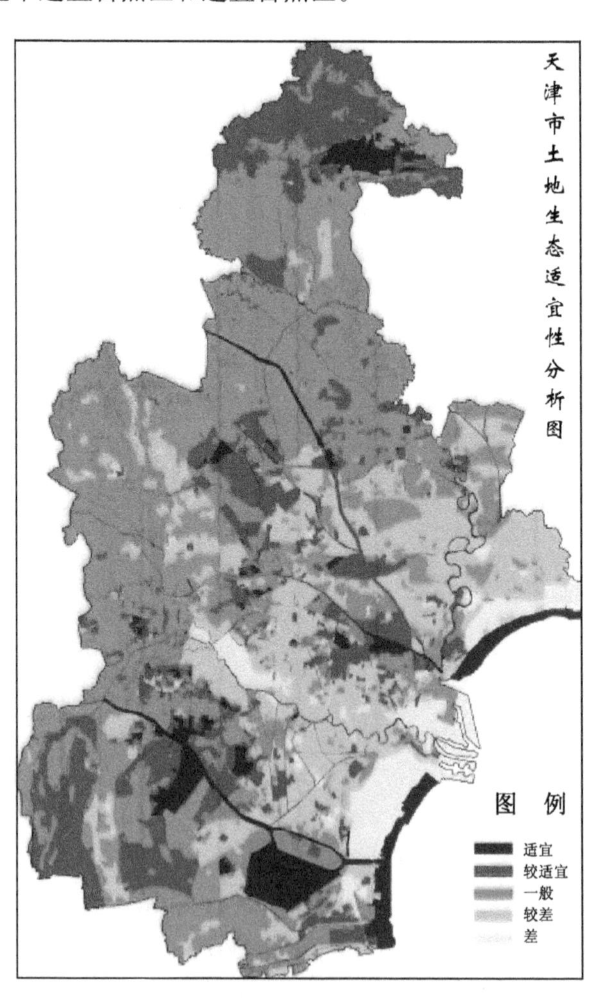

图13 天津土地生态适宜性分析

5.3.6 自然生态条件影响

根据对天津市不同方位的生态环境和工程条件分析对比，对于北部区域，地质条件比较好，城市拓展空间很大，发展的主要障碍来自于滞洪区和农田保护区的影响。南部区域由于有大量湿地，如团泊洼湿地、大港水库等，加上基础设施相对落后，该区域不适宜进行大规模的城市建设；应保留现有的绿地、湿地和农田，作为城市外围的开敞空间。

向西发展的有利条件是生态阻力比较小，工程建设条件好，特别向西北方位，即京津交通走廊的方向拓展比较理想，虽然城市向该方向拓展也受到农田保护区的制约，但由于该地区的农田大部分位于污灌区，土地都受到不同程度的污染，因此改变该地区的土地使用性质符合生态安全的要求，城市拓展的阻力主要来自于滞洪区的要求。

东部地区生态资源丰富，有大量的盐碱地、盐场和滩涂资源，发展空间比较大，并可少占农田；而且交通基础设施比较好，可依托滨海新区的优势成片开发发展，是今后天津市发展的重点地区。不利条件是该区域有大量的生态用地需要保护，如河网水系、滩涂和湿地资源、古海岸及湿地保护区、传统盐场。受土壤和潜水含盐量高的影响，植被建设和维护成本高，滨海地区很难得到森林的庇护。此外，工程条件也是一个重要的制约因素，如地基条件、断裂带和风暴潮的影响。因此，向东部发展的主要障碍来自于水系、湿地、滩涂等生态用地的保护，以及较高的工程造价和植被维护成本。在向该区域发展时必须妥善处理好生态湿地、自然保护区与城市建设用地的关系。在中心城区和滨海新区之间确定生态敏感区和生态重要区并加以保护，只有在保护措施能够得以落实时，才能够进行适度的开发利用。

参考文献

[1] 北京市统计局. 北京统计年鉴[M]. 北京：中国统计出版社，1980.

[2] 陈力. 旧城更新中城市形态的延续与创新[J]. 华侨大学学报（自然科学版），1997，18(1)：58-61.

[3] 陈明，王凯. 我国城镇化速度和趋势分析——基于面版数据的跨国比较研究[J]. 城市规划，2013，37(5)：16-21.

[4] 陈素平，张乐勤，许信旺. 基于 Logistic 模型的中国城镇化演进阶段特征及趋势探析[J]. 干旱区地理(汉文版)，2015，38(2)：384-390.

[5] 陈玮. 对我国山地城市概念的辨析[J]. 华中建筑，2001(3)：57-60.

[6] 陈志，俞炳丰，胡汪洋，等. 城市热岛效应的灰色评价与预测[J]. 西安交通大学学报，2004，38(9)：985-988.

[7] 邓聚龙. 灰色数理资源科学导论[M]. 武汉：华中科技大学出版社，2007：41-62.

[8] 邓聚龙. 灰色系统理论教程[M]. 武汉：华中理工大学出版社，1990.

[9] 邓聚龙. 灰色系统理论与应用进展的若干问题[M]. 武汉：华中理工大学出版社，1996.

[10] 邓文胜，关泽群，王昌佐. 从 TM 影像中提取城镇建筑覆盖区专题信息的改进方法[J]. 应用技术，2004(4)：43-46.

[11] 杜春兰. 地区特色与城市形态研究[J]. 重庆建筑大学学报，1998，20(3)：26-29.

[12] 杜宁睿，邓冰. 元胞自动机及其在模拟城市时空演化过程中的应用[J]. 武汉大学学报（工学版），2001，34(6)：8-11

[13] 段进. 城市空间发展论[M]. 南京：江苏科学技术出版社，1999.

[14] 方创琳. 改革开放 30 年来中国的城市化与城镇发展[J]. 经济地理，2009，29(1)：19-25.

[15] 房小怡，李磊，杜吴鹏，等. 近 30 年北京气候舒适度城郊变化对比分析[J]. 气象科技，2015(5)：918-924.

[16] 高兴，秦华. 基于可达性的山地城市公园绿地服务范围分析及布局优化——以万盛经济技术开发区为例[J]. 西南师范大学学报（自然科学版），2017，42(5)：54-59.

[17] 顾朝林. 北京土地利用/覆盖变化机制研究[J]. 自然资源学报，1999，14(4)：307-312.

[18] 郭建科，韩增林. 港口与城市空间联系研究回顾与展望[J]. 地理科学进展，2010，29(12)：1490-1498.

[19] 郭月婷，廖和平，彭征. 中国城市空间拓展研究动态[J]. 地理科学进展，2009，28(3)：370-375.

[20] 国家统计局. 中国统计年鉴[M]. 北京：中国统计出版社，1949—2017.

[21] 韩晶. 城市地段空间生长机制研究——南京鼓楼地段的形态分析[J]. 新建筑，1998(1)：10-13.

[22] 韩玲玲,何政伟,唐菊兴,等. 基于CA的城市增长与土地增值动态模拟方法探讨[J]. 地理与地理信息科学,2003(2):32-35.

[23] 何春阳,史培军,陈晋,等. 基于系统动力学模型和元胞自动机模型的土地利用情景模型研究[J]. 中国科学(D),2005,35(5):464-473.

[24] 何萍,陈辉,李宏波,等. 云南高原楚雄市热岛效应因子的灰色分析[J]. 地理科学进展,2009,28(1):25-32.

[25] 洪亮平,唐静. 武汉市城市空间结构形态及规划演变[J]. 新建筑,2002(3):47-49.

[26] 胡斌,曾学贵. 不等时距灰色预测模型[J]. 北方交通大学学报,1998,22(1):34-37.

[27] 胡俊. 中国城市:模式与演进[M]. 北京:中国建筑工业出版社,1995.

[28] 黄焕春. 城市热岛的形成演化机制与规划对策研究[D]. 天津大学,2014.

[29] 黄焕春. 改革开放以来的延吉市城市空间演化结构研究[D]. 延边大学,2010.

[30] 黄焕春,李明玉. 长吉图开发先导区城市空间扩展模拟预测——以延吉市为例[J]. 湖南师范大学学报(自然科学版),2010,33(2):124-128.

[31] 黄焕春,苗展堂,运迎霞. 天津市滨海新区城市形态演化模拟及驱动力分析[J]. 长江流域资源与环境,2012,21(12):1453-1461.

[32] 黄焕春,运迎霞. 基于RS和GIS的天津市核心区城市空间扩展研究[J]. 干旱区资源与环境,2012,26(7):165-171.

[33] 黄焕春,运迎霞. 基于改进logistic-CA的城市形态多情景模拟预测方法研究[J]. 地球信息科学学报,2013,15 (3):380-388.

[34] 黄焕春,运迎霞,赵瑞. 减弱热岛强度的城市形态布局关键参数与响应机制[J]. 土木建筑与环境工程,2014,36(5):95-102.

[35] 黄毅,马耀峰,薛华菊. 环渤海港口城市群旅游合作时空演变研究[J]. 地理与地理信息科学,2014,30(2):92-96.

[36] 蒋桂娟,徐天蜀. 景观安全格局研究综述[J]. 内蒙古林业调查设计,2008(4):89-91.

[37] 黎夏,等. 基于CA的城市演变的知识挖掘及规划情景模拟[J]. 中国科学(D),2007,37(9):1242-1251.

[38] 黎夏,叶嘉安. 基于神经网络的单元自动机CA及真实和优化的城市模拟[J]. 地理学报,2002,57(2):159-166

[39] 黎夏,叶嘉安,刘小平,等. 地理模拟系统:元胞自动机与多智能体[M]. 北京:科学出版社,2007.

[40] 黎夏,叶嘉安. 约束性单元自动演化CA模型及可持续城市发展形态的模拟[J]. 地理学报,1999,54(4).

[41] 李博,宋云,俞孔坚. 城市公园绿地规划中的可达性指标评价方法[J]. 北京大学学报(自然科学版),2008,44(4):618-624.

[42] 李东泉,韩光辉. 1949年以来北京城市规划与城市发展的关系探析——以1949—2004年间的北京城市总体规划为例[J]. 北京社会科学,2013(5):144-151.

[43] 李国栋,张俊华,程弘毅,等. 全球变暖和城市化背景下的城市热岛效应[J]. 气象科技进

展,2012(6):45-49.

[44] 李磊,刘晓明,张玉钧.二环城市快速路与北京城市发展[J].城市发展研究,2014,21(7):32-41.

[45] 李文,张林,李莹.哈尔滨城市公园可达性和服务效率分析[J].中国园林,2010,26(8):59-62.

[46] 李翔宇,张晓春.浅议城市生态规划及其在中国的发展方向[J].城市研究,1999(2):11-21.

[47] 李小马,刘常富.基于网络分析的沈阳城市公园可达性和服务[J].生态学报,2009,29(3):1554-1562.

[48] (美)里奇.自动机理论与应用[M].邱仲潘,米哲伟,武桂香,等,译.北京:清华大学出版社,2011:115-218.

[49] 林炳耀.城市空间形态的计量方法及其评价[J].城市规划汇刊,1998(3):42-46.

[50] 刘保晓,黄耀欢,付晶莹,等.天津港区土地利用时空格局变化与驱动力分析[J].地球信息科学学报,2012(2):270-278.

[51] 刘常富,李小马,韩东.城市公园可达性研究——方法与关键问题[J].生态学报,2010,30(19):5381-5390.

[52] 刘继生,陈彦光.基于GIS的细胞自动机模型与人地关系的复杂性研究——关于人地关系研究的技术模式探讨[J].地理研究,2002,21(2):155-162.

[53] 刘妙龙,陈鹏.基于元胞自动机与多主体系统理论的城市模拟原型模型[J].地理科学,2006,26(3):292-298.

[54] 刘涛,曹广忠.城市用地扩张及驱动力研究进展[J].地理科学进展,2010,29(8):927-934.

[55] 刘耀林,刘艳芳,明冬萍.基于灰色局势决策规则的元胞自动机城市扩展模型[J].武汉大学学报(信息科学版),2004,29(1):7-13.

[56] 罗宏宇,陈彦光.城市土地利用形态的分维刻画方法探讨[J].东北师大学报(自然科学版),2002,34(4):107-113.

[57] 罗平,杜清运,雷元新,等.城市土地利用演化CA模型的扩展研究[J].地理与地理信息科学,2004,20(4):48-51.

[58] 罗平,姜仁荣,李红旮,等.基于空间Logistic和Markov模型集成的区域土地利用演化方法研究[J].中国土地科学,2010,24(1):31-36.

[59] 罗翔,朱平芳,项歌德.城乡一体化框架下的中国城市化发展路径研究[J].数量经济技术经济研究,2014(10):21-36.

[60] 马世发,艾彬.基于地理模型与优化的城市扩张与生态保护二元空间协调优化[J].生态学报,2015,35(17):5874-5883.

[61] 宁森.连云港城市用地形态的历史发展[J].城市规划汇刊,1992(1):39-46.

[62] 齐康.城市的形态[J].现代城市研究,2011,30(5):92-96.

[63] 齐康.城市的形态(研究提纲初稿)[J].城市规划,1982(6):16-25.

[64] 邱玲.生态单元制图在城乡生物多样性保护中的研究[J].南方建筑,2016(4):47-49.

[65] 全国城市规划执业制度管理委员会.城市规划原理[M].北京:中国计划出版社,2011:

129.
[66] 施拓，李俊英，李英，等. 沈阳市城市公园绿地可达性分析[J]. 生态学杂志，2016，35(5)：1345-1350.
[67] 史同广，郑国强，王智勇，等. 中国土地适宜性评价研究进展[J]. 地理科学进展，2007，26(2)：106-115.
[68] 苏泳娴，张虹鸥，陈修治，等. 佛山市高明区生态安全格局和建设用地扩展预案[J]. 生态学报，2013，33(5)：1524-1534.
[69] 孙振如，尹海伟，孔繁花. 不同计算方法下的公园可达性研究[J]. 中国人口·资源与环境，2012，V. 22，No. 141(s1)：162-165.
[70] 覃志豪，李文娟，徐斌，等. 陆地卫星 TM6 波段范围内地表比辐射率的估计[J]. 国土资源遥感，2004，17(3)：28-42.
[71] 天津市滨海新区统计局. 天津滨海新区统计年鉴(2014)[M]. 北京：中国统计出版社，2014.
[72] 天津市档案馆. 近代以来天津城市化进程实录[M]. 天津：天津人民出版社，2005.
[73] 天津市统计局. 天津统计年鉴[M]. 北京：中国统计出版社，1993—2017.
[74] 王春峰. 用遥感和单元自动演化方法研究城市扩展问题[M]. 北京：测绘出版社，2002.
[75] 王冬. 谈一个正在消失的古城[J]. 新建筑，1999(6)：69-70.
[76] 王桂新，陈萍. 城市未来发展持续性评价决策支持系统构建和设计[J]. 中国人口·资源与环境. 2006，16(5)：41-46.
[77] 王建国. 常熟市城市形态历史特征及其演变研究[J]. 东南大学学报，1994(6)：1-5.
[78] 王婧，方创林. 城市建设用地增长研究进展与展望[J]. 地理科学进展，2011，30(11)：1440-1448.
[79] 王农. 城市形态与城市文化初探[J]. 西北建筑工程学院学报(自然科学版)，1992，9(2)：25-29.
[80] 王少华. 郑州沿黄旅游区土地利用变化及其生态环境效应评价研究[D]. 河南大学，2016.
[81] 王新生. 若干空间分析方法及应用于城市空间形态研究[R]. 中国科学院，2004.
[82] 韦海东，赵有益，陈英. 兰州市城市热岛效应评价与灰色预测[J]. 中国沙漠，2009，29(3)：571-576.
[83] 文博，刘友兆，夏敏. 基于景观安全格局的农村居民点用地布局优化[J]. 农业工程学报，2014，30(8)：181-191.
[84] 吴楷钊，吴波. 基于空间相关的逻辑回归模型的城市扩展模拟[J]. 河南大学学报(自然科学版)，2010，40(5)：265-273.
[85] 武进. 中国城市形态：结构、特征及演变[M]. 南京：江苏科学技术出版社，1990.
[86] 相秉军，顾卫东. 苏州古城传统街巷及整体空间形态分析[J]. 现代城市研究，2000(3)：26-28.
[87] 熊和金，徐华中. 灰色控制[M]. 北京：国防工业出版社，2005.
[88] 徐昔宝. 基于 GIS 与元胞自动机的城市土地利用动态演化、模拟与优化研究[D]. 兰州大

学，2007.

[89] 薛领，杨开忠，沈体雁. 基于 Agent 的建模——地理计算的新发展[J]. 地球科学进展，2004，19(2)：306-311.

[90] 杨青生，黎夏，刘小平. 基于 Agent 和 CA 的城市土地利用变化研究[J]. 地理信息科学，2005，7(2)：78-81.

[91] 杨山，沈宁泽. 基于遥感技术的无锡市城镇形态分布研究[J]. 国土资源遥感，2002(3)：41-43，53.

[92] 杨山，吴勇. 无锡市形态扩展的空间差异研究[J]. 人文地理，2001(3)：84-88.

[93] 杨瑛，李同昇，冯小杰. 西安都市圈居住空间扩展时空分析[J]. 地域研究与开发，2016，35(3)：51-57.

[94] 杨云龙，周小成，吴波. 基于时空 Logistic 回归模型的漳州城市扩展预测分析[J]. 地球信息科学学报，2011(3)：374-382.

[95] 姚雪松，冷红，魏冶，等. 基于老年人活动需求的城市公园供给评价——以长春市主城区为例[J]. 经济地理，2015，35(11)：218-224.

[96] 叶嘉安，松小冬，钮心毅，等. 地理信息与规划支持系统[M]. 北京：科学出版社，2006.

[97] 叶俊，陈秉钊. 分形理论在城市研究中的应用[J]. 城市规划汇刊，2001(4)：38-43.

[98] 运迎霞. 城市规划中的土地问题研究[D]. 天津大学，2006.

[99] 詹庆明，郭华贵. 基于 GIS 和 RS 的遗产廊道适宜性分析方法[J]. 规划师，2015(S1)：318-322.

[100] 张平宇，李静，郭蒙. 哈尔滨市城市用地扩展时空特征及驱动机制分析[J]. 城市环境与城市生态，2010，23(6)：1-4.

[101] 张显峰. 基于 CA 的城市扩展动态模拟与预测[J]. 中国科学院研究生院学报，2000(1)：70-79.

[102] 赵兵，李露露，曹林. 基于 GIS 的城市公园绿地服务范围分析及布局优化研究——以花桥国际商务城为例[J]. 中国园林，2015，31(6)：95-99.

[103] 赵晶. 上海城市土地利用与景观格局的空间演变[D]. 华东师范大学，2004.

[104] 郑莘，林琳. 1990 年以来国内城市形态研究评述[J]. 城市规划，2002(7)：59-64.

[105] 周成虎，孙战利，谢一春. 地理元胞自动机研究[M]. 北京：科学出版社，1999.

[106] 周春山. 城市空间结构与形态[M]. 北京：科学出版社，2007：3-4.

[107] 朱文一. 空间·符号·城市[M]. 北京：中国建筑工业出版社，1993：167.

[108] ALEXANDRA D，SYPHARD，KEITH C，et al. Using a cellular automaton model to forecast the effects of urban growth on habitat pattern in southern California [J]. Ecological Complexity，2005(2)：185-203.

[109] ANSELIN，LUC. Local Indicators of Spatial Association—LISA[J]，Geographical Analysis，1995(2)

[110] ARSANJANI J J，HELBICH M，KAINZ W. Integration of logistic regression，Markov chain and cellular automata models to simulate urban expansion. International Journal of

Applied Earth Observation and Geoinformation,2013,21(4):265-275.

[111] ARTHUR G. Spatial Association,Measures of [J]. International Encyclopedia of the Social & Behavioral Sciences,2015,17(2):100-104.

[112] BANGRONG S,HONGHUI Z,YONGLE L. Spatiotemporal variation analysis of driving forces of urban land spatial expansion using logistic regression:A case study of port towns in Taicang City [J]. Habitat International,2014,43(7):181-190.

[113] BATTY M. Generating urban forms from diffusive growth [J]. Environment and Planning A,1991,23(4):511-544.

[114] BATTY M,LONGLEY P A. Fractal Cities:A Geometry of Form and Function [M]. London:Academic Press,1994:42-57.

[115] BATTY M,LONGLEY P A. The morphology of urban land use[J]. Environment and Planning B:Planning and Design,1988,15(4):461-488.

[116] BATTY M. New Ways of Looking at Cities[J]. Nature,1995,377:574.

[117] BATTY M. Urban evolution on the desktop:simulation with the use of extended cellular automata [J]. Environment and Planning A,1998,30(11):1943-1967.

[118] BATTY M,XIE Y. From cells to cities [J]. Environment and Planning B:Planning and Design,1994(21):531-548.

[119] BATTY M,XIE Y. Modeling inside GIS:Part 1. Model Structures,Exploratory Spatial Data Analysis and Aggregation[J]. International Journals of Geographical Information Systems,1994(8):291-307.

[120] BATTY M,XIE Y,SUN Z. Modeling Urban Dynamics through GIS—Based Cellular Automata Computers[J]. Environment and Urban Systems,1999,23:205-233.

[121] BENNETT J E,BLANGIARDO M,FECHT D,et al. Vulnerability to the mortality effects of warm temperature in the districts of England and Wales [J]. Nature Climate Change,2014(3):269-273.

[122] CALTHORPE P. The next American Metropolis:Ecology,Community,and the American Dream [M]. New York:Princeton Architectural Press,1993.

[123] CHA PIN F S,WEISS S F. A Probabilistic Model of Residential Growth[J]. Transportation Research,1968(2):375-390.

[124] CHENG J,MASSER I. Urban growth pattern modeling:A case study of Wuhan city,PR China [J]. Landscape and Urban Planning,2003,62:99-217.

[125] CHEN X,JEONG S. Shifting the urban heat island clock in a megacity:a case study of Hong Kong[J]. Environmental Research Letters,2018.

[126] CHOWDHURY P K,ROY,MAITHANI S. Modelling urban growth in the Indo-Gangetic plain using nighttime OLS data and cellular automata[J]. International Journal of Applied Earth Observation and Geoinformation,2014,33:155-165.

[127] CHUANGLIN F,HAIMENG L,GUANGDONG L. International progress and evaluation

on interactive coupling effects between urbanization and the eco-environment[J]. Journal of Geographical Sciences,2016,26(8):1081-1116.

[128] CHUNA B,GULDMANNB J M. Spatial statistical analysis and simulation of the urban heat island in high-density central cities[J]. Landscape and Urban Planning,2014,125:76-88.

[129] CLARKE K C,GAULLIST N,DENZEL C K,et al. A Decade of SLEUTHing:Lessons Learned from Applications of a Cellular Automaton Land Use Change Model. In Fisher,P. F. (Eds.) IJGIS:Twenty Years of the International Journals of Geographical Information Serene and Systems [M]. Boca Raton,FL:CRC Press,2006.

[130] CLARKE K C,GAYDOS L J. Loose-coupling a cellular automaton model and GIS:Long-term urban growth prediction for San Francisco and Washington/Baltimore[J]. International Journal of Geographical Information Science,1998,12(7):699.

[131] CLARKE K C,HOPPEN S,GAYDOS L J. A Self-Modeling Cellular Automaton Model of Historical Urbanization in the San Francisco Bay Area[J]. Environment and Planning B,1997,24:247-261.

[132] COSTANZA R. The value of the world's Ecosystem Service and Nature Capital[J]. Nature,1997,387(15):235-260.

[133] COUCLELIS H. Cellular worlds:A framework for modeling micro-macro dynamics [J]. Environment and Planning A,1985,17(5),585-596.

[134] CROWLEY T J. Causes of climate change over past 1000 years[J]. Science,2000,289(5477):270-277.

[135] CUI C W,XU X G. Relative Assessment of Green Space Ecosystem Service in Beijing Region[J]. Acta Scientiarum Naturalium Universitatis Pekinensis,2009(4):74-81.

[136] GARCIA C V,WOODARD P M,TITUS S J,et al. A logistic model for predicting the daily occurrence of human caused forest-fires [J]. International Journal of Wildland Fire. 1995(5):101-111.

[137] DAFANG W,YANYAN L,ZHAOHUI W. Mechanism of cultivated land change in zhuhai city based on a logistic-CA model[J]. Economic Geography,2014,34(1)140-147.

[138] DEILAMI K,KAMRUZZAMAN M,LIU Y. Urban heat island effect:A systematic review of spatio-temporal factors,data,methods,and mitigation measures[J]. International Journal of Applied Earth Observation and Geoinformation,2018,67:30-42.

[139] DENG W S,GUAN Z Q,WANG C Z. Modified Method of Extracting Built-up Areas from TM Imagery[J]. Remote Sensing Information,2004(4):43-46.

[140] DEON C,FREDERICK B,RICK S. Managing Community Resilience to Climate Extremes,Rapid Unsustainable Urbanization,Emergencies of Scarcity,and Biodiversity Crises by Use of a Disaster Risk Reduction Bank[J]. Disaster Medicine and Public Health Preparedness,2015,9(6):619-624.

[141] DONGKUN L, JEONGS, JONG-HOON P. Study of vulnerable district characteristics on urban heat island according to land use using normalized index[J]. Journal of Korea Planning Association, 2015, 50(5): 59-72.

[142] FANG T Z, ZHANG X R, LIU X Q. Construction of Monitoring System for Loss of Soil and Water in Tianjin Based on GIS Technique[J]. Research of Soil and Water Conservation, 2004, 11(2): 36-38.

[143] FRIENDMANN T. The world City Hypothesis[J]. Development & Change, 1986, Vol, 17.

[144] FULONG W, GO Y. Changing spatial distribution and determinants of land development in Chinese cities in the transition from a centrally planned economy to a socialist market economy: A case study of Guangzhou[J]. Urban Studies, 1997, 34(11): 1851-1879.

[145] GAUR A, EICHENBAUM M K, SIMONOVIC S P. Analysis and modelling of surface Urban Heat Island in 20 Canadian cities under climate and land-cover change[J]. Journal of Environmental Management, 2017, 206: 145-157.

[146] GER D R. Envionmental conflicts in compact cities: Complexity, decision making, and policy approaches[J]. Envionment and Planning B: Planning and Design, 2000, 27(2): 151-162.

[147] GIRIDHARAN R, EMMANUEL R. The impact of urban compactness, comfort strategies and energy consumption on tropical urban heat island intensity: a review[J]. Sustainable Cities & Society, 2017: 40.

[148] GIRIDHARAN R, GANESAN S, LAU S. Daytime urban heat island effect in high-rise and high-density residential developments in Hong Kong[J]. Energy and Buildings, 2004, 36: 525-534.

[149] STEENEVELD G J, KOOPMANS S, HEUSINKVELD B G, et al. Quantifying urban heat island effects and human comfort for cities of variable size and urban morphology in the Netherlands[J]. Journal of Geophysical Research, 2011: 116.

[150] GOBIN A. Logistic modeling to derive agricultural land use determinants: A case study from southeastern Nigeria[J]. Agriculture: Eco systems and Environment, 2002, 89: 213-228.

[151] HAGGETT P. Geography: A modern synthesis[M]. Harper & Row, 1991.

[152] HALL T. [HALL, A. C.] How urban morphology can improve development plans[J]. Urban Morphology, 2000, Vol. 4 No. 1.

[153] HONGHUI Z, XIAOBIN J, LIPING W. Multi-agent based modeling of spatiotemporal dynamical urban growth in developing countries: simulating future scenarios of Lianyungang city, China[J]. Stochastic Environmental Research and Risk Assessment, 2015, 29(1): 63-78.

[154] HOWARD L. Climate of London Deduced from Metrological Observations(Vol. 1) [M].

3rd edition. London: Harvey and Dorton Press, 1833: 348.

[155] HOWARTH P J. Landsat digital enhancements for change detection in urban environment [J]. Remote Sensing of Environment, 1986, 13: 149-160.

[156] HOWARTH P J, WICKWARE G M. Procedure for change detection using landsat digital data [J]. International Journal of Remote Sensing, 1981, 2(3): 277-291.

[157] HU B, ZENG X G. An Unequal Interval Gray Forecast Model[J]. Journal of Northern Jiaotong University, 1998, 22(1): 34-37.

[158] JACOBS J. The Death and Life of Great American Cities[M]. New York: Random House, 1981.

[159] JAFARI M, MAJEDI H, MONAVARI S M. Dynamic simulation of urban expansion based on cellular automata and logistic regression model: Case study of the hyrcanian region of Iran[J]. Sustainability, 2016, 8(8): 810.

[160] JAMAL J A, MARCO H, WOLFGANG K. Integration of logistic regression, Markov chain and cellular automata models to simulate urban expansion [J]. International Journal of Applied Earth Observation and Geoinformation, 2013, 21(4): 265-275.

[161] JEREMY A. Urban development strategies: The challenge of global to local change for strategic responses: An international perspective[J]. Habitat International, 1996, 20(12): 553-566.

[162] WANG J, JIN F J, MOA H H, WANG F H. Spatiotemporal evolution of China's railway network in the 20th century: An accessibility approach [J]. Transportation Research Part A. 2009, 43: 765-778.

[163] JIN H, CUI P, WONG N H, et al. Assessing the Effects of Urban Morphology Parameters on Microclimate in Singapore to Control the Urban Heat Island Effect[J]. Sustainability, 2018, 10(206).

[164] KALZED P. The New Urbanism: toward on architecture of community [M]. McGraw Hill, 1994.

[165] KANG Q. Urban Morphology[J]. Modern Urban Research, 2011, 26(5): 92-96.

[166] KATO S, YAMAGUCHI Y. Estimation of storage heat flux in an urban area using ASTER data[J]. Remote Sensing of Environment, 2007, 110: 1-17.

[167] KLOSTERMAN R E. The what if? Collaborative planning support system[J]. Environment and Planning B: Planning and Design, 1999, 26: 393-408.

[168] LANDIS L D. Imaging land use futures: Applying the California urban future model [J]. Journal of American Planning Association, 1995, 61(4): 438-457.

[169] LANDIS L D. The California urban future model: A new generation of metropolitan simulation models[J]. Environment and planning B: Planning and Design, 1994, 21(4): 399-420.

[170] LEAL W F, ECHEVARRIA L I, NEHT A, et al. Coping with the impacts of urban heat

islands. A literature based study on understanding urban heat vulnerability and the need for resilience in cities in a global climate change context[J]. Journal of Cleaner Production, 2018,171:1140-1149.

[171] LEAL W F,ECHEVARRIA L I,EMANCHE V O,et al. An Evidence-Based Review of Impacts,Strategies and Tools to Mitigate Urban Heat Islands[J]. International Journal of Environmental Research & Public Health,2017,14(12):1600.

[172] LI P W,ALIAS H,AGHAMOHAMMADI N,et al. Urban heat island experience,control measures and health impact:a survey among working community in the city of kuala lumpur[J]. Sustainable Cities & Society,2017,35:660-668.

[173] LIU S F,DANG Y G,FANG Z G,et al. Grey System Theory and its Application[M]. Beijing:Science Press,2004(in Chinese).

[174] LIU S F,LIN Y. An introduction to grey systems theory[M]. Grove City:11GSS Academic Publisher,1998:1-23.

[175] LIU T,CAO G. Progress in Urban Land Expansion and Its Driving Forces[J]. Progress in Geography,2010,29(8):927-934.

[176] LI W H. Ecosystem service function value assessment theory, method and application[M]. Beijing:Renmin University of China press,2008.

[177] LI X,YANG Q,LIU X. Discovering and evaluating urban signatures for simulating compact development using cellular automata[J]. Landscape and Urban Planning. 2008,86(2):177-186.

[178] LI X,YE J A,LIU X P,et al. Geographical simulation system:cellular automata and Multi-Agent[M]. Beijing:Science Press,2007(in Chinese).

[179] LUO P,JIANG R R,LI H G,et al. Research on the Method of Regional Land Use Evolution Based on the Combination of Spatial Logistic Model and Markov Model[J]. China Land Science,2010,24(1):31-36.

[180] MAKSE H A,HALVIN S,STANLEY H E. Modeling Urban Growth Patens[J]. Nature, 1995,377:608-612.

[181] MANEERAT S,DAUDE E. A spatial agent-based simulation model of the dengue vector Aedes aegypti to explore its population dynamics in urban areas[J]. Ecological Modelling, 2016,333:66-78.

[182] MANJU M,YUKIHIRO K,GURJAR B,et al. Assessment of urban heat island effect for different land use-land cover from micrometeorological measurements and remote sensing data for megacity Delhi [J]. Theoretical and Applied Climatology,2013,112(5):647-658.

[183] MARTIN L R G. Change detection in the urban fringe employing landsat satellite imagery [J]. Plan Canada,1986,26(7):182-190.

[184] MA Y,LIANG X,HUANG J,et al. Intercity Transportation Construction Based on Link Prediction[C]// IEEE, International Conference on TOOLS with Artificial Intelligence.

IEEE Computer Society,2017:1135-1138.

[185] MCGEE T G. The Emergence of Desakota Regions in Asia:Expanding a Hypothesis[M]. University of Hawaii,1991.

[186] MEDDA F,NIJKAMP P,RIETVELD P. Recognition and classification of urban shapes [J]. Geographical Analysis,1998,30(3):304-314.

[187] MERTENS B,LAMBIN E F. land cover change trajectories in a frontier region in southern Cameroon [J]. Ann. Assoc. Am. Geogr,2000,90:467-494.

[188] MOZUMDER C,TRIPATHI N K. Geospatial scenario based modelling of urban and agricultural intrusions in Ramsar wetland Deepor Beel in Northeast India using a multi-layer perceptron neural network [J]. International Journal of Applied Earth Observation And Geoinformation,2014,32(10):92-104.

[189] OKE T. Canyon geometry and the nocturnal urban heat island:Comparison of scale model and field observations[J]. Journal of Climatology,1981,1(3):237-254.

[190] PARK J,KIM J H,DONG K L,et al. The influence of small green space type and structure at the street level on urban heat island mitigation[J]. Urban Forestry & Urban Greening,2016,21:203-212.

[191] PARK S,JEON S,CHOI C. Mapping urban growth probability in South Korea:comparison of frequency ratio,analytic hierarchy process,and logistic regression models and use of the environmental conservation value assessment[J]. Landscape and Ecological Engineering,2012,8(1):17-31.

[192] PEARMAN A D. Scenario construction for transportation planning [J]. Transportation Planning and Technology,1988,7:73-85.

[193] PEREIRA J M C,ITAM I R M. GIS based habitat modeling using logistic multiple regression:A study of the Mt. Gra. Ham red squirrel [J]. Photogrammetric Engineering and Remote,1991,57:1475-1486.

[194] PHELAN P E,KALOUSH K,MINER M,et al. Urban Heat Island:Mechanisms,Implications,and Possible Remedies[J]. Annual Review of Environment and Resources,2015,40:285-307.

[195] PING L,RENRONG J,HONGGA L,et al. Research on the method of regional land use evolution based on the combination of spatial logistic model and markov model[J]. China Land Science,2010,24(1):31-36.

[196] PLATT R H. The Open Space Decision Process:Spatial Allocation of Costs and Benefits (Chicago:the University of Chicago)[J]. Research Paper,1972,No. 142.

[197] RADHI H,SHARPLES S,ESSAM A. Impact of urban heat islands on the thermal comfort and cooling energy demand of artificial islands—a case study of AMWAJ Islands in Bahrain[J]. Sustainable Cities and Society,2015,19(2):310-318.

[198] RAO. The remote sensing of urban heat island from an environment satellite[J]. Bull. A-

mer. Meteor. Soc. ,1972,53:647-648.

[199] RCHARDS J A. Remote sensing digital image analysis: an introduction[M]. New York: Springer-verlag, 1993.

[200] RIES A V, VOORHEES C C, ROCHE K M, et al. A quantitative examination of park characteristics related to park use and physical activity among urban youth[J]. Journal of Adolescent Health, 2009, 45(3): S64-S70.

[201] RINGLAND G. Scenario planning: Managing for the Future [J]. New York: John Wiley, 1998: 3-15.

[202] RINGLAND J. Scenario Planning—Managing for the Future, 2nd edition. In. Chichester: John Wiley & Sons. 2006: 3-11.

[203] SALATA F, GOLASI I, PETITTI D, et al. Relating microclimate, human thermal comfort and health during heat waves: an analysis of heat island mitigation strategies through a case study in an urban outdoor environment[J]. Sustainable Cities & Society, 2017, 30: 79-96.

[204] SANTÉ I, GARCÍA A M, MIRANDA D, et al. Cellular automata models for the simulation of real-world urban processes: A review and analysis [J]. Landscape and Urban Planning, 2010, 96: 108-122.

[205] SCHLÜTER O. Die Ziele der Geographie des Menschen[M]. Munich: Oldenburg, 1906: 28.

[206] SERNEELS S, LAMBIN E F. Proximate causes of land use change in Narok District, Kenya: A spatial statistical model agriculture[J]. Ecosystems and Environment, 2001, 85: 65-81.

[207] SETOLA N, MARZI L, TORRICELLI M C. Accessibility indicator for a trails network in a Nature Park as part of the environmental assessment framework[J]. Environmental Impact Assessment Review, 2018, 69: 1-15.

[208] SHEN G. Fractal dimension and fractal growth of urbanized areas[J]. International Journal of Geographical Information Science, 2002, 16(5): 419-437.

[209] NARUMALANI S, JENSEN J R, BURKHALTER S, et al. Aquatic macrophyte modeling using GIS and logistic multiple regression[J]. Engineering Geology, 1997, 63: 41-49.

[210] SONG Y B. Influence of new town development on the urban heat island—The case of the Bundang area[J]. Journal of Environmental Science, 2005, 17(4): 641-645.

[211] STEWAR I D. A systematic review and scientific critique of methodology in modern urban heat island literature [J]. International Journal of Climatology, 2011, 31(2): 200-217.

[212] STEWART I D, OKE T R, KRAYENHOFF E S. Evaluation of the 'local climate zone' scheme using temperature observations and model simulations[J]. International Journal of Climatology, 2014: 34.

[213] TAYYEBI A, PERRY P CN, TAYYEBI A H. Predicting the expansion of an urban

boundary using spatial logistic regression and hybrid raster-vector routines with remote sensing and GIS[J]. International Journal of Geographical Information Science, 2014, 28 (4): 639-659.

[214] STOCKER T F (Ed.). Contribution of working group I to the fifth assessment report of the intergovernmental panel on climate change[R]. Cambridge: Cambridge University Press, 2013.

[215] TOBLER W R. Cellular geography. InGale S & Olsson G. Philosophy in geography [M]. Holland: D. Reidel Publishing Company, 1979: 379-386.

[216] TOLGA ÜNLÜ. Transformation of a Mediterranean port city into a 'city of clutter': Dualities in the urban landscape—The case of Mersin [J]. Cities, 2013, 30(2): 175-185.

[217] TURNER M G, O'NEILL R V, GARDNER R H, et al. Effects of changing spatial scale on the analysis of landscape pattern [J]. Landscape Ecology, 1989, 3: 153-162.

[218] VERBURG P H, SOEPBOER W, VELDKAMP A, et al. Modeling the spatial dynamics of regional land use: The CLUE-S model[J]. Environmental Management, 2002, 30(3): 391-405.

[219] WALTER G HANSEN. How Accessibility Shapes Land Use[J]. Journal of the American Institute of Planners, 1959, 25(2): 73-76.

[220] WANG J, FANG C L. Growth of Urban Construction Land: Progress and Prospect[J]. Progress in Geography, 2011, 30(11): 1440-1448.

[221] WADDELL P. Urbanism: Modeling Urban Development for Land Use, Transportation, and Environment Planning[J]. Journal of American Planning Association, 2002, 68(3): 297-313.

[222] WEN H, TAO Y. Polycentric urban structure and housing price in the transitional China: Evidence from Hangzhou[J]. Habitat International, 2015, 46: 138-146.

[223] WHITE R, ENGELEN G. Cellular automata and fractal urban form: a cellular modeling approach to the evolution of urban land-use patterns[J]. Environment and Planning, 1993, 25: 1175-1199.

[224] WHITE R, ENGELEN G. Cellular Automata as the Basis of Integrated Dynamite Regional Modeling[J]. Environment and Planning B, 1997, 24: 235-246.

[225] WITTEN K, HISCOCK R, PEARCE J, et al. Neighbourhood access to open spaces and physical activity of residents: A national study[J]. Preventive Medicine, 2008, 47(3): 299.

[226] WU F. A linguistic cellular automata simulation approach for sustainable land development in a fast growing region [J]. Environment and Urban Systems. 1996, 20(6): 367-387.

[227] WU F. The New Structure of Building Provision and the Transformation of the Urban Landscape in Metropolitan Guangzhou, China[J]. Urban Studies, 1998, 35(2): 259-283.

[228] WU F, WEBSTER C J. Simulation of land development through the integration of cellular automata and multicriteria evolution [J]. Environment and Planning B: Planning and De-

sign, 1998(25): 103-126.

[229] WU F, YEH A G. Changing spatial distribution and determinants of land development in Chinese cities in the transition from a centrally planned economy to a socialist market economy: A case study of Guangzhou [J]. Urban Studies, 1997, 34(11): 1851-1879.

[230] WU J, JELINSKI D E, LUCK M, et al. Multiscale analysis of landscape heterogeneity: scale variance and pattern metrics[J]. Geographic Information Sciences, 2000, 6(1): 6-19.

[231] WU K B, WU B. Simulation of Urban Expansion Based on Logistic Regression with the Consideration of Spatial Correlation[J]. Journal of Henan University(Natural Science), 2010, 40(5): 265-273.

[232] WU X, LI H Y, ZHANG L, et al. Assessment and spatial grading of ecosystem services of Tianjin Binhai New Area based on "function equivalent" model[J]. China Environmental Science, 2011, 31(12): 2091-2096.

[233] XIAO X, AULTMAN-HALL L, MANNING R, et al. The impact of spatial accessibility and perceived barriers on visitation to the US national park system[J]. Journal of Transport Geography, 2018, 68: 205-214.

[234] XIE G D. Expert Knowledge Based Valuation Method of Ecosystem Services in China[J]. Journal of Natural Resources, 2008, 23(5): 911-919.

[235] XING L, LIU Y, LIU X. Measuring spatial disparity in accessibility with a multi-mode method based on park green spaces classification in Wuhan, China[J]. Applied Geography, 2018, 94: 251-261.

[236] XIONG H J, XU H Z. Gray Control. Beijing: National Defence Industry Press, 2005.

[237] XU M, XIN J, SU S, et al. Social inequalities of park accessibility in Shenzhen, China: The role of park quality, transport modes, and hierarchical socioeconomic characteristics[J]. Journal of Transport Geography, 2017, 62: 38-50.

[238] YAO R, WANG L, HUANG X, et al. Temporal trends of surface urban heat islands and associated determinants in major Chinese cities[J]. Science of The Total Environment, 2017, 609: 742-754.

[239] YIMIN C, XIA L, XIAOPING L. Capturing the varying effects of driving forces over time for the simulation of urban growth by using survival analysis and cellular automata[J]. Landscape and Urban Planning, 2016, 152: 59-71.

[240] YUNLONG Y, XIAOCHENG Z, BO W. Urban expansion prediction for Zhangzhou city based on GIS and spatiotemporal logistic regression model[J]. Journal of Geo-Information Science, 2011, 13(3): 374-382.

[241] YUSUF Y A, PRADHAN B, IDREES M O. Spatio-temporal Assessment of Urban Heat Island Effects in Kuala Lumpur Metropolitan City Using Landsat Images[J]. Journal of the Indian Society of Remote Sensing, 2014, 42(4): 829-837.

[242] ZHIQIN H, JIRONG G, LIN L, et al. Study on the impact between spatial data form and

urban growth simulation[J]. Geomatics World,2015,22(5):48-53.

[243] ZHOU X,CHEN H. Impact of urbanization-related land use land cover changes and urban morphology changes on the urban heat island phenomenon[J]. Science of the Total Environment,2018,635:1467-1476.

[244] ZHOU Y,ZHUANG Z,YANG F,et al. Urban morphology on heat island and building energy consumption[J]. Procedia Engineering,2017,205:2401-2406.

[245] ZONG Y G,ZHANG X R,HE J L,et al. Spatial Planning Decision Support Technology and Application[M]. Science Press,2011.